★生命科学系列丛书

野生大豆耐碱关键基因高通量筛选的多组学整合研究

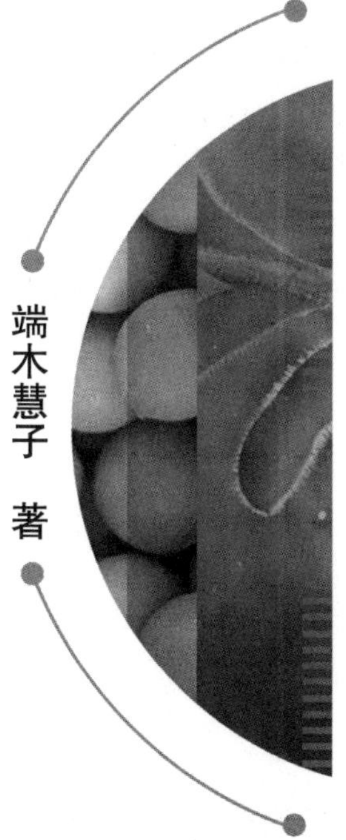

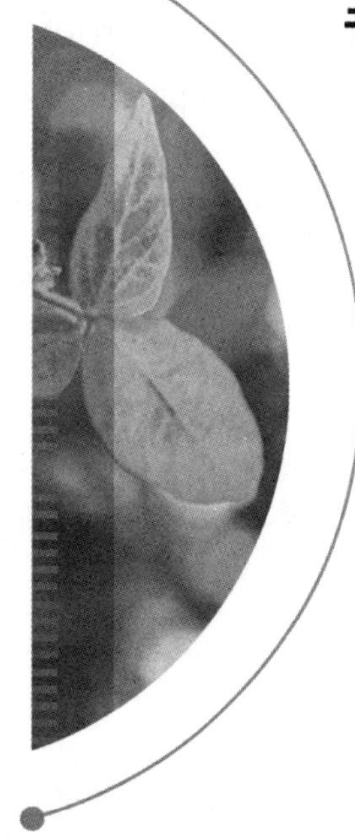

端木慧子 著

黑龍江大學出版社
HEILONGJIANG UNIVERSITY PRESS
哈尔滨

图书在版编目（CIP）数据

野生大豆耐碱关键基因高通量筛选的多组学整合研究 / 端木慧子著. -- 哈尔滨 : 黑龙江大学出版社, 2019.6
ISBN 978-7-5686-0385-0

Ⅰ. ①野… Ⅱ. ①端… Ⅲ. ①野大豆－基因表达调控－研究 Ⅳ. ① S545.03

中国版本图书馆 CIP 数据核字 (2019) 第 149875 号

野生大豆耐碱关键基因高通量筛选的多组学整合研究
YESHENG DADOU NAIJIAN GUANJIAN JIYIN GAOTONGLIANG SHAIXUAN DE DUOZUXUE ZHENGHE YANJIU
端木慧子　著

责任编辑　于　丹
出版发行　黑龙江大学出版社
地　　址　哈尔滨市南岗区学府三道街 36 号
印　　刷　哈尔滨市石桥印务有限公司
开　　本　720 毫米 ×1000 毫米　1/16
印　　张　14.25
字　　数　226 千
版　　次　2019 年 6 月第 1 版
印　　次　2019 年 6 月第 1 次印刷
书　　号　ISBN 978-7-5686-0385-0
定　　价　42.00 元

目　　录

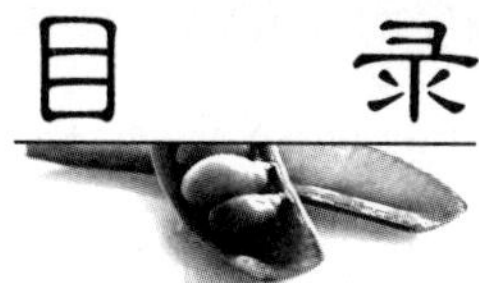

1 引言

1.1 研究的目的和意义

土壤盐碱化是全世界范围内广泛存在,并严重影响作物生长和产量的主要环境问题之一。据联合国教科文组织及联合国粮食及农业组织的不完全统计,全世界盐碱地的面积为 9.5 亿公顷,其中,一半以上土壤为碱性土壤。我国盐碱地面积多达 9 913 万公顷,盐碱逆境是制约我国农业生产的重大问题。开发利用这些盐碱地资源,对我国农业持续高效发展和粮食安全,具有重大的战略意义和现实意义,并可创造巨大的经济效益、社会效益和生态效益。

盐碱土壤分为两类:盐性土壤和碱性土壤。盐性土壤中包含大量的中性盐(NaCl),其危害主要为 Na^+ 在细胞内过度积累,打破细胞内 Na^+/K^+ 平衡,引起离子毒害;碱性土壤是碳酸盐($NaHCO_3$ 和 Na_2CO_3)水解造成的,其危害是在 Na^+ 引发离子毒害的基础上,增加 HCO_3^- 和 CO_3^{2-} 浓度,导致 pH 值升高,引起混合毒害作用。我国的盐性土壤主要分布于沿海滩涂地区,而碱性土壤主要分布于东北、华北、西北等地区。我国的碱性土占地面积更广,造成的危害也更为严重。

近年来,现代分子生物学、生物信息学、基因工程、基因组与蛋白组学等前沿学科迅猛发展,为挖掘功能显著的基因和转基因分子育种提供了高效、科学的技术手段。特别是随着高通量测序技术的发展,产生了海量的高质量测序数据,为高效、准确地挖掘耐盐碱关键基因提供了重要的数据资源。利用生物信息学方法,整合多种数据,结合网络构建技术构建"基因调控网络",科学系统地筛选网络中处于关键位置的节点基因,是当今基因挖掘研究的发展趋势和研究热点。

野生大豆(*Glycine Soja*)是我国的特色品种,具有许多优异的性状,如极强的耐盐碱性及抗寒性,其在吉林白城地区重度盐碱地(pH = 10.6),以及低温极值达 -52.3 ℃的地区(漠河地区)仍能生存。因此,野生大豆是耐盐碱基因挖掘、基因克隆的理想供体材料。在前期研究中,我们在吉林白城地区重度盐碱地(pH = 10.6)采集了 345 份野生大豆材料,并从中筛选出耐碱性能优异的株系 G07256 进行转录组测序。

为了从全转录组水平科学、准确地筛选耐碱关键基因,本研究以耐碱性能优异的株系 G07256 为试材，对其进行小 RNA（小 RNA 是 18～30 nt 的非编码 RNA 分子，smallRNA，缩写为 sRNA）测序及降解组测序，利用生物信息学方法对数据进行分析，构建野生大豆碱胁迫 miRNA（miRNA 为微小 RNA，是小 RNA 的一种，microRNA）表达谱，挖掘野生大豆碱胁迫下 miRNA 及其靶基因的调控关系；结合生物信息学方法与基因网络构建技术，利用已获得的转录组测序、小 RNA 测序和降解组测序数据，分别构建基于转录组测序的基因共表达网络、基于小 RNA 测序的 miRNA－靶基因调控网络和基于降解组测序的 miRNA－靶基因调控网络；将 3 种网络进行整合，重构野生大豆碱胁迫 miRNA－靶基因调控网络，对网络进行分析，挖掘网络中功能子网，结合基因的注释信息，筛选处于网络关键位置的调控基因，实现从全转录组水平上高通量并准确地筛选关键基因。本书结合高精确性的测序手段及生物信息方法，整合多种测序数据，从全转录组水平挖掘耐碱关键基因，为更加科学、准确、高效地挖掘植物耐碱关键基因开创了高通量基因的新方法，为植物耐碱分子育种及开发利用盐碱地提供了基因资源和技术储备，具有重要的科学意义和广阔的应用前景。

1.2　研究进展

1.2.1　盐碱逆境及耐盐碱植物

1.2.1.1　盐碱逆境对植物造成的伤害

盐碱逆境影响植物光合作用、蛋白合成、能量和脂类代谢等几乎所有重要的生命过程，可导致作物减产或绝收。盐碱逆境按其形成原因的不同又可分为两类：盐逆境与碱逆境。我国沿海地区多为 NaCl 造成的盐逆境，东北、华北、西北等地区则主要是由碳酸盐造成的碱逆境。盐逆境下 NaCl 的 Na^+ 在细胞内过度积累，打破细胞内的 Na^+/K^+ 平衡，引起离子毒害；碱逆境下 $NaHCO_3$ 和 Na_2CO_3 积累，在 Na^+ 引发离子毒害的基础上，HCO_3^- 和 CO_3^{2-} 导致的 pH 值升高，引起混合毒害作用。盐胁迫和碱胁迫对植物造成的伤害不同，且植物对盐胁迫、碱胁迫的响应也存在明显的差异。

盐胁迫造成的离子毒害主要表现在土壤中盐分含量过高，导致植物根系吸

水困难,从而遭受生理干旱。另外,Cl^- 在植物茎中积累,会抑制植物的光合作用,从而抑制植物的生长。而积累的 Na^+,会取代膜上的 Ca^{2+},从而破坏膜系统,或通过与 K^+ 竞争结合位点,干扰细胞质中的各种酶促反应,干扰植物根系质膜上的转运体,从而抑制根系生长。

碱胁迫造成的高 pH 值伤害,直接作用于植物根系,破坏根系生长与细胞分化,改变细胞结构和膜稳定性,干扰跨膜电位的形成,造成根细胞功能及代谢紊乱;间接作用是干扰叶片的气体交换,降低光合速率和蒸腾速率,抑制植物的生理代谢。高 pH 值还导致磷、钙、镁等重要元素大量沉淀,使植物体营养匮乏、生长缓慢。

研究表明,植物应对高 pH 值的关键在于根系的调节作用,主要是有机酸的分泌。对棉花、沙棘、苜蓿在盐碱胁迫下的各种无机离子含量的测定表明,碱胁迫下茎、叶中 Na^+ 含量高于盐胁迫。随着胁迫强度不断增加,大量的 Na^+ 涌入植物的茎、叶,造成叶绿体片层结构破坏、叶绿素含量降低、各种酶失活、气孔导度下降等。

尽管对耐碱机制仍未有定论,但毋庸置疑,碱胁迫对植物的伤害比盐胁迫更为严重、更为复杂,所以具有更重要的研究价值。

1.2.1.2 耐盐碱植物资源利用

目前,全世界高等耐盐碱植物有 5 000 余种,约占被子植物总数的 2%。耐盐植物能够增加地表的覆盖率,减少水分蒸发,减少土壤中的含盐量;植物根系生长和植物残体分解可以产生有机酸,从而降低土壤碱性;植物分解后还可提高土壤肥力。

为了挖掘耐盐碱关键基因,培育耐盐碱作物,从而开发和利用盐碱地资源,并改良盐碱地,科研工作者进行了大量的研究。例如对盐碱地区星星草(*Puccinellia tenuiflora*)、羊草(*Leymus chinensis*)、碱茅(*Puccinellia distans*)等植物的盐碱胁迫反应和种植特征的研究已经取得了一定的进展。另外,随着高通量测序技术的发展,转录组测序技术已用于检测海蓬子(*Salicornia brachiata*)、星星草、紫羊茅(*Festuca rubra*)、碱蓬(*Suaeda salsa*)和刚毛柽柳(*Tamarix hispida*)等植物在盐碱胁迫下的转录组变化特征。这些研究为植物耐盐碱关键基因的筛选提供了丰富的信息。

1.2.2 野生大豆耐盐碱研究的进展

1.2.2.1 野生大豆基因组测序与重测序

野生大豆是栽培大豆的野生近缘种,分布于东亚中北部非干旱的温带地区。野生大豆具有极强的耐盐碱和耐低温能力,是耐盐碱基因克隆的理想供体。

2010 年,韩国首尔大学联合韩国生命工学研究院完成了野生大豆基因组测序工作,并利用已有大豆基因组序列数据,研究了野生大豆与栽培大豆进化史。通过序列比对得到 915.4 Mb 的野生大豆基因组,覆盖已发表大豆基因组序列的 97.65%;软件分析鉴定得到 250 多万个的 SNP(单核苷酸多态性),在这些 SNP 中发现 35.6% 的高置信度基因都受野生大豆基因组中的非同义 SNP 影响;同时,研究结果证明野生大豆和栽培大豆基因组远在 27 万年前产生分化,远远早于得到驯化大豆的时间,因此栽培大豆并不是人类从野生大豆驯化而来的。

同年,香港中文大学、华大基因、中国科学院等单位等对 14 个栽培大豆品种和 17 个野生大豆品种进行了全基因组重测序,总共发现了 630 多万个 SNP,建立了高密度的分子标记图谱,同时鉴定出了 18 万多个两种大豆中的获得和缺失变异(PAV),得到了栽培大豆获得和缺失的基因,为研究野生大豆与栽培大豆间的遗传变异提供了宝贵的数据资源。

2014 年,中国农业科学院作物科学研究所与诺禾致源等单位合作,通过对国内外 7 份有代表性的野生大豆材料进行从头测序和独立组装,构建出首个野生大豆泛基因组,在全基因组水平上阐明了大豆种内/种间结构变异(如 CNV、PAV)的特点。挖掘出野生大豆特有的优异基因,发现野生大豆中生物逆境抗性相关的 R(抗病)基因类型远多于栽培大豆,同时栽培大豆的一系列重要性状(如开花、脂肪合成等)相关候选基因在驯化过程中也发生了变化,为阐明人工选择过程中大豆育成品种的基因变异提供了重要的线索,同时为作物野生种质资源保护,大豆优异基因资源的系统挖掘和优质、高抗、广适应性大豆新品种选育提供了重要信息。

同年,香港中文大学、华大基因等单位的科研人员联合完成了野生大豆 W05 的全基因组测序工作,并通过对野生大豆重要农业性状关联基因进行研究,发现了新的耐盐基因 *GmCHX*1。该研究成果为揭示野生大豆的遗传信息、加速大豆种质资源改良、推动农业育种进程奠定了重要的遗传学基础。

1.2.2.2 野生大豆耐盐碱关键基因挖掘中的研究进展

目前野生大豆耐盐碱研究主要存在两方面的问题:一是大多数研究主要针对栽培大豆,对野生大豆的研究较少,且多停留在耐盐生理分析、野生种质资源保护等方面。二是对于野生大豆耐盐碱(尤其耐碳酸盐)基因调控网络构建及关键基因挖掘方面的研究尚未见报道。

在大豆耐盐碱关键基因分离和功能研究方面,科学家们做了大量工作,取得了众多研究成果。香港中文大学林汉明教授等对 31 个栽培大豆和野生大豆进行了测序,发现了栽培大豆 *GmGSTL*1 基因能够提高盐胁迫下的植株存活率。2013 年,中国科学院李霞课题组通过高通量测序技术鉴定了根瘤中显著表达的 miRNA,如 gma - miRN39。2011 年,中国科学院陈受宜课题组和张劲松课题组通过超量表达研究发现,*GmNAC*11 和 *GmNAC*20 能够提高转基因拟南芥的耐盐性。吉林农业大学的研究人员等对盐碱、干旱胁迫处理的大豆根和叶进行了转录组测序,探索了大豆抗非生物胁迫的机制。

中国农业科学院作物科学研究所分析了盐胁迫下野生大豆植株 Na^+、K^+、Ca^{2+}、Mg^{2+}、Cl^- 的分布,推测野生大豆可能存在高耐受性和低吸收性 2 种耐盐机制。研究人员对比野生大豆与栽培大豆对 Na^+ 和 Cl^- 的敏感性,证实野生大豆耐盐性可能是由于其对 Cl^- 的耐受作用。

迄今,对野生大豆耐盐碱(尤其耐碳酸盐)整合多种高通量测序数据的基因调控网络构建、关键基因挖掘以及分子机理的研究几乎无人涉及。

笔者所在实验室自 2006 年即开展野生大豆耐盐碱方面的研究,建立了盐碱胁迫 EST 文库。为高通量、准确筛选并获得具有自主知识产权的野生大豆耐盐碱关键基因,2010 年,以采自吉林白城地区重度盐碱地、耐盐碱能力极强的野生大豆株系 G07256 为试材,进行芯片杂交并构建了国内首个“盐碱胁迫基因表达谱”;结合自主开发的基于贝叶斯网络技术的“基因调控网络构建程序”,构建了国内首个“盐碱胁迫基因调控网络”,揭示了盐碱胁迫下基因间的调控关系,筛选出与盐碱胁迫相关的关键基因 24 个,通过模式植物拟南芥、苜蓿和大豆,验证了 *GsTIFY*10*a*、*GsJAZ*2、*GsPPCK*3、*GsGST*14 等基因的耐盐碱功能及其盐碱胁迫响应分子机理，并将 *GsPPCK*3、*GsGST*14 等基因用于大豆、苜蓿的耐盐碱转基因新品种培育，实现了基因之间的复杂调控关系的高效率分析，为科学、准确地筛选和克隆功能显著的耐盐碱关键基因，以及耐盐碱转基因分子育种，提供了重要依据和蓝本。

然而，利用基因芯片技术挖掘基因，还存在着一些缺陷，如数据假阳性率高、检测范围小、无法检测获得新基因等。随着测序技术的发展，产生了准确性更高、检测更灵敏的二代测序技术，有效地弥补了基因芯片技术的不足。

1.2.3 二代测序技术在耐盐碱关键基因挖掘中的应用

二代测序技术是近年来新兴的高通量测序技术，具有通量高、检测范围广、定量准确、能够发现新基因等优点。2010 年以来，在动物、植物、微生物等领域，已经有数十项高通量测序项目获得国家自然科学基金资助，说明利用高通量测序技术进行基因挖掘及分子机制研究是科技发展的必然趋势，具有重要的研究价值。转录水平的二代测序技术包括转录组测序、小 RNA 测序、降解组测序等。

1.2.3.1 转录组测序在耐盐碱关键基因挖掘中的应用

转录组测序克服了基因芯片技术的不足，尤其在发现新基因上，具有基因芯片技术无法比拟的显著优势。转录组测序已经广泛应用于不同作物、不同组织以及不同胁迫条件的转录水平研究中。2010 年，研究人员对不同品种的水稻进行转录组测序，首次运用高通量测序技术分析转录组、鉴定外显子剪切位点。吴慧玲等通过转录组测序，揭示了棉花根系盐胁迫调控的主要生物过程和代谢途径。党振华等人利用 Illumina 测序技术分别对盐胁迫下和正常情况下的长叶红砂(*Reaumuria trigyna*)进行转录组测序，识别了 5 023 个在盐胁迫下表达水平发生显著变化的基因，结果显示，离子转运相关基因和活性氧清除系统相关基因在长叶红砂对盐胁迫的响应中起重要作用。研究者利用转录组测序分析四种耐旱能力不同的棉花，检测在甘露醇诱导的渗透胁迫下这些棉花根中基因的表达情况，结果显示，*MYB*、*WRKY*、*ERF*、*ERD*9 和 *LEA* 等已知的非生物胁迫响应关键基因在耐旱棉花品种中显著高表达，已知的非生物胁迫下和植物根发育相关的基因 *RHD*3、*NAP*1、*LBD* 和转录因子相关基因 *WRKY*75 在耐旱品种中特异表达，过氧化物酶、转运蛋白和细胞壁修饰相关的酶同样在耐旱品种中显著高表达，这些结果为耐旱关键基因筛选提供了参考。

转录组测序同样应用于豆科作物的基因表达分析研究中。研究者通过对盐胁迫下蒺藜苜蓿的转录谱分析，筛选鉴定出在胁迫过程中具重要作用的转录因子相关基因 *MtCBF4*，从转录组学角度全面分析植物响应盐胁迫的机制。Postnikova 等人通过比较耐盐的苜蓿与不耐盐的苜蓿在盐胁迫下转录水平的变化，筛选出一些盐胁迫相关基因，如 *DFR*、*MYB59*。吉林农业大学的研究团队分别检测大豆响应盐、碱、干旱胁迫时根和叶转录水平的基因表达情况，发现有 69 个基因在 3 种胁迫下均差异表达，其中钙信号通路相关基因在胁迫下上调表达，并且不同胁迫所涉及的通路具有交叉。

2011 年笔者所在课题组开展了国际科研合作研究，以研究室前期筛选的耐碱能力优异的野生大豆 G07256 株系为试材，利用 Illumina 测序技术对其 $NaHCO_3$胁迫下的根部组织进行了 6 个时间点(0 h、1 h、3 h、6 h、12 h、24 h)的转录组测序。采用新开发的针对转录组测序数据的分析软件，对测序结果进行低质量数据过滤、序列拼接以及基因表达量的统计，最终获得了高质量的碱胁迫转录谱，为后续基因挖掘提供了高质量的资源。

1.2.3.2 小 RNA 测序在耐盐碱关键基因挖掘中的应用

miRNA 通过识别特定的 mRNA(即靶基因)并降解，阻止其翻译过程，从而在植物耐盐碱信号传导通路中起着至关重要的作用。植物在逆境胁迫下诱导某些 miRNA 过量或低量表达，或直接合成一些 miRNA 并对外界环境胁迫做出响应。miR398 是第一个被详细报道的受胁迫负调控 miRNA。在正常情况下，miR398 可抑制 Cu/Zn－SOD 基因的表达，导致其靶基因不能积累；在氧化胁迫条件下，miR398 表达量降低，解除对 Cu/Zn－SOD 基因表达的抑制作用，使 *CSD1* 和 *CSD2* 的 mRNA 水平升高，最终提高植物抵御氧化胁迫的能力。Sunkar 等人研究发现，在冷胁迫下拟南芥 miR393 上调表达，导致其靶基因 E3 泛素连接酶表达量下调；miR393 切割 E3 泛素连接酶的 mRNA，降低 E3 泛素连接酶对其目标蛋白(这些目标蛋白可能正是植物适应冷环境的调节因子)的水解作用，因此增强植物对低温的耐受能力。

小 RNA 测序能够解决芯片技术在检测小分子时遇到的技术难题(短序列，

高度同源)，而小分子 RNA 的短序列正好配合高通量测序的长度，使数据“不浪费”。同时，小 RNA 测序还能发现新的小分子 RNA，在大豆、水稻、拟南芥等植物中已成功地鉴定出新的小分子 RNA。目前，小 RNA 测序已被用于识别不同物种(包括水稻、甘蔗等)中胁迫相关的 miRNA。研究人员对短柄草进行全基因组范围内的小 RNA 测序，共识别了 27 个保守的 miRNA 和 129 个预测的 miRNA，其中有 3 个保守的 miRNA(miR169e、miR172b 和 miR397)和 25 个预测的 miRNA 的表达量在冷胁迫下发生了显著的改变，暗示这些 miRNA 可能在冷胁迫中起重要作用。研究人员利用小 RNA 测序对桃子冷胁迫响应 miRNA 进行研究，识别了 157 个保守的 miRNA 和 230 个非保守的 miRNA，并获得了若干个桃子中冷胁迫诱导的 miRNA，如 miR156、miR157、miR159、miR164、miR167、miR172、miR393、miR396 和 miR2275 等。Bottino 等人在全基因范围内研究甘蔗在盐胁迫不同时间点下 miRNA 的表达变化，并识别了一些可能在甘蔗响应盐胁迫中发挥重要作用的 miRNA。他们的研究结果表明，这些 miRNA 的靶基因同样响应盐胁迫，而这些靶基因可能通过调控其他基因的表达从而参与细胞壁修复、调控发育和细胞分化等生物过程。这些研究说明小 RNA 测序是识别植物耐非生物胁迫相关 miRNA 的有效方法。

1.2.3.3 降解组测序在耐盐碱关键基因挖掘中的应用

miRNA 通过调节其靶基因的表达来行使功能。因此，识别 miRNA 所调控的靶基因，并研究靶基因的功能，有助于研究 miRNA 在不同条件下所行使的功能。降解组测序能从细胞或组织中准确、高效地筛选出 miRNA 的靶基因，为 miRNA 和其靶基因的功能研究提供了准确、高效的筛选手段。目前降解组测序多与小 RNA 测序结合进行。四川农业大学潘光堂教授的团队结合小 RNA 测序与降解组测序研究玉米发育相关的 miRNA，该研究识别了玉米中 22 个保守的 miRNA，并预测了 26 个新的 miRNA；同时利用降解组测序，识别了 141 个玉米 miRNA 的靶基因，在这些靶基因中，有 72 个属于发育过程中差异表达的 miRNA 的靶基因，因此，这些靶基因可能与玉米发育相关。杨细燕等人结合小 RNA 测序与降解组测序研究棉花体细胞胚胎发育过程中 miRNA 的调控机制，发现植物生长素在棉花体细胞胚胎发育过程中起重要作用，而 miR160 和 miR167 可能通过调节一系列植物生长素相关基因参与棉花体细胞胚胎发育过程。孙其信等人利用小 RNA 测序对小麦 11 个组织的 miRNA 进行了研究,识别了 191 个小麦特异的 miRNA;同时结合降解组测序,预测出了 524 个 miRNA 的靶基因;通过对这些 miRNA 和其对应的靶基因进行分析,最终发现了 64 个可能在小麦麦粒发育中发挥重要作用的 miRNA。夏新莉等结合小 RNA 测序与降解组测序识别了杨树干旱响应 miRNA 及其靶基因。年海团队等结合小 RNA 测序和降解组测序研究了野生大豆铝胁迫响应 miRNA 及其靶基因。

大多数基因表达水平研究只针对一种转录水平的测序数据,也有一些研究将转录组测序和小 RNA 测序结合,或将小 RNA 测序与降解组测序结合。本研究首次结合转录组测序、小 RNA 测序和降解组测序三种高通量测序技术,在全转录组水平上,更加科学地解析野生大豆转录组的全貌,系统地研究碱胁迫下基因表达变化,从而更加准确地预测新的、耐盐碱相关的 miRNA 与靶基因,并分析其功能。

1.2.4 基因调控网络构建技术在植物耐盐碱关键基因挖掘中的应用

传统的基因组水平的植物耐盐碱基因挖掘,大多是利用关联分析方法挖掘基因组中变异的分子标记,来定位相应的 QTL(数量性状基因位点)。目前已经有很多植物性状相关的主效 QTL 被挖掘,取得了众多成果。该方法主要是检测基因组中单个 QTL 的变异,得到的 QTL 往往数目较少,且无法确定其是否为胁迫反应的关键基因;而基于基因表达谱的基因筛选方法,通常仅依靠基因表达变化倍数,往往得到成百上千个表达变化显著的候选基因,无法确定哪一个是起关键作用的调控基因、哪一个是被调控的基因。通过构建基因调控网络来挖掘基因,具有周期短、流程简单、通量高、效率高等特点。最重要的是,网络构建的方法能够结合上下游的调控关系,从全局水平筛选关键基因,具有常规方法无可比拟的优越性。

1.2.4.1 基因调控网络的构建方法

目前,有许多种基因调控网络构建方法和数学模型,这些网络构建模型与方法都是对真实的基因调控网络进行抽象化。

Kauffman 首先将数学模型应用于构建基因调控网络,描述生物体内复杂的调控关系。2005 年,Dickerson 等人将基因表达数据聚类,用模糊逻辑的方法研究各聚类基因间的相互作用,验证了海藻糖在糖代谢中的调控作用。金志超等人比较了在利用基于时间序列的表达数据构建动态基因调控网络时,几种不同的基因调控网络构建模型的优劣。而张晗等人采取线性分析与多元非线性回归相结合的方法对体外建株的 U937 细胞系的表达建立调控网络,预测了转录因子 YY1 正调控和负调控的基因。动态贝叶斯网络是最适合从时间序列表达芯片构建调控网络的方法之一,具有最坚实的统计学基础,2005 年 Conzen 等人提出一种新的贝叶斯方法来构建基因调控网络,能够缩短数据运算的时间并能提高网络的准确性;2006 年 Norbert 等人提出新的贝叶斯网络算法,比较了启发式算法与完全搜索算法;2008 年 Mordelet 等人将贝叶斯网络构建分解为局部二元分类问题。

基因网络构建技术所采用的模型,大多是布尔网络模型。布尔网络模型是一种简单的离散型基因调控网络。相比于真实的基因网络,布尔网络模型比较简单。而贝叶斯网络模型,既兼顾了真实网络的复杂性,又可以对数据采集过程进行清晰建模,能处理数据缺失问题并降低数据噪声,还能估计网络不同特征的置信度。因此,贝叶斯网络模型更接近真实的基因网络。应用贝叶斯网络模型可以更准确地反映基因调控网络中的关系,从而筛选关键基因。

1.2.4.2 基因调控网络在植物耐盐碱关键基因挖掘中的应用

在人类疾病研究中,通过构建基因调控网络来筛选致病基因、研究致病分子机制的方法已经非常成熟,然而,在植物研究领域该方法才刚刚起步。目前已有人通过构建基因调控网络,研究植物在不同生长过程和胁迫条件下的响应机制,筛选关键基因。Misra 等人构建转录因子 - 基因调控网络,从而研究拟南芥花发育过程中转录因子活性及其和靶基因间的调控关系;Reyes 等人构建水稻冷胁迫转录调控网络,从而获得水稻冷胁迫响应转录因子,并初步分析了水稻冷胁迫响应机制;陈铭等人构建了水稻磷代谢网络和 miRNA 介导的基因调控网络,从而分析水稻的磷代谢过程和挖掘水稻中非生物胁迫相关的 miRNA 的功能;还有研究人员结合 RNA 测序和小 RNA 测序,比较了木薯在不同冷胁迫下 miRNA - 靶基因调控网络,预测了冷胁迫下 miRNA 的功能与可能的调控关系。在耐碱基因调控网络构建及关键基因挖掘方面,未见报道。

关于基因调控网络中功能子网的挖掘，已有研究表明，基因调控网络中存在一些由连接紧密的基因形成的、具有重要生物学功能的子网，挖掘构建这些功能子网有助于筛选关键基因，并揭示其调控机制。Reyes 等人基于基因共表达关系及启动子 motif 的富集情况，构建了水稻冷胁迫转录调控网络，并识别其中的功能子网，发现氧化还原相关子网比 ABA 相关子网更早地响应冷胁迫；薛红卫等人构建水稻种子发育转录因子相关基因共表达网络，发现胚芽发育相关子网由 *bHLH*、*bZIP*、*SBP* 转录因子家族相关基因组成，该子网注释到细胞增殖、调控细胞周期等细胞过程调控功能中，而胚乳发育相关子网则由 *C2H2*、*HB*、*AP2/EREBP* 等转录因子家族相关基因组成，该子网注释到营养存储和 ABA 响应等功能；南京农业大学的研究人员构建拟南芥铁缺乏基因共表达网络，发现了 *PYE* 介导的功能子网和 *IRT*1 介导的功能子网，并证明功能子网中的基因响应铁缺乏。关于耐碱基因调控网络的功能子网的挖掘方面的研究，未见报道。

综上所述，利用多种高通量测序技术，结合自主开发的网络构建技术，构建并整合基因调控网络，挖掘网络中的功能子网，筛选子网中的关键基因，可以解决以往基因挖掘时候选基因数量庞大、验证困难、难以明确基因间调控关系等问题，可科学、准确地挖掘耐碱关键基因。

1.3 研究的主要内容与特色

1.3.1 研究的主要内容

本研究以课题组前期采自吉林白城地区重度盐碱地的 345 份野生大豆材料中筛选出的耐碱性能优异的株系 G07256 为试材，采用生物信息学、现代分子生物学、网络构建技术、功能基因组学等前沿技术，结合高通量、高准确性的二代测序技术，构建整合的基因调控网络，从全转录水平筛选耐碱关键基因。本研究首先对野生大豆 G07256 进行小 RNA 测序和降解组测序，并对测序数据进行分析，构建野生大豆碱胁迫 miRNA 表达谱，并预测 miRNA 与其降解的靶基因；为获得基因间的调控关系，分别构建基于转录组测序的基因共表达网络、基于小 RNA 测序的 miRNA－靶基因调控网络和基于降解组测序的 miRNA－靶基因调控网络；为了从全转录组水平筛选关键基因，本研究将 3 种网络进行整合，重构覆盖全转录水平的碱胁迫 miRNA－靶基因调控网络；为了更科学地从网络中挖掘耐盐碱关键基因，本研究利用图论的方法对网络进行分析，通过网络的拓扑结构，以及基因本体论（Gene Ontology，Go）功能富集分析，挖掘碱胁迫相关功能子网；结合子网中基因的注释信息，筛选关键基因，从而预测功能显著的耐碱新基因。本研究将为从全转录组水平高通量、准确地挖掘关键基因提供重要依据，并为耐碱转基因育种提供基因资源，技术路线如图 1－1 所示。

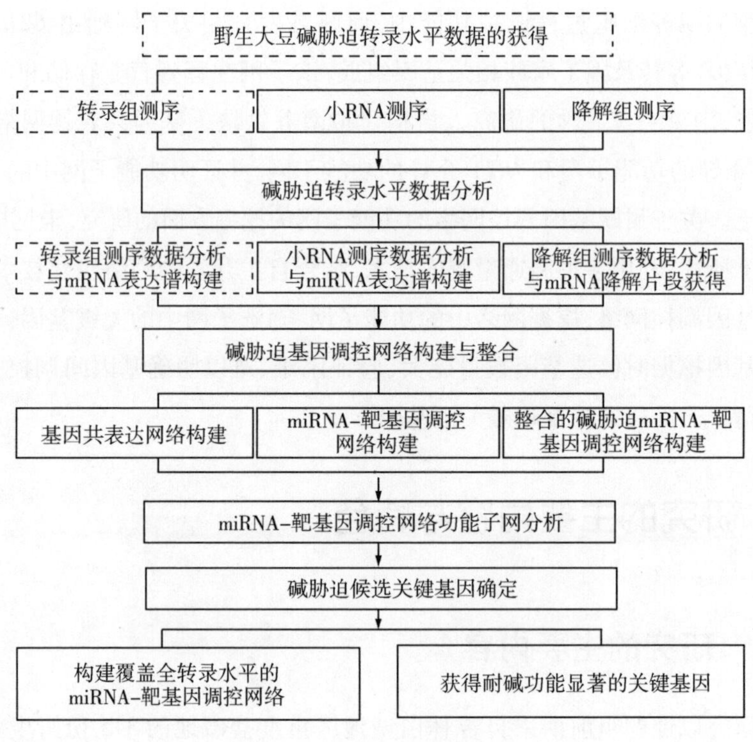

图 1－1　技术路线

1.3.2　研究的特色与创新点

1. 整合 3 种转录水平的高通量测序数据，进行基因调控网络构建，保证了关键基因筛选的全面性与可靠性。

大多数基因表达水平研究通常只针对一种转录水平的测序，也有一些研究将转录组测序和小 RNA 测序结合，或将小 RNA 测序与降解组测序结合。本项目首次利用网络构建技术整合转录组测序、小 RNA 测序及降解组测序，从全转录组水平对野生大豆在碱胁迫下基因表达发生的变化进行系统而全面的研究，保证了关键基因筛选的全面性与可靠性。

2. 构建国内首个覆盖全转录组的野生大豆碱胁迫 miRNA－靶基因调控网络，为科学、准确地挖掘关键基因提供了重要依据。

结合 3 种转录水平的高通量测序技术，构建国内首个覆盖全转录组的野生大豆碱胁迫 miRNA－靶基因调控网络；通过分析网络拓扑结构，挖掘网络中的功能子网，并结合基因的生物学功能，从整体水平上预测、筛选具有关键调控作用的耐碱基因。传统的基因筛选方法通常仅依靠基因表达变化倍数，往往得到数以千计的候选基因，不能确定哪一个是关键基因、哪一个是被调控的基因，而本项目采用的方法克服了上述不足，确保了关键基因挖掘的科学性与准确性。

3. 挖掘了 20 个野生大豆耐碱关键基因。

本研究结合网络中基因间的调控关系、基因的拓扑性质、已知胁迫相关基因信息以及胁迫相关功能子网信息，筛取各功能子网的中心节点（连接度高）和关键连接位置的节点（介数高），结合每个连接基因的表达水平与功能注释信息，最终挖掘了 20 个野生大豆耐碱关键基因。

2 材料与方法

2.1 材料

2.1.1 植物材料

耐碱野生大豆株系 G07256，种子由东北农业大学保存。

2.1.2 高通量测序数据

2.1.2.1 转录组测序数据

相关测序平台产生的 90 nt 的 pair - end 原始测序片段。

2.1.2.2 小 RNA 测序数据

相关测序平台产生的 49 nt 的原始测序片段。

2.1.2.3 降解组测序数据

相关测序平台采取 SE50 测序策略，产生的 49 nt 的原始测序片段。

2.2 方法

2.2.1 野生大豆的处理及高通量测序

2.2.1.1 野生大豆碱胁迫处理

挑选颗粒饱满、大小一致的野生大豆株系 G07256 种子置于三角瓶中，倒入 98% 浓硫酸，匀速搅拌 10 min 以打破休眠，倒出浓硫酸，立即用清水冲洗 5 ~ 8 遍，然后将种子放置于湿润的滤纸上，暗培养 2 ~ 3 天催芽，待芽长约 2 cm 时，将其转移到 1/4 Hoagland（pH = 8.5）中，放置于人工气候箱中培养，光照/黑暗周期为 16 h/8 h，温度 24 ℃。21 天后，用 50 mmol/L $NaHCO_3$ + 1/4 Hoagland (pH =8.5)胁迫处理。

2.2.1.2 取材

在 $NaHCO_3$胁迫处理的0 h、1 h、3 h、6 h、12 h 和 24 h,分别取野生大豆根尖部3 cm,置于液氮中速冻,然后于 -80 ℃保存。该材料用于进行样品总 RNA 提取、cDNA 合成、样品质控及高通量测序等。

为消除样本个体差异,每个时间点取 3 株不同样品进行混合,即每个时间点的样品均为同一时间点 3 株样品的混合。

2.2.2 野生大豆碱胁迫转录组测序数据分析

2.2.2.1 碱胁迫下各时间点差异表达基因筛选

基于转录组测序的野生大豆碱胁迫基因表达谱的构建与碱胁迫各时间点差异表达基因筛选由实验室前期工作完成,共获得 3 380 个差异表达基因。

2.2.2.2 real - time PCR 验证

(1)RNA 提取及反转录

分别取不同胁迫时间的野生大豆材料,液氮研磨提取 RNA,并反转录合成 cDNA。

(2)引物设计

利用 Premier 5.0 软件设计引物,检测各引物的扩增效率和溶解曲线,选择扩增效率一致、溶解曲线峰形单一且峰形锐利的引物用于 real - time PCR 分析。

(3)数据分析

采用比较 CT 法(ΔΔCT)计算基因表达量,以野生大豆 *GAPDH* 基因为参考基因,以未经处理的样品作为对照。每个样品包括 3 次生物学重复和 3 次技术重复,数据取 3 次重复的平均值。

$$相对表达量 = 2^{-\Delta\Delta CT} = 2^{-(\Delta CT_{处理} - \Delta CT_{对照})} = 2^{-[(CT_{处理} - CT_{内参}) - (CT_{对照} - CT_{内参})]}$$

2.2.2.3 基因功能注释及富集分析

利用 GO 对差异表达基因进行功能富集分析。应用超几何分布检验,找出

与整个参考基因背景相比，在差异表达基因中显著富集的 GO 条目，其计算公式为：

$$P = 1 - \sum_{i=0}^{m-1} \frac{\binom{M}{i}\binom{N-M}{n-i}}{\binom{N}{n}}$$

其中，N 为所有基因中具有 GO 注释的基因数目；n 为差异表达基因数目；M 为所有基因中注释为某特定 GO 条目的基因数目；m 为注释为某特定 GO 条目的差异表达基因数目。计算得到的 P 值通过 Bonferroni 校正之后，以校正的 $P \leqslant 0.05$ 为阈值，满足此条件的 GO 条目定义为在差异表达基因中显著富集的 GO 条目。此过程由 AgriGO 数据库实现。

利用 MATLAB 软件对各时间点差异表达基因的功能富集结果进行层次聚类分析。

2.2.3 基于转录组测序的基因调控网络的构建与分析

2.2.3.1 基因调控网络构建

利用实验室前期基于转录组测序获得的 3 380 个碱胁迫下差异表达基因的表达谱，构建基因调控网络。具体步骤如下：

(1)根据基因表达谱，计算两两基因之间的相关系数，构建基因共表达相关矩阵。

(2)分析不同加权系数下的基因关系，根据无尺度网络原则，筛选最适宜的加权系数，本研究加权系数 $\beta = 30$。

(3)利用最优的加权系数($\beta = 30$)对基因间的相关系数进行加权，获得基因间的邻接系数，并将基因相关矩阵转换为邻接矩阵。

(4)考虑单个基因和其他所有基因的关系，将邻接矩阵转换为拓扑矩阵，如果两个基因间无连接，且无任何其他的基因连接这两个基因，则这两个基因间的拓扑关系值为 0。

(5)根据基因间的拓扑关系值构建加权基因调控网络，网络可视化由 Cytoscape 软件实现。

2.2.3.2 网络模块划分及功能富集分析

以基因间的拓扑关系值作为数据基础，构建层次聚类树，选择最优的参数(0.85)对层次聚类树进行剪切，所获得的单一树枝为不同的网络模块。

利用GO对模块中的基因进行功能富集分析。应用超几何分布检验，找出与整个参考基因背景相比，在模块中的显著富集的GO条目，其计算公式为：

$$P = 1 - \sum_{i=0}^{m-1} \frac{\binom{M}{i}\binom{N-M}{n-i}}{\binom{N}{n}}$$

其中，N为所有基因中具有GO注释的基因数目；n为模块中的基因数目；M为所有基因中注释为某特定GO条目的基因数目；m为注释为某特定GO条目的模块中的基因数目。计算得到的P值通过Bonferroni校正之后，以校正的$P \leqslant 0.05$为阈值，满足此条件的GO条目定义为在模块中显著富集的GO条目。此过程由AgriGO数据库实现。

2.2.4 野生大豆碱胁迫小RNA测序数据分析

2.2.4.1 原始数据预处理

原始数据预处理主要是去除测序数据中的杂质，包括无插入片段序列、插入片段过长的序列、低质量序列、包含poly A的序列和小片段序列。其中无插入片段和测得5'接头的序列定义为接头污染，插入片段过长的序列表现为没有测得3'接头的序列。一般接头污染与样品本身以及其建库过程中接头浓度相关，接头浓度过高时接头污染比较严重。低质量序列主要是对测序可靠性的评估，其条件是序列中碱基质量评分小于10的碱基数不超过4个，同时碱基质量评分小于13的碱基数不超过6个。此部分由Perl程序实现。

具体步骤如下：

(1)去除测序质量较低的序列。

(2)去除有5'接头污染的序列。

(3)去除没有3'接头的序列。

(4)去除没有插入片段的序列。

(5)去除包含 poly A 的序列。

(6)去除小于 18 nt 的片段。

(7)统计小 RNA 片段的长度分布。

2.2.4.2 基因组比对

参考基因组选用栽培大豆基因组,下载自植物基因组数据库 Phytozome。通过 SOAP 软件将小 RNA 定位到参考基因组,分析小 RNA 在基因组上的表达和分布情况。

2.2.4.3 已知 miRNA 鉴定与表达谱构建

miRNA 鉴定通过与大豆 miRBase 数据库比对并分析完成,综合前体和成熟体情况得到该品种 miRNA 的表达情况。

具体鉴定条件如下:

(1)序列能够完全比对到前体序列(无错配)。

(2)在条件(1)的基础上序列与成熟体比对允许错位,但至少存在 16 nt 的重叠,重叠部分无错配。

(3)统计匹配上的样品小 RNA 的长度及出现次数等信息,miRNA 的表达量按照至少重叠 16 nt 的原则进行加和计算得出。

2.2.4.4 GenBank 与 Rfam 比对

选取 GenBank 和 Rfam 中的 rRNA、scRNA、snoRNA、snRNA、tRNA 来注释测序得到的小 RNA 序列,尽可能地发现并去除其中可能的 rRNA、scRNA、snoRNA、snRNA、tRNA。

2.2.4.5 小 RNA 分类注释

将所有小 RNA 与各类 RNA 的比对、注释情况进行总结。在注释信息中,有可能存在一个小 RNA 同时比对上两种不同的注释信息的情况。为了使每个种类(unique)的小 RNA 有唯一的注释,按照 rRNA > 已知 miRNA > 重叠 > 外显子 > 内含子的优先级顺序将小 RNA 遍历,没有比对上任何注释信息的小 RNA

用 unann 表示。rRNA 是由 GenBank 和 Rfam 两个数据库比对所得，这两个数据库间的优先级为 GenBank > Rfam。

2.2.4.6 新 miRNA 预测

新 miRNA 预测由 Mireap 软件实现，预测标准：

（1）miRNA 预测的基础数据包括通过小 RNA 分类注释后未注释到任何数据库但可以比对到基因组的序列、比对到内含子区域的序列以及比对到外显子反义链的数据。

（2）候选的 miRNA 在基因组上的前体序列可以形成颈环结构，并且其成熟体序列位于前体的臂上。

（3）前体折叠后 miRNA/miRNA－靶基因复合体两端有 2 nt 的悬挂。

（4）前体臂上无较大的泡，同时没有较多的凸起。

（5）前体折叠后总体的最低自由能应不大于－75 kJ/mol。

（6）预测到前体的成熟体序列的比对结果中最小支持数应大于等于 5。

2.2.4.7 碱胁迫下各时间点差异表达基因筛选

（1）将两个样品（对照和处理）归一化到同一个量级。

归一化的表达量＝miRNA 表达量/样品总表达量×归一量级

（2）使用标准化后的结果统计变化倍数和 P 值并作图。

$$\text{变化倍数} = \log_2(\text{处理}/\text{对照})$$

$$P(x|y) = \left(\frac{N_2}{N_1}\right)\frac{(x+y)!}{x!\ y!\ \left(1+\frac{N_2}{N_1}\right)^{(x+y+1)}}$$

$$C(y \leqslant y_{\min}|x) = \sum_{y=0}^{y \leqslant y_{\min}} P(y|x)$$

$$D(y \geqslant y_{\max}|x) = \sum_{y \geqslant y_{\min}}^{N} P(y|x)$$

其中，x 和 y 分别表示一个基因在对照和处理中的表达量；N_1 和 N_2 分别表示对照和处理中基因的数目。

2.2.4.8 差异表达 miRNA 聚类分析

根据差异表达 miRNA 的表达谱对其进行层次聚类分析，此部分由 MATLAB 软件编程实现。

2.2.5 基于小 RNA 测序的 miRNA－靶基因调控网络的构建与分析

2.2.5.1 miRNA－靶基因预测

参照相关文献中的方法，对 miRNA－靶基因进行预测。

规则如下：

(1)小 RNA 与靶基因间的错配不得超过 4 个(G－U 配对认为 0.5 个错配)。

(2)在 miRNA－靶基因中，不得超过 2 处发生相邻位点的错配。

(3)在 miRNA－靶基因中，从 miRNA 的 5'端起第 2～12 个位点不得有相邻位点发生错配。

(4)miRNA－靶基因的第 10～11 个位点不得发生错配。

(5)在 miRNA－靶基因中，从 miRNA 的 5'端起第 1～12 个位点不得超过 2.5 个错配。

(6)miRNA－靶基因的最低自由能应不小于该 miRNA 与其最佳互补体结合时的 75%。

2.2.5.2 表达负相关 miRNA－靶基因识别

靶基因表达谱由实验室前期转录组数据构建。皮尔逊相关系数(*PCC*)用来衡量每对 miRNA 和靶基因之间的表达相关性。公式如下：

$$PCC(x,y) = \frac{\sum_{i=1}^{n}(x_i - \bar{x})(y_i - \bar{y})}{\sqrt{\sum_{i=1}^{n}(x_i - \bar{x})^2 \sum_{i=1}^{n}(y_i - \bar{y})^2}}\bar{y}$$

其中，x_i、y_i分别代表 miRNA 和靶基因在第 i 个时间点的表达值；$\bar{x}$、$\bar{y}$分别代表 miRNA 和靶基因在所有时间点的平均表达值；n 代表样品数，即处理的时间点的数目。

$PCC < -0.5$ 且 $P < 0.05$ 的 miRNA－靶基因被认为是表达负相关的。此部分由 MATLAB 编程实现。

2.2.5.3 miRNA－靶基因网络构建

根据 miRNA－靶基因预测结果与 miRNA－靶基因的 *PCC*，分别构建预测的 miRNA－靶基因网络和 miRNA－靶基因表达负相关网络，网络可视化由 Cytoscape软件实现。

2.2.5.4 靶基因功能富集分析

利用 GO 对靶基因进行功能富集分析。应用超几何分布检验，找出与整个参考基因背景相比，在靶基因中显著富集的 GO 条目，其计算公式为：

$$P = 1 - \sum_{i=0}^{m-1} \frac{\binom{M}{i}\binom{N-M}{n-i}}{\binom{N}{n}}$$

其中，N 为所有基因中具有 GO 注释的基因数目；n 为靶基因数目；M 为所有基因中注释为某特定 GO 条目的基因数目；m 为注释为某特定 GO 条目的靶基因数目。计算得到的 P 值通过 Bonferroni 校正之后，以校正的 $P \leqslant 0.05$ 为阈值，满足此条件的 GO 条目定义为在靶基因中显著富集的 GO 条目。此过程由 AgriGO 数据库实现。

2.2.6 野生大豆碱胁迫降解组测序数据分析

2.2.6.1 原始数据预处理

对得到的原始数据进行预处理，包括去接头、去低质量序列、去污染等处理，得到干净序列。然后统计降解片段（Degradome fragment）的种类（用 unique 表示）及数量（用 total 表示），并对降解片段做长度分布统计。其中无插入片段和测得 5'接头的序列定义为接头污染，插入片段过长的序列表现为没有测得 3'接头的序列。低质量序列主要是对测序可靠性的评估，其条件是序列中碱基质量评分小于 10 的碱基数不超过 4 个，同时碱基质量评分小于 13 的碱基数不超过 6 个。此部分由 Perl 程序实现。

具体步骤如下：

(1) 去除测序质量较低的序列。

(2) 去除有 5’接头污染的序列。

(3) 去除没有 3’接头的序列。

(4) 去除没有插入片段的序列。

(5) 去除包含 poly A 的序列。

(6) 去除小于 18 nt 的片段。

(7) 统计降解片段的长度分布。

2.2.6.2 基因组比对

参考基因组选用栽培大豆基因组,下载自植物基因组数据库 Phytozome。通过 SOAP 软件将降解片段定位到参考基因组。

2.2.6.3 GenBank 与 Rfam 比对

选取 GenBank 和 Rfam 注释测序得到的干净序列。

2.2.6.4 poly N 鉴定

统计干净序列中每个碱基所占的比例,若某一干净序列中单个碱基的比例大于 0.7,则该降解片段被鉴定为 poly N。此部分由 Perl 程序实现。

2.2.6.5 降解片段分类注释

按照 Rfam > GenBank > poly N 的优先级对注释结果进行汇总,没有注释到的降解片段标注为 cDNA,用于比对参考基因组,进行降解位点鉴定。

2.2.6.6 miRNA 降解位点鉴定

miRNA 降解位点鉴定所使用的参考基因集合为植物基因组数据库中的大豆基因序列,所使用的 miRNA 参考序列为 2.2.4.3 中小 RNA 测序得到的 miRNA。进行鉴定的降解片段为 2.2.6.5 中未注释并能正向比对到参考基因的降解片段。

降解位点的鉴定步骤如下:

(1) 首先利用 SOAP 将降解片段比对到参考基因。

(2)利用 CleaveLand 软件统计降解位点的信息并分类。

(3)使用 PAREsnip 搜索树的方法,检查降解片段所支持的降解位点是否能结合小 RNA。

(4)使用 PAREsnip 中的算法计算降解位点的 P 值。对于 $P \geqslant 0.05$ 的不计算具体数值。

2.2.7 基于降解组测序的 miRNA - 靶基因调控网络的构建与分析

2.2.7.1 miRNA - 靶基因调控网络构建

根据 miRNA 及其对应靶基因,构建 miRNA - 靶基因网络,网络可视化由 Cytoscape 软件实现。

2.2.7.2 靶基因功能富集分析

利用 GO 对靶基因进行功能富集分析。应用超几何分布检验,找出与整个参考基因背景相比,在靶基因中显著富集的 GO 条目,其计算公式为:

$$P = 1 - \sum_{i=0}^{m-1} \frac{\binom{M}{i}\binom{N-M}{n-i}}{\binom{N}{n}}$$

其中,N 为所有基因中具有 GO 注释的基因数目;n 为靶基因数目;M 为所有基因中注释为某特定 GO 条目的基因数目;m 为注释为某特定 GO 条目的靶基因数目。计算得到的 P 值通过 Bonferroni 校正之后,以校正的 $P \leqslant 0.05$ 为阈值,满足此条件的 GO 条目定义为在靶基因中显著富集的 GO 条目。此过程由 AgriGO 数据库实现。

2.2.8 整合的碱胁迫 miRNA - 靶基因调控网络的构建与分析

2.2.8.1 碱胁迫 miRNA - 靶基因调控网络构建

为获得全转录水平上基因间的调控关系,根据网络比对方法将之前构建的

3 个网络进行整合，并剔除网络中碱胁迫下表达变化不显著的 miRNA 和靶基因，构建碱胁迫 miRNA－靶基因调控网络。网络可视化由 Cytoscape 软件实现。

2.2.8.2 碱胁迫 miRNA－靶基因调控网络分析

用图论的方法从网络结构入手，评价网络的无尺度属性并分析网络中基因的拓扑性质，包括基因的聚类系数、连接度、介数、向心性等，同时根据拓扑性质识别网络基序。此部分由 Cytoscape 软件完成。

2.2.8.3 基于公共数据库和文献的胁迫相关基因筛选

胁迫相关基因筛选主要包括以下几个方面：

(1)通过 GO 中基因功能注释信息，筛选注释到碱胁迫响应相关功能中的基因，如胁迫响应、非生物胁迫响应、离子转运、氧化还原等功能。

(2)筛选已知的胁迫相关或胁迫信号传导通路中的基因，如 *HA*、*CAX*、*SOS*、*SOD* 等。

(3)以大豆(soybean)和盐生植物(halophyte)为关键词，从 Pubmed 数据库下载已发表文献摘要，通过阅读文献摘要，筛选已明确功能的胁迫相关基因。

2.2.8.4 功能子网挖掘

为获得碱胁迫响应相关的功能子网，进一步筛选耐碱关键基因，结合 2.2.8.2中的拓扑性质与 2.2.8.3 中的注释信息，挖掘碱胁迫miRNA－靶基因调控网络中的功能子网，更加科学地预测耐碱关键基因。

2.2.8.5 耐碱关键基因筛选

结合基因间的调控关系、基因的拓扑性质、已知胁迫相关基因信息以及胁迫相关功能子网信息，筛取在各子网的中心节点(连接度高)和处于关键连接位置的节点(介数高)，结合每个连接基因的表达水平与功能注释信息，预测、筛选野生大豆耐碱关键基因。

3 结果与分析

3.1 野生大豆碱胁迫转录组测序数据分析

3.1.1 碱胁迫差异表达基因获得

实验室前期通过分析转录组测序数据，构建了6个时间点(0 h、1 h、3 h、6 h、12 h和24 h)的野生大豆碱胁迫基因表达谱，并筛选出3 380个碱胁迫下差异表达基因。各时间点差异表达基因的分布如图3-1所示。

分析结果显示，1 h时发生差异表达的基因在其他胁迫时间点同样差异表达的比例很低，而其他4个时间点(3 h、6 h、12 h和24 h)之间相同的差异表达基因所占的比例相对较高，分布从20%至50%，说明野生大豆碱胁迫早期具有特异的响应基因。碱胁迫下表达变化最显著的5个基因见表3-1。

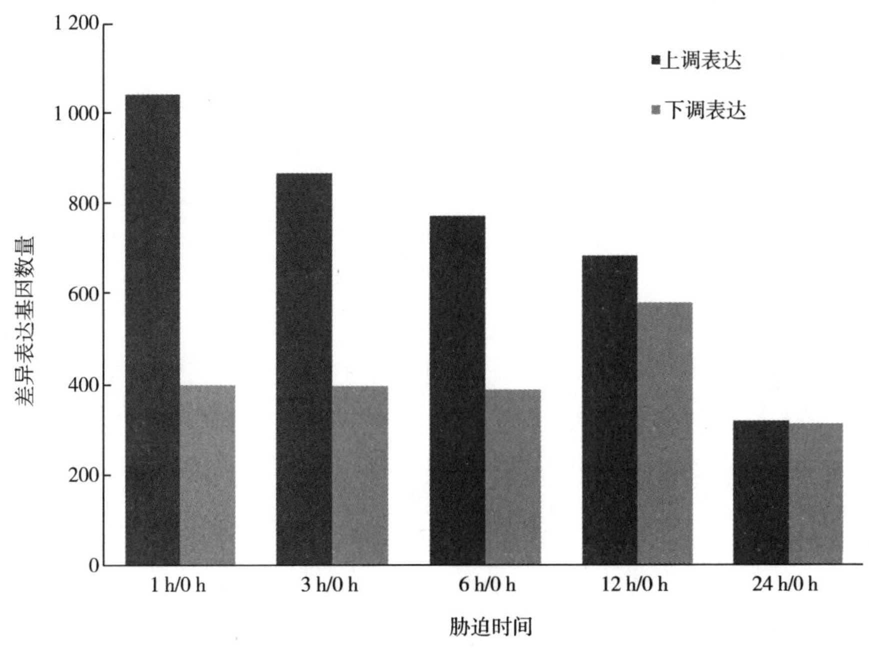

图3-1 碱胁迫下各时间点差异表达基因的数量

表 3-1 碱胁迫下表达变化最显著的 5 个基因

基因名称	变化倍数	*P* 值	*F* 值
氧化还原反应转录因子 1	11.31	8.64E-78	7.86E-75
细胞色素 c-2	11.14	2.32E-69	1.82E-66
类钙调蛋白 38	10.93	4.98E-60	3.12E-57
整合酶型 DNA 结合超家族蛋白	10.59	4.64E-69	1.67E-66
氧化还原反应转录因子 1	10.56	1.75E-46	7.38E-44

3.1.2 差异表达基因的 real-time PCR 验证

为了验证转录组测序结果的准确性，本研究从碱胁迫差异表达基因中随机选择 12 个进行 real-time PCR 验证，基因及相应的引物见表 3-2。验证结果显示，几乎所有基因的转录组测序结果与 real-time PCR 结果具有非常相似的表达模式（图 3-2），说明转录组测序结果的准确性。

表 3－2　基因及引物

基因编号	描述	上游引物	下游引物
Glyma15g34720	UDP 葡萄糖转移酶 73B1	ATCTACCAGGGACTCACCATTCT	TATCCGAATCTACCTTGGTGTGAG
Glyma19g05570	亚甲基四氢叶酸还原酶家族蛋白	GAAGGGCTGAAGAAAATAGAGGG	CATTGCTCAAACCAAAGGAAAGT
Glyma11g01940	UDP－D－葡萄糖/ UDP－D－半乳糖－4－差向异构酶 5	TCCTTTCACAAGGTGGACCTAC	TGTCCCAGTCAAGTTGTTGTTAT
Glyma13g32290	植物 U－box 8	CCTCCTAACCTTCCTCCAACAC	CTCTCAAGTCCAGAATCGGCAC
Glyma15g27630	植物 U－box 8	CGATGCCACAAACGAAAACG	CCCAGAAAAGGACCAACCAAG
Glyma03g35930	晚期胚胎发育丰富(LEA) 富含羟脯氨酸糖蛋白家族	CACTTGAATGGTGCTTATTACGG	ACTTGAAGGAACGGGGTTGA
Glyma14g39130	晚期胚胎发育丰富(LEA) 富含羟脯氨酸糖蛋白家族	CCACAATACTCCATTTATGCCACT	AACCAGTCCATGATCCTTCCTTT
Glyma14g09320	晚期胚胎发育丰富(LEA) 富含羟脯氨酸糖蛋白家族	CACCGCTGTCTTTTACCTCCG	CGACTTGCGTGGCTTTTCG
Glyma03g26590	晚期胚胎发育丰富(LEA) 富含羟脯氨酸糖蛋白家族	AGGCTTGATGGGAAGGTGGC	CGCAATGGACATAGGAAGCAGA
Glyma07g37270	类 MLP 蛋白 423	TGGCTCCTGCTACCCTTTACA	CCTCATCAATCGCTTCTATTTTGT
Glyma09g02590	类 MLP 蛋白 423	TGCGTCTATTAGTAGTGGCATTGTT	GATTCGGGGATCGGTGAAA
Glyma10g33710	类 MLP 蛋白 423	GGTTCAGGATGGCTTGGC	GGGGTTCACAGCATTGGGACT

注:“描述”指该基因所编码的蛋白,本书此类表格中均如此表述。

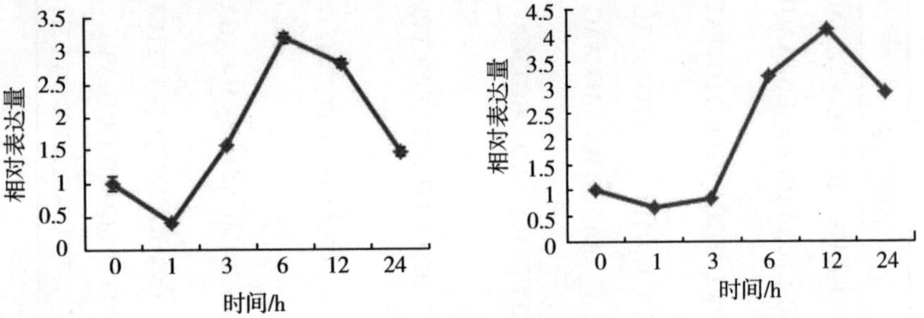

（A）Glyma09g02590

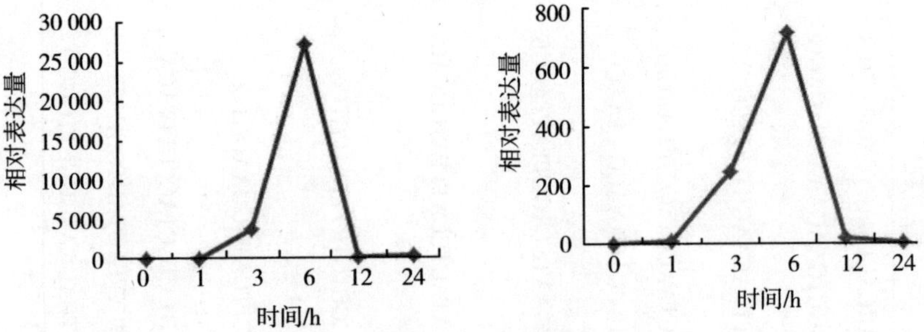

（B）Glyma03g26590

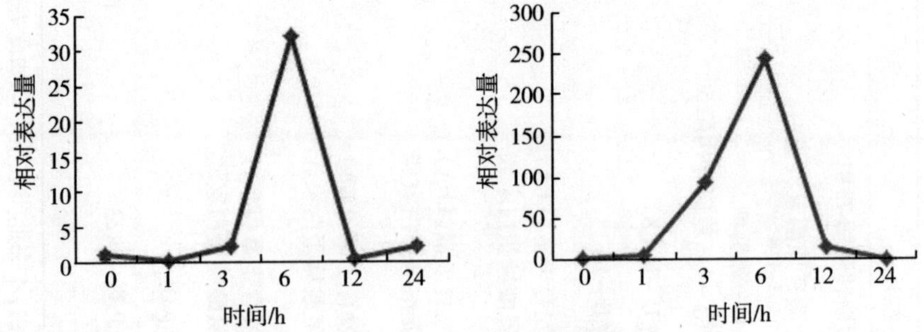

（C）Glyma15g27630

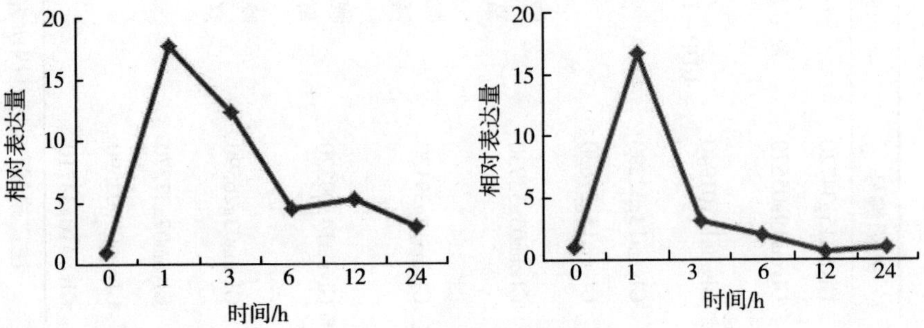

（D）Glyma03g35930

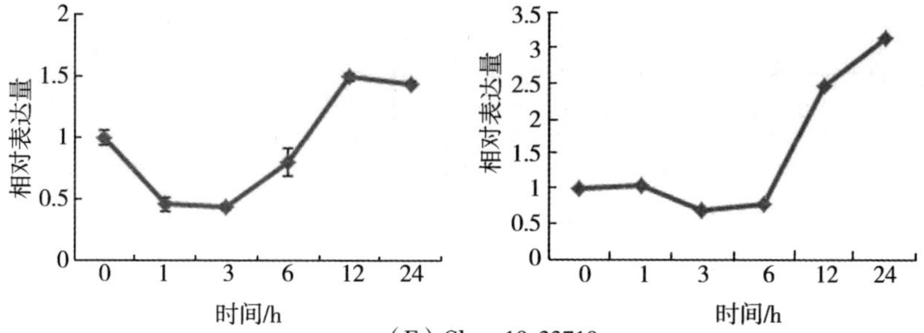

（E）Glyma10g33710

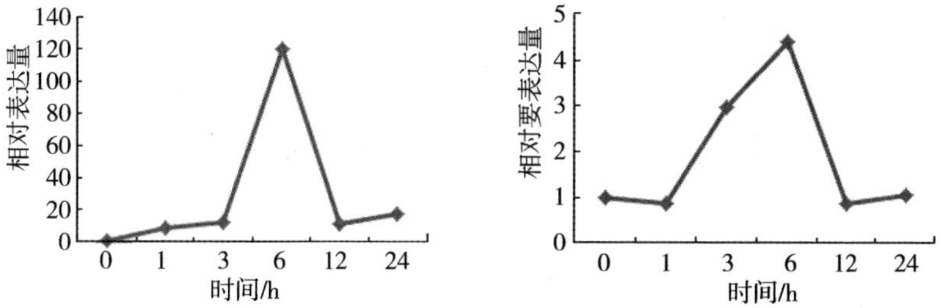

（F）Glyma07g37270

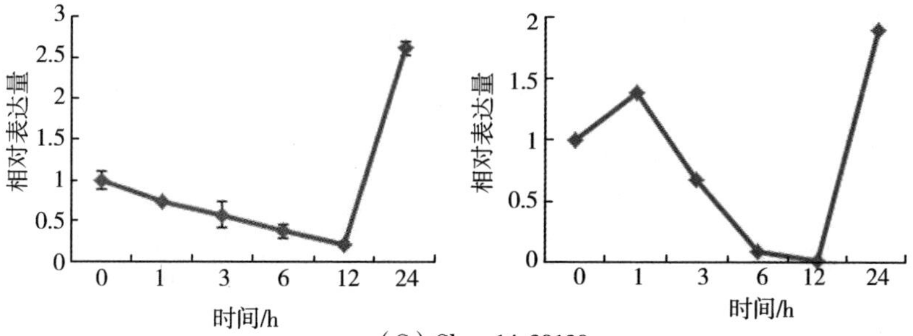

（G）Glyma14g39130

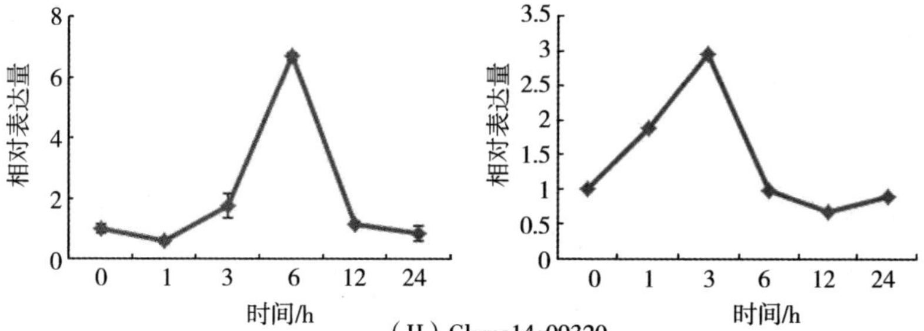

（H）Glyma14g09320

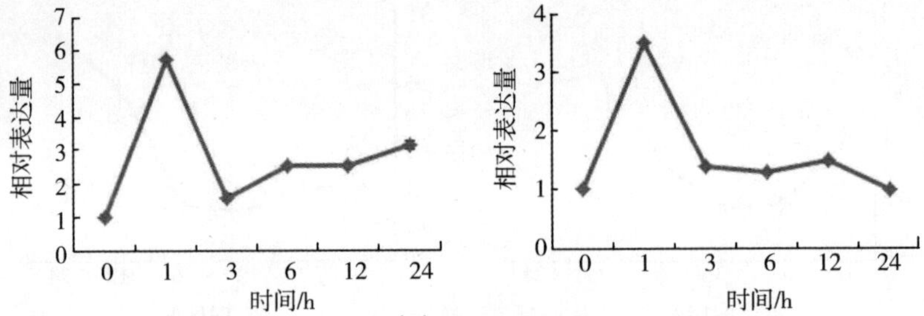

（I）Glyma15g34720

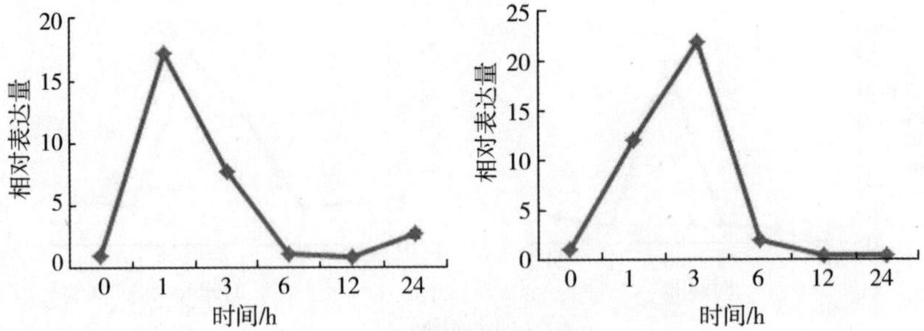

（J）Glyma19g05570

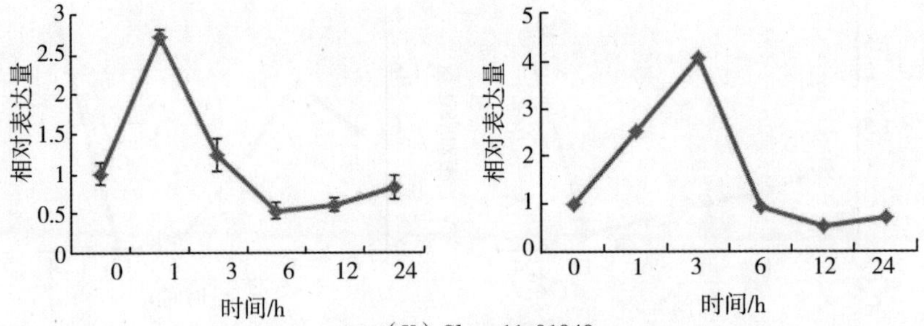

（K）Glyma11g01940

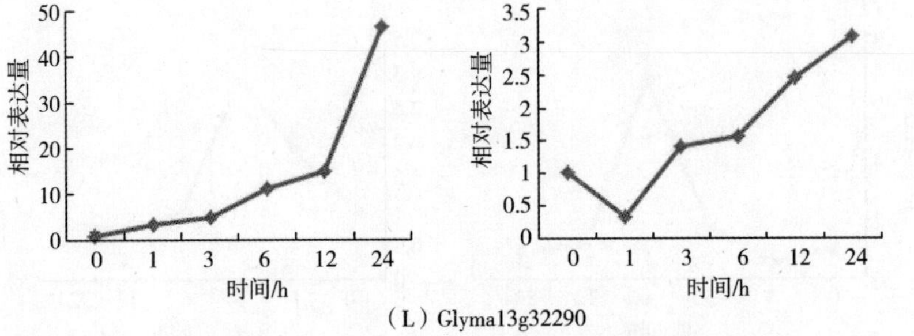

（L）Glyma13g32290

图3-2　差异表达基因的验证结果

注：每组图中，左图为 real-time PCR，右图为转录组测序。

3.1.3 差异表达基因的功能富集分析

GO 用来分析碱胁迫下差异表达基因所参与的生物过程及其功能。共 65 个 GO 条目被识别。功能富集分析结果显示,1 h 的差异表达基因显著富集的 GO 条目与其他时间点不同,为调控转录、调控生物过程、调控基因表达等相关生物过程;3 h、6 h、12 h 和 24 h 的差异表达基因显著富集的 GO 条目类似,均为调控氧化还原反应、光合作用等相关生物过程,见图 3-3。这些结果说明野生大豆响应碱胁迫涉及非常复杂的生物过程与功能改变,转录因子和氧化还原相关基因可能在野生大豆响应碱胁迫过程中发挥重要作用。

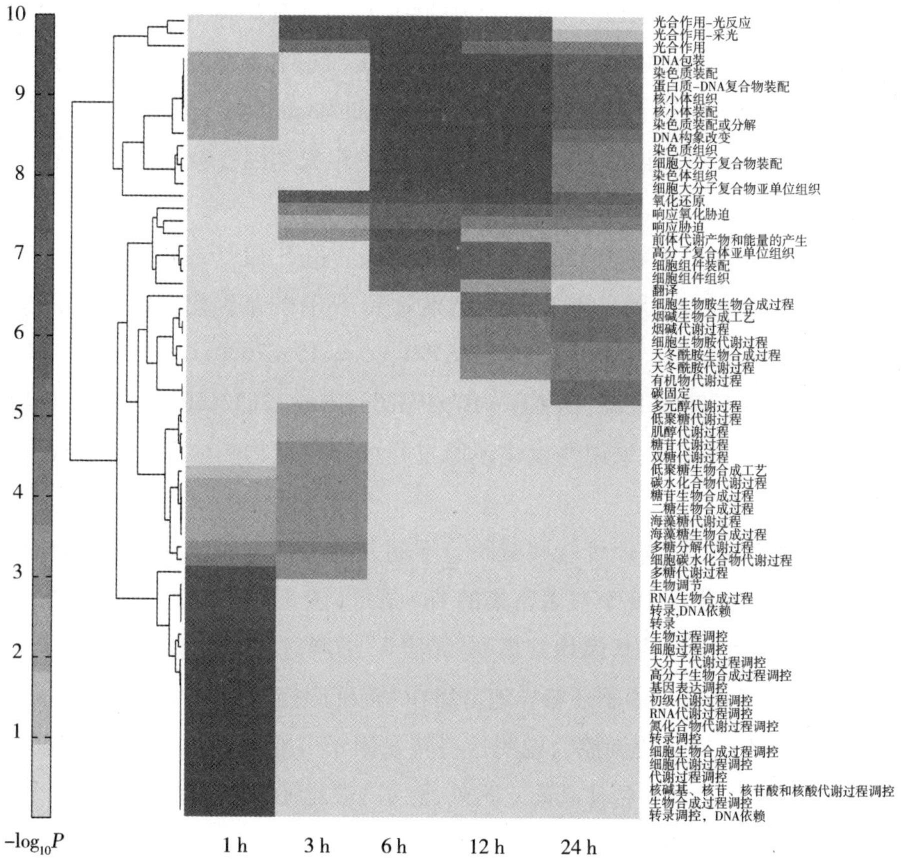

图 3-3 不同碱胁迫时间点下差异表达基因的功能富集

3.1.4 碱胁迫响应基因分析

根据植物转录因子数据库 PlantTFDB 中提供的转录因子家族信息，共发现了 32 个转录因子家族的 320 个转录因子相关基因在碱胁迫下存在差异表达，见图 3－4。相对来说，碱胁迫下差异表达的 *MYB*、*WRKY*、*NAC*、*bZIP*、*C2H2* 和 *TIFY* 等转录因子家族基因明显多于其他家族，说明这些转录因子家族可能在碱胁迫响应中发挥重要作用。

因此，本研究在这些转录因子相关基因中选择了 12 个，进行 real－time PCR 分析，转录因子相关基因及其引物见表 3－3。结果显示，这些转录因子相关基因均受碱胁迫诱导表达［图 3－5（A）］。其中 7 个转录因子相关基因上调表达，包括 Glyma11g04130、Glyma15g19840、Glyma02g26480、Glyma16g04740、Glyma09g16790、Glyma10g44160、Glyma16g02570。同时，5 个基因下调表达，包括 Glyma14g39130、Glyma16g01220、Glyma08g02580、Glyma03g41590、Glyma05g01390。结果说明相同家族的转录因子相关基因在碱胁迫下可能具有不同的响应模式。

另外，本研究也用 real－time PCR 检测了碱胁迫下 12 个氧化还原相关基因的表达模式，基因及引物见表 3－4。结果显示，所有的基因均在碱胁迫下差异表达［图 3－5（B）］。其中，Glyma03g26590、Glyma15g27630、Glyma14g05350 的表达在碱胁迫下显著上调，而 Glyma07g39020、Glyma12g32160、Glyma12g09810 显著下调表达。这个结果说明氧化还原过程可能在植物响应碱胁迫过程中起非常重要的作用。

功能富集分析用来评价这些碱胁迫下的差异表达基因所参与的生物过程及功能。结果共获得 18 个显著富集的 GO 条目（图 3－6），这些差异表达的转录因子和氧化还原相关基因均富集到“结合”“细胞过程”和“代谢过程”等 GO 条目。另外，这些转录因子还特异地富集在“转录调控因子”“生物调控”“细胞过程调控”和“代谢过程调控”，说明这些转录因子可能通过调控其下游基因的表达来在碱胁迫响应中行使功能。另外，除了“氧化还原”“抗氧化剂”等，氧化还原相关基因还富集在“响应胁迫”“催化剂”和“离子结合”等 GO 条目，说明这些氧化还原相关基因在碱胁迫响应中发挥重要作用。

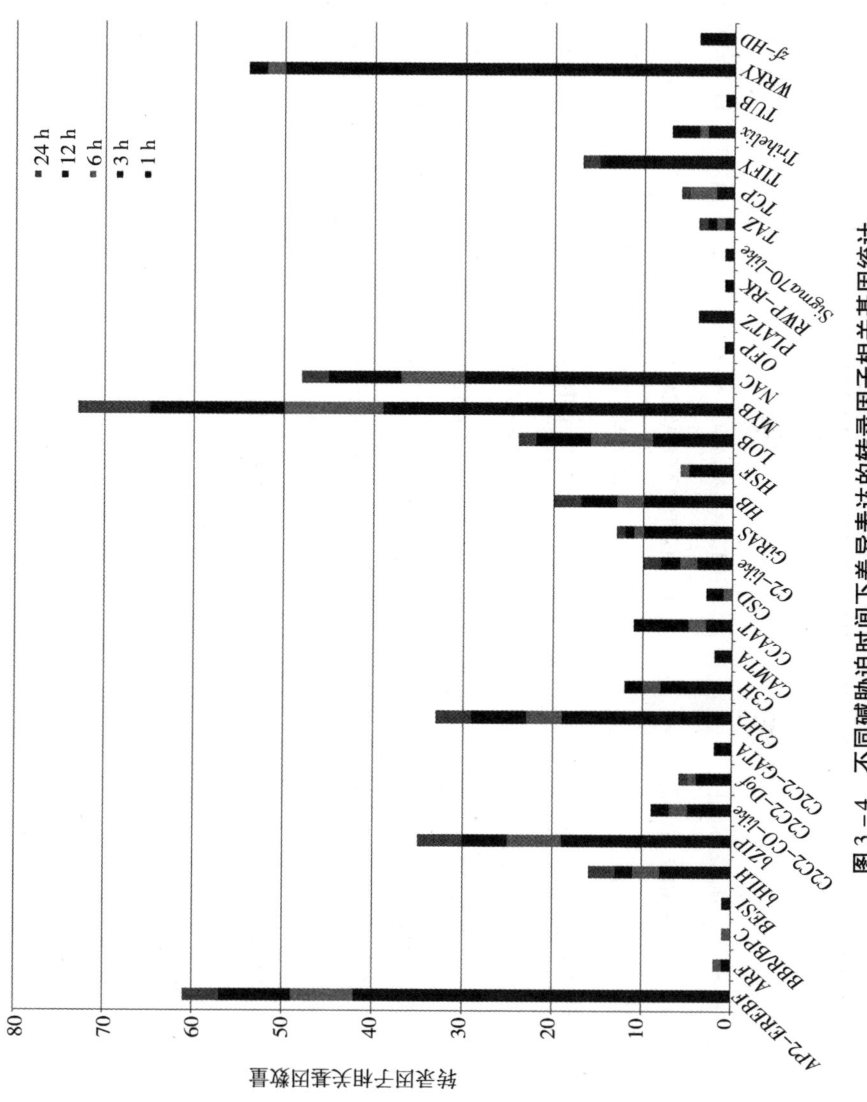

图 3－4　不同碱胁迫时间下差异表达的转录因子相关基因统计

表 3－3 real－time PCR 分析的转录因子相关基因的引物

基因编号	描述	上游引物	下游引物
Glyma03g41590	类 MLP 蛋白 423	ACTGAGGGTTCCAGTGATGG	GGATTTCTCAGCTCCAGTGC
Glyma05g01390	Homeobox 1	GCTTGCAAGAGGGAAACAAG	GATCCTTCTCCCTCCGAAAC
Glyma08g02580	类 MLP 蛋白 423	GGCCATCAAGGATCACCATAAT	GGCTCCAAGGATGTCTTTCTGA
Glyma09g16790	HD－ZIP	CGTCAAGTGGAGGTTTGGTT	CTTTCACAAGAGGGGCACAT
Glyma11g04130	TIFY 结构域/分化 CCT 基序家族蛋白	CACTGGCAATAATTCGGTTCA	GCTGCCATGTGATTGCTTGT
Glyma02g26480	NAC 域转录调节超家族蛋白	ATTGAGAAGCAGCAACCAGCA	AGTCGGAAGCCTCGAAGTACAG
Glyma10g44160	类 C2H2 锌指蛋白	CCTGACGATGCTCCTCCTACT	CAGCTCCACCTCCAGCAGTT
Glyma14g39130	类同源域超家族蛋白	CCACAATACTCCATTTATGCCACT	AACCAGTCCATGATCCTTCCTTT
Glyma15g19840	茉莉酸 Zim 结构域蛋白 1	TCCAGCGCAATTAAGTCTGTGA	TTGGTGGCATAGGACATGATCT
Glyma16g01220	茉莉酸 Zim 结构域蛋白 6	AGCCTTCCGGTTACCACTGA	TTCCTTCTGGCTTGAGATTGTT
Glyma16g02570	茉莉酸 Zim 结构域蛋白 6	GTTGGTAATGTGGGAGAAGAAAGT	TCTGTGGGAAAATAAGAGTGGC
Glyma16g04740	含 NAC 结构域蛋白 47	GTAGCATCCATACCCTTGACCG	TGCACCATTTGGGTACTTTCG

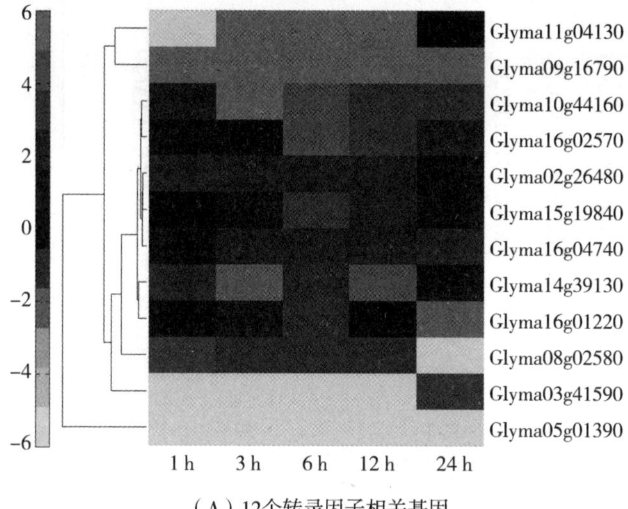

（A）12个转录因子相关基因

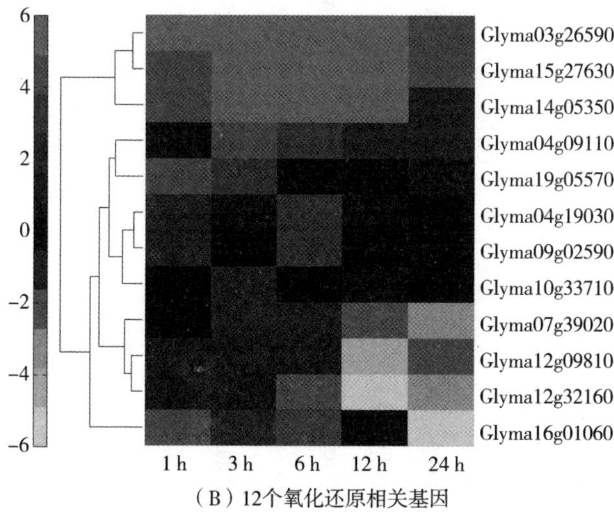

（B）12个氧化还原相关基因

图 3－5　基于 real－time PCR 的碱胁迫下基因表达模式分析

表 3－4　real－time PCR 分析的氧化还原相关基因的引物

基因编号	描述	上游引物	下游引物
Glyma19g05570	亚甲基四氢叶酸还原酶家族蛋白	GAAGGGCTGAAGAAAATAGAGGG	CATTGCTCAAACCAAAGGAAAGT
Glyma15g27630	NAD(P)－结合罗斯曼折叠超家族蛋白	CGATGCCACAAACGAAAACG	CCCAGAAAAGGACCAACCAAG
Glyma03g26590	NAD(P)－结合罗斯曼折叠超家族蛋白	AGGCTTGATGGAAGGTGGC	CGCAATGGACATAGGAAGCAGA
Glyma12g09810	NAD(P)－结合罗斯曼折叠超家族蛋白	CCTGGTGGGCACATTCCTG	GCTCCACGGCAGTGTTTCG
Glyma09g02590	过氧化物酶 2	TGCGTCTATTAGTAGTGGCATTGTT	GATTCGGGGATCGGTGAAA
Glyma10g33710	铁超氧化物歧化酶 2	GGTTCAGGATGGGCTTGGC	GGGGTTCACAGCATTGGGACT
Glyma16g01060	细胞色素 P450 超家族蛋白	CGCGCTGAGTAAAACATACG	GGACCAAGTGATGTCCGAGT
Glyma04g09110	NADP 苹果酸酶 3	TGGACAGGCCAACAATGCT	TCCTTAGGTCGAGGCAGATGA
Glyma04g19030	植物血氧合酶(脱环)家族蛋白	GGCGTCATCACTATCAACAATAGC	AGTAGCAGTACGAGCACCCGC
Glyma14g05350	乙烯形成酶	GCAGTGTCAAGCAAAGGGTTAG	GTGATTTCTGAGATGTTGGAGGTT
Glyma12g32160	过氧化物酶超家族蛋白	CCAAACGCTGAGCAAATCG	CATCACATCCCCTTACAAAACAGT
Glyma07g39020	过氧化物酶超家族蛋白	ACAAGAGGACCAAGCCTTATGTG	GACCTCACCCTTTGTGCCAGT

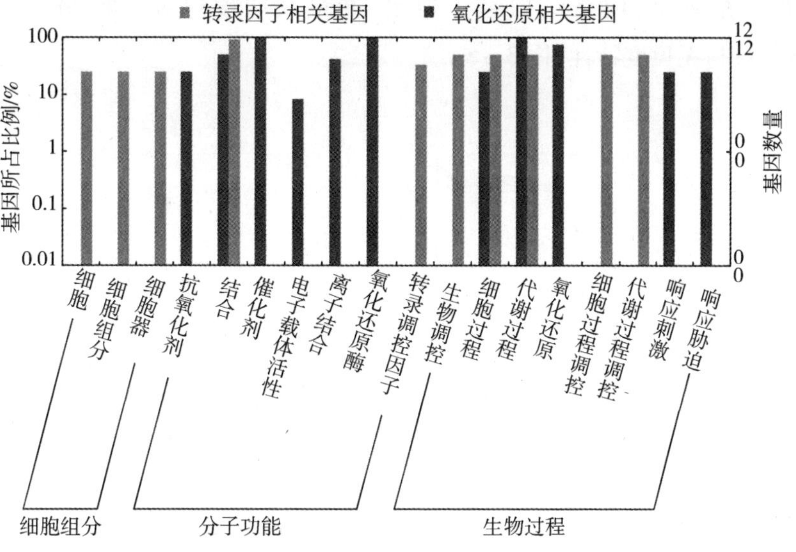

图 3－6　差异表达的转录因子和氧化还原相关基因的 GO 注释

3.2　基于转录组测序的基因共表达网络的构建与分析

3.2.1　基因共表达网络的构建参数筛选

为了进一步筛选耐碱关键基因，利用加权基因共表达网络分析算法，对 3 380个碱胁迫下发生显著变化的基因的表达模式进行分析，重构了基因共表达网络，用以揭示基因间的调控关系和关键基因。转录组测序中碱胁迫下差异表达基因列表及表达水平见附录。

加权基因共表达网络分析算法是基于 R 语言的基因调控网络构建与分析方法，该算法将图论方法与统计学方法相结合，通过分析基因的表达水平及网络拓扑性质，构建最符合生物学特性的基因调控网络，最大限度地保证了网络的可靠性。这个方法已经广泛应用于人类疾病研究，植物的相关研究中比较少见。

通过比较不同加权系数下网络的拓扑性质与连接度，选择加权系数 $\beta = 30$，在此加权系数下，网络结构趋于稳定，并最大限度保证了网络的连接度(图3-7)与无尺度特性(图3-8)。

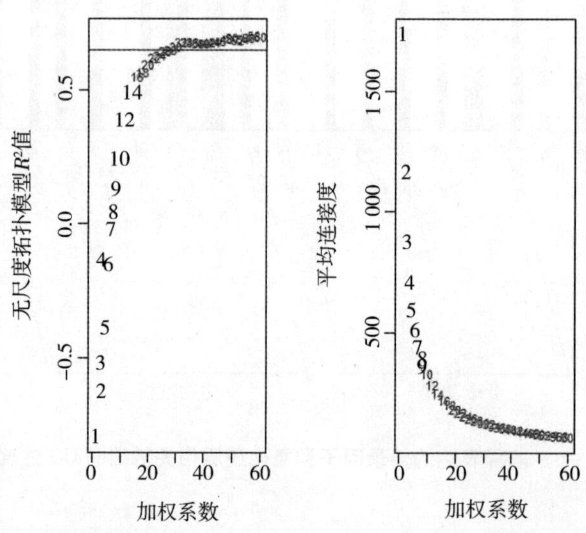

图3-7　不同加权系数下网络的拓扑性质与连接度

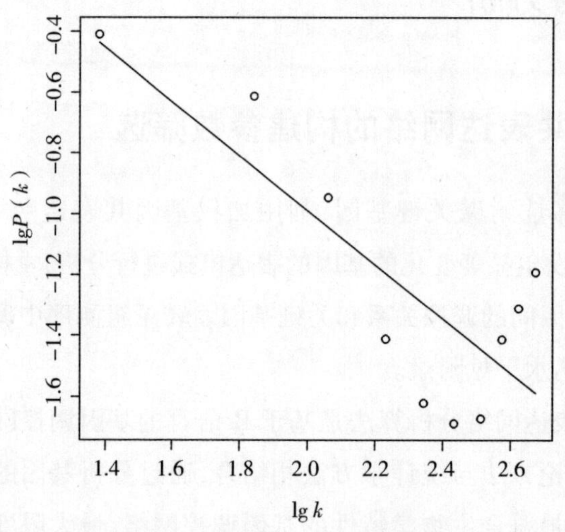

图3-8　$\beta=30$ 时网络的拓扑性质

注：k 为连接度，$P(k)$ 为连接度的出现频率。

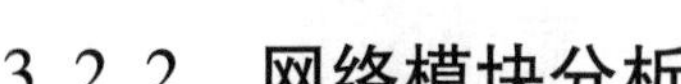

3.2.2 网络模块分析

生物学网络通常具有模块性,即网络中存在一些节点,彼此之间连接十分紧密,但和其他节点连接稀疏。已有研究显示,这些连接紧密的基因通常形成具有重要生物学功能的网络模块,而研究这些模块有助于进一步筛选耐碱关键基因。本研究对网络中的基因进行层次聚类,通过比对不同参数,最终选择参数0.85,在此参数下,得到10个网络模块,分别用不同颜色表示(图3-9)。

为了验证所划分的模块的准确性,利用模块内基因的表达水平,对模块间的相关性进行评价。如图3-10所示,两个模块相关性越高,图中其对应的位置颜色则越深。结果显示,不同的模块内部相关性很高,而模块间几乎没有相关性,说明本研究划分的功能模块非常准确。

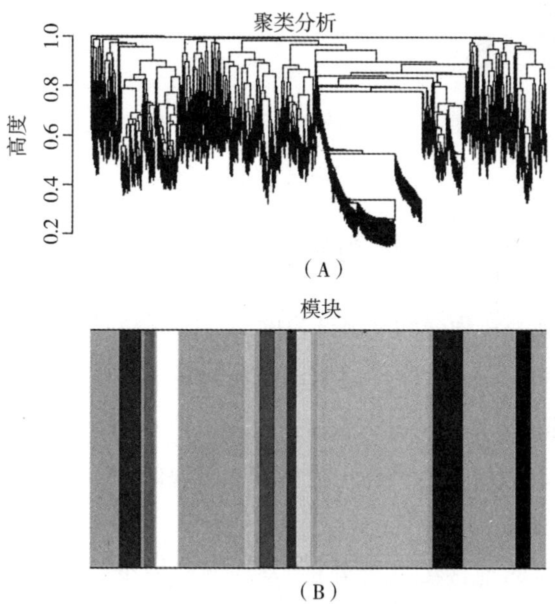

图3-9 基于层次聚类的网络模块划分

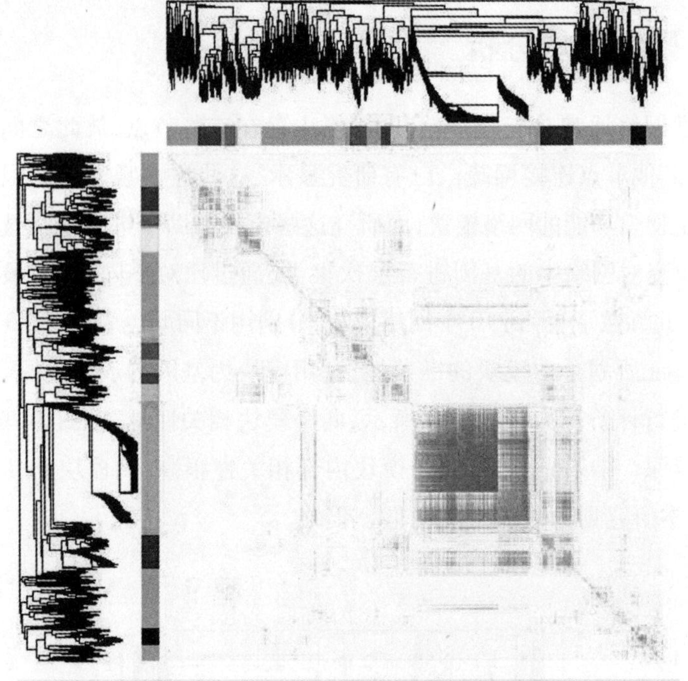

图 3-10 不同模块间的相关性分析

3.2.3 基因共表达网络可视化与拓扑性质分析

为了更直观地分析构建的基因调控网络,并评价网络是否符合生物学网络特性,本研究利用 Cytoscape 软件对网络进行可视化与拓扑性质分析。结果显示,本研究所构建的基因共表达网络共包括 3 380 个基因、58 591 条边,共获得了 10 个模块(图 3-11)。且网络中处于同一模块的基因紧密连接,进一步证明了划分的模块的准确性。

对网络中节点的连接度进行分析,发现网络中少数节点连接了上百个基因,大多数节点连接 1~2 个基因,符合少数节点连接度较高、大多数节点连接度较低的生物学网络评价标准,说明本研究中构建的网络具有生物学意义(图 3-12)。

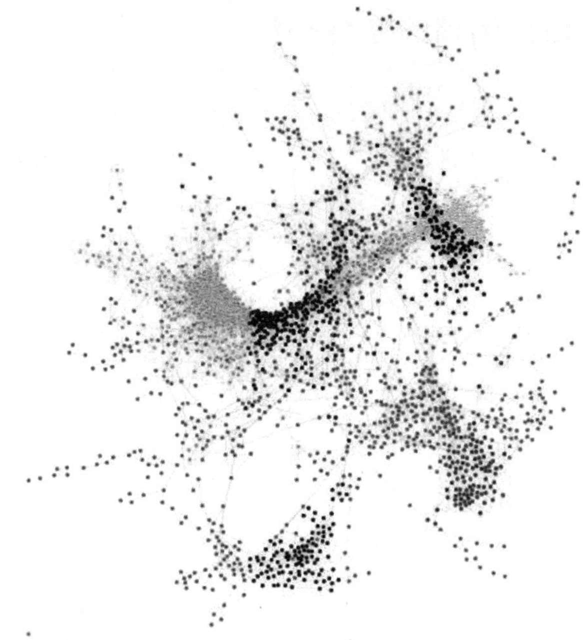

图 3－11　野生大豆碱胁迫基因调控网络

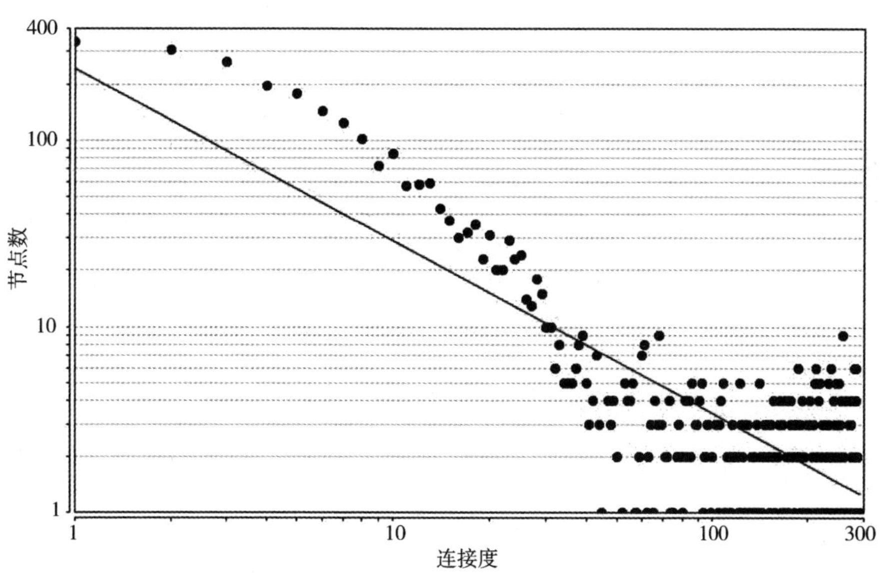

图 3－12　网络中节点连接度分布

3.2.4 网络模块的功能富集分析

另外,有研究显示,网络中形成同一模块的基因倾向于行使相同或相似的功能,因此通过对模块功能进行分析,可以筛选与碱胁迫响应相关的功能模块,进一步缩小候选基因的研究范围,同时可以通过模块内已知基因功能预测未知基因功能。

为了了解本研究所划分的模块的功能,利用超几何分布检验,结合 GO 数据库中存储的基因功能信息,对这 10 个模块进行功能富集分析。筛选 P 值小于 0.05 的 GO 条目。

结果显示,大多数模块都行使独立的功能,且一些模块的功能可能与碱胁迫响应相关。比如模块 1 的基因主要富集的功能是响应非生物胁迫、响应盐胁迫、响应内源性刺激等(表 3 - 5),模块 2 的基因主要富集的功能是氧化还原、电子传导链、响应乙烯刺激等(表 3 - 6),模块 3 的基因主要富集的功能是金属离子结合、阳离子结合等(表 3 - 7)。这些模块中的基因将作为研究重点进行下一步筛选。其他模块的富集情况见表 3 - 8 至表 3 - 14。

表 3 – 5　模块 1 的 GO 功能注释

分类	GO 注释	数量	百分比/%	P 值	校正
生物过程	GO:0009628　响应非生物胁迫	58	11.885 25	4.53E – 09	4.78E – 07
生物过程	GO:0006970　响应渗透胁迫	28	5.737 705	1.09E – 07	8.04E – 06
生物过程	GO:0009651　响应盐胁迫	25	5.122 951	1.16E – 06	7.80E – 05
生物过程	GO:0010033　响应有机物	75	15.368 85	3.59E – 18	2.65E – 15
生物过程	GO:0009719　响应内源性刺激	54	11.065 57	1.69E – 10	3.12E – 08
生物过程	GO:0009725　响应激素刺激	46	9.426 23	8.27E – 08	6.78E – 06
生物过程	GO:0009723　响应乙烯刺激	19	3.893 443	9.10E – 06	5.60E – 04
生物过程	GO:0007242　细胞内信号级联	33	6.762 295	3.35E – 04	0.012 28
生物过程	GO:0000160　双组分信号转导系统	14	2.868 852	7.85E – 04	0.022 925

表 3－6　模块 2 的 GO 功能注释

分类	GO 注释	数量	百分比/%	P 值	校正
生物过程	GO:0055114　氧化还原	14	11.570 25	0.002 408	0.540 94
生物过程	GO:0022900　电子传导链	5	4.132 231	0.008 049	0.479 304
生物过程	GO:0006091　前体代谢产物和能量的产生	6	4.958 678	0.037 143	0.670 907
KEGG 通路	ath00195：光合作用	3	2.479 339	0.047 374	0.621 163
分子功能	GO:0009055　电子载体活性	7	5.785 124	0.109 366	0.989 391
生物过程	GO:0009723　响应乙烯刺激	6	4.958 678	0.006 236	0.635 907
生物过程	GO:0009873　乙烯介导的信号通路	5	4.132 231	0.007 577	0.559 076
生物过程	GO:0006355　转录调控,DNA 依赖	12	9.917 355	0.009 8	0.470 699
生物过程	GO:0009725　响应激素刺激	10	8.264 463	0.021 793	0.589 185
生物过程	GO:0009719　响应内源性刺激	10	8.264 463	0.032 402	0.654 899

表 3－7　模块 3 的 GO 功能注释

分类	GO 注释	数量	百分比/%	*P* 值	校正
分子功能	GO:0046872　金属离子结合	19	30.645 16	0.015 909	0.897 44
分子功能	GO:0046914　过渡金属离子结合	16	25.806 45	0.024 301	0.687 908
分子功能	GO:0043169　阳离子结合	19	30.645 16	0.026 016	0.607 721
分子功能	GO:0043167　离子结合	19	30.645 16	0.026 58	0.534 701
分子功能	GO:0009055　电子载体活性	7	11.290 32	0.018 646	0.737 207
生物过程	GO:0016053　有机酸生物合成过程	5	8.064 516	0.035 916	0.911 363
生物过程	GO:0046394　羧酸生物合成过程	5	8.064 516	0.035 916	0.911 363

表 3－8　模块 4 的 GO 功能注释

分类	GO 注释	数量	百分比/%	*P* 值	校正
细胞组分	GO:0030312　外部封装结构	8	14.285 71	2.97E－04	0.010 931
细胞组分	GO:0005618　细胞壁	7	12.5	0.001 77	0.032 249
细胞组分	GO:0009505　植物细胞壁	4	7.142 857	0.020 449	0.086 009
生物过程	GO:0016054　有机酸分解代谢过程	4	7.142 857	0.001 147	0.049 912
生物过程	GO:0046395　羧酸分解代谢过程	4	7.142 857	0.001 147	0.049 912
生物过程	GO:0009628　响应非生物胁迫	12	21.428 57	1.04E－04	0.011 524
生物过程	GO:0009416　响应光刺激	6	10.714 29	0.005 695	0.131 95

表 3－9　模块 5 的 GO 功能注释

分类	GO 注释	数量	百分比/%	*P* 值	校正
细胞组分	GO:0000786　核小体	5	5.263 158	9.82E－05	0.005 681
细胞组分	GO:0032993　蛋白质－DNA 复合物	5	5.263 158	1.48E－04	0.004 29
生物过程	GO:0006334　核小体装配	5	5.263 158	1.88E－04	0.052 805
生物过程	GO:0034728　核小体组织	5	5.263 158	1.88E－04	0.052 805
生物过程	GO:0031497　核染色质装配	5	5.263 158	2.10E－04	0.029 846
生物过程	GO:0065004　蛋白质－DNA 复合物装配	5	5.263 158	2.21E－04	0.021 097
生物过程	GO:0006323　DNA 包装	5	5.263 158	2.87E－04	0.020 502
细胞组分	GO:0000785　核染色质	5	5.263 158	4.07E－04	0.005 887
生物过程	GO:0006333　核染色质装配或分解	5	5.263 158	5.89E－04	0.024 025
生物过程	GO:0046351　二糖生物合成过程	4	4.210 526	3.69E－04	0.021 092
生物过程	GO:0009312　寡糖生物合成过程	4	4.210 526	5.14E－04	0.024 449
生物过程	GO:0005984　二糖代谢过程	4	4.210 526	7.41E－04	0.026 41
生物过程	GO:0009311　寡糖代谢过程	4	4.210 526	0.001 221	0.034 687

表 3－10　模块 6 的 GO 功能注释

分类	GO 注释	数量	百分比/%	*P* 值	校正
生物过程	GO:0010200　响应几丁质	14	7.567 568	5.52E－12	1.80E－09
生物过程	GO:0009743　响应碳水化合物刺激	14	7.567 568	1.57E－09	2.57E－07

续表

分类	GO 注释	数量	百分比/%	*P* 值	校正
生物过程	GO:0010033　响应有机物	22	11.891 89	7.04E－05	0.005 723
生物过程	GO:0009415　响应水	7	3.783 784	0.002 097	0.107 798
生物过程	GO:0009414　响应水匮乏	6	3.243 243	0.008 554	0.295 358
分子功能	GO:0043169　阳离子结合	38	20.540 54	0.002 556	0.183 031
分子功能	GO:0043167　离子结合	38	20.540 54	0.002 663	0.131 034
分子功能	GO:0046872　金属离子结合	34	18.378 38	0.013 215	0.259 378
分子功能	GO:0046914　过渡金属离子结合	25	13.513 51	0.106 217	0.800 696

表 3－11　模块 7 的 GO 功能注释

分类	GO 注释	数量	百分比/%	*P* 值	校正
生物过程	GO:0009408　响应热	8	9.638 554	7.77E－07	2.47E－04
生物过程	GO:0009628　响应非生物胁迫	16	19.277 11	6.21E－05	0.009 828
生物过程	GO:0009266　响应温度刺激	9	10.843 37	8.66E－05	0.009 138
生物过程	GO:0006575　细胞氨基酸衍生物代谢过程	7	8.433 735	9.36E－04	0.041 661
生物过程	GO:0042398　细胞氨基酸衍生物生物合成过程	6	7.228 916	0.001 134	0.044 092
生物过程	GO:0009698　苯丙醇代谢过程	5	6.024 096	0.004 623	0.137 01
细胞组分	GO:0044432　内质网部分	6	7.228 916	2.19E－05	5.77E－04
细胞组分	GO:0005788　内质网内腔	4	4.819 277	8.03E－05	0.001 585
细胞组分	GO:0005783　内质网	8	9.638 554	0.001 2	0.015 679

表 3－12　模块 8 的 GO 功能注释

分类	GO 注释	数量	百分比/%	P 值	校正
生物过程	GO:0006811　离子转运	6	9.677 419	0.015 44	0.966 887
生物过程	GO:0030001　金属离子转运	4	6.451 613	0.039 55	0.829 239
生物过程	GO:0010035　响应无机物	6	9.677 419	0.022 002	0.912 495
生物过程	GO:0010038　响应金属离子	5	8.064 516	0.027 491	0.869 308
分子功能	GO:0003700　转录因子活性	12	19.354 84	0.016 511	0.866 622
分子功能	GO:0030528　转录调控子活性	13	20.967 74	0.016 789	0.640 98
分子功能	GO:0043565　序列特异的 DNA 结合	6	9.677 419	0.019 57	0.549 383
生物过程	GO:0045449　转录调控	12	19.354 84	0.032 823	0.839 136
分子功能	GO:0046983　蛋白二聚化活性	4	6.451 613	0.048 107	0.774 941

表 3－13　模块 9 的 GO 功能注释

分类	GO 注释	数量	百分比/%	P 值	校正
生物过程	GO:0009628　响应非生物胁迫	19	15.322 58	1.84E－04	0.059 564
生物过程	GO:0009266　响应温度刺激	9	7.258 065	0.001 17	0.062 929
生物过程	GO:0009409　响应冷胁迫	7	5.645 161	0.002 589	0.064 249
生物过程	GO:0006970　响应渗透胁迫	10	8.064 516	5.79E－04	0.091 928
生物过程	GO:0009651　响应盐胁迫	8	6.451 613	0.006 235	0.129 646
生物过程	GO:0009737　响应脱落酸刺激	7	5.645 161	0.006 885	0.119 975

续表

分类	GO 注释	数量	百分比/%	*P* 值	校正
生物过程	GO:0046351　二糖生物合成过程	4	3.225 806	0.001 053	0.067 791
生物过程	GO:0009312　寡糖生物合成过程	4	3.225 806	0.001 46	0.059 006
生物过程	GO:0005984　二糖代谢过程	4	3.225 806	0.002 091	0.056 428
生物过程	GO:0009311　寡糖代谢过程	4	3.225 806	0.003 41	0.078 041
生物过程	GO:0005992　海藻糖生物合成过程	3	2.419 355	0.006 78	0.132 024

表 3－14　模块 10 的 GO 功能注释

分类	GO 注释	数量	百分比/%	*P* 值	校正
分子功能	GO:0043169　阳离子结合	18	21.686 75	0.061 634	0.992 3
分子功能	GO:0043167　离子结合	18	21.686 75	0.062 769	0.963 341
分子功能	GO:0046872　金属离子结合	17	20.481 93	0.076 243	0.951 852
生物过程	GO:0055114　氧化还原	10	12.048 19	0.029 171	0.981 071
细胞组分	GO:0005773　液泡	6	7.228 916	0.082 512	0.826 404
生物过程	GO:0010035　响应无机物	6	7.228 916	0.049 307	0.989 079

3.3 野生大豆碱胁迫小 RNA 测序数据分析

3.3.1 原始数据预处理及测序质量评估

为了识别野生大豆中碱胁迫响应的 miRNA,本研究利用 Illumina 测序平台对碱胁迫处理 0 h、1 h、3 h、6 h、12 h 和 24 h 的野生大豆材料进行高通量测序。结果显示,6 个时间点分别产生了 16 149 583、16 201 064、20 221 415、24 502 971、18 990 293 和 21 242 765 个原始数据。经数据预处理,剩余 15 860 795、15 880 650、19 453 003、23 594 977、18 229 490 和 20 424 023 的干净序列(表 3 - 15)。不同时间点干净序列的长度分布情况显示,片段长度集中在 21 ~ 24 nt,这个结果与一般植物小 RNA 测序片段长度分布相一致,说明测序结果的可靠性,而样品间小 RNA 公共序列分析结果显示,不同样品间的公共序列所占的比例相似,说明不同样品在测序整体上的一致性是比较好的,见图 3 - 13、表 3 - 16。

表 3 - 15　碱胁迫下各时间点小 RNA 测序数据统计

样本	原始数据	高质量数据	干净序列
0 h	16 149 583	16 046 999	15 860 795
1 h	16 201 064	16 090 721	15 880 650
3 h	20 221 415	20 088 208	19 453 003
6 h	24 502 971	24 284 444	23 594 977
12 h	18 990 293	18 747 585	18 229 490
24 h	21 242 765	20 965 300	20 424 023

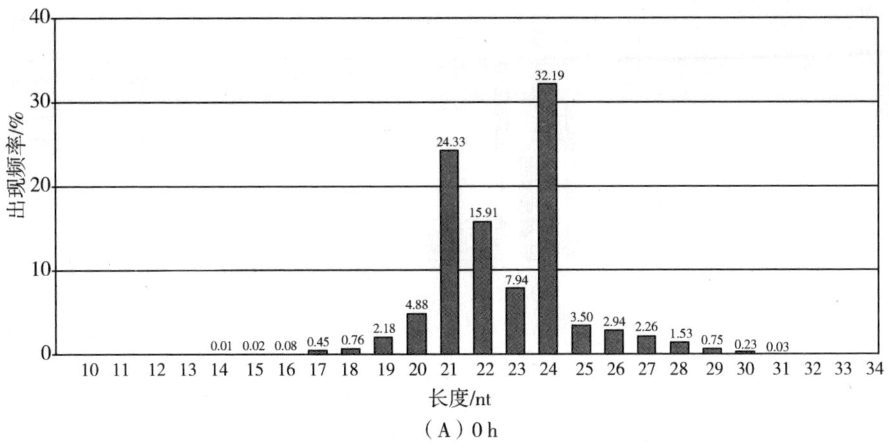
出现频率/%
40
30
20
10
0
0.01 0.02 0.08 0.45 0.76 2.18 4.88 24.33 15.91 7.94 32.19 3.50 2.94 2.26 1.53 0.75 0.23 0.03
10 11 12 13 14 15 16 17 18 19 20 21 22 23 24 25 26 27 28 29 30 31 32 33 34
长度/nt

（A）0 h

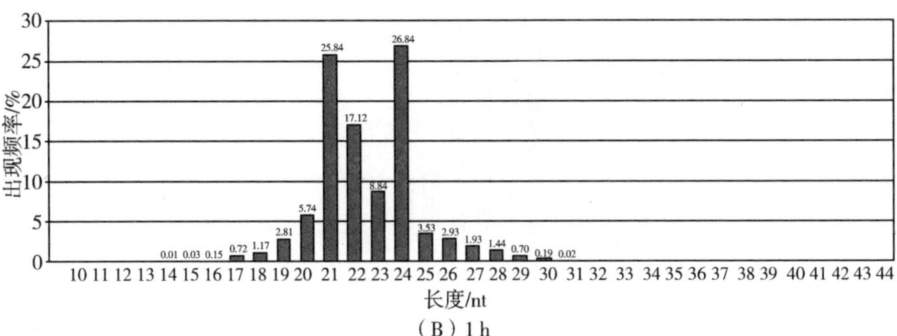
出现频率/%
30
25
20
15
10
5
0
0.01 0.03 0.15 0.72 1.17 2.81 5.74 25.84 17.12 8.84 26.84 3.53 2.93 1.93 1.44 0.70 0.19 0.02
10 11 12 13 14 15 16 17 18 19 20 21 22 23 24 25 26 27 28 29 30 31 32 33 34 35 36 37 38 39 40 41 42 43 44
长度/nt

（B）1 h

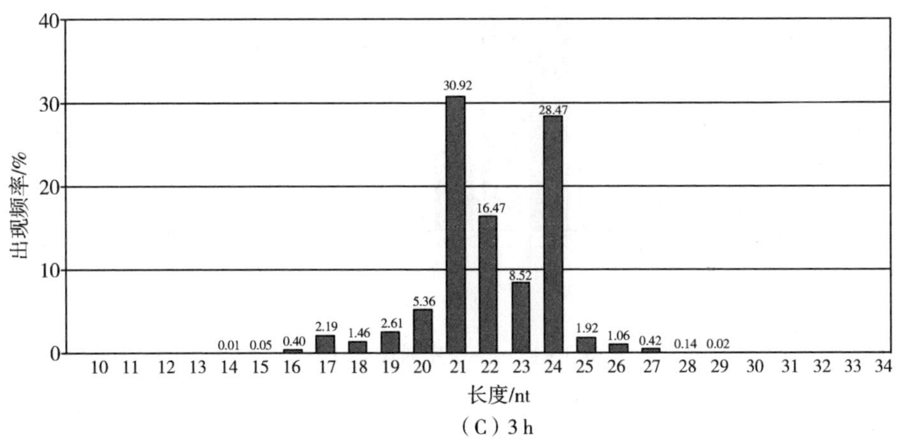
出现频率/%
40
30
20
10
0
0.01 0.05 0.40 2.19 1.46 2.61 5.36 30.92 16.47 8.52 28.47 1.92 1.06 0.42 0.14 0.02
10 11 12 13 14 15 16 17 18 19 20 21 22 23 24 25 26 27 28 29 30 31 32 33 34
长度/nt

（C）3 h

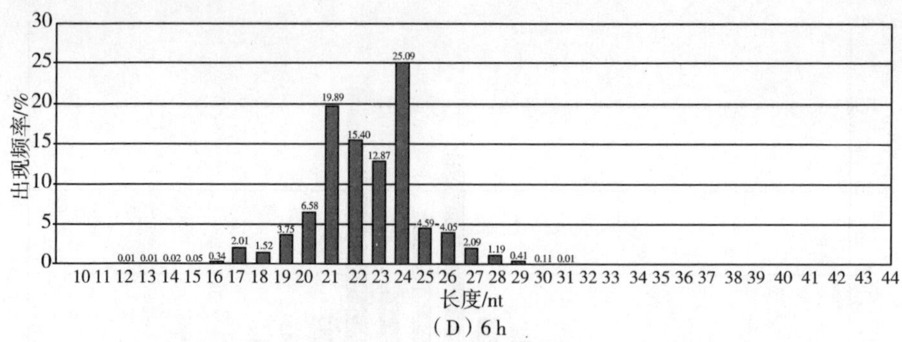

（D）6 h

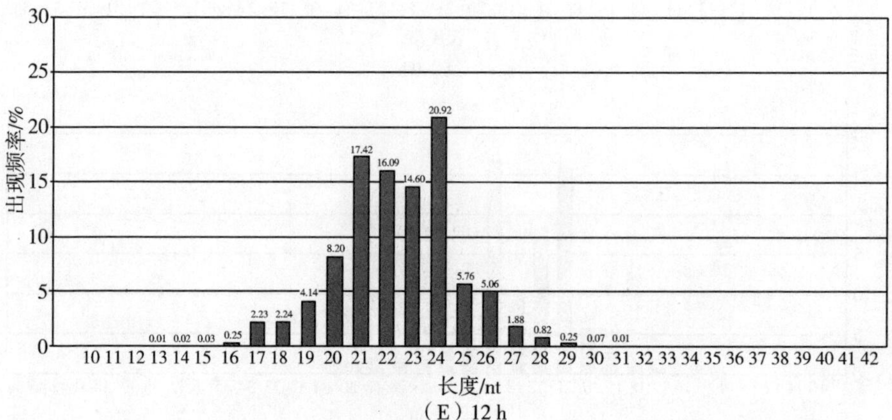

（E）12 h

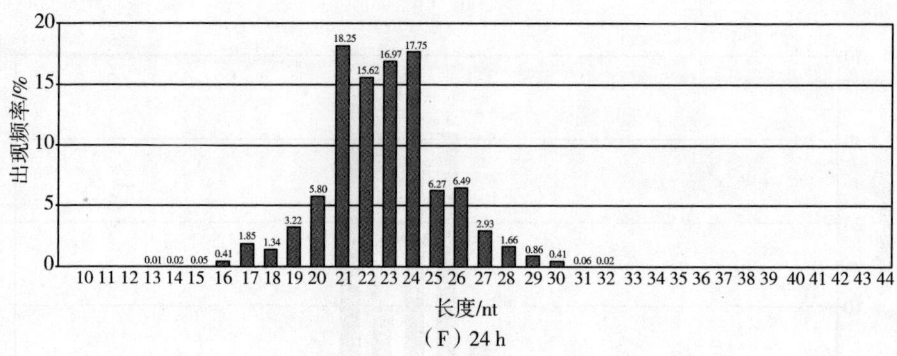

（F）24 h

图 3－13　干净序列长度分布

表 3 - 16 碱胁迫下不同时间点特异的小 RNA 和公共的小 RNA 的干净序列占比

不同时间点	两个时间点共有片段占比/%	0 h 特有片段占比/%	其他时间特有片段占比/%
0 h 与 1 h	81.81	9.92	8.28
0 h 与 3 h	81.29	8.90	9.81
0 h 与 6 h	84.29	7.67	8.05
0 h 与 12 h	84.30	5.15	10.55
0 h 与 24 h	84.84	10.69	4.47

3.3.2 小 RNA 测序数据基因组比对

以植物基因组数据库 Phytozome 中的栽培大豆基因组为参考基因组，利用 SOAP 软件将测序得到的干净序列比对到参考基因组上。比对结果见表 3 - 17，结果显示，所有样品比对上参考基因组的序列均多于 80%。

表 3 - 17 碱胁迫下各时间点小 RNA 基因组比对数据统计

样本	总小 RNA	比对到基因组上的小 RNA	占比/%
0 h	15 860 795	12 704 914	80.1
1 h	15 880 650	13 127 102	82.66
3 h	19 453 003	16 419 173	84.4
6 h	23 594 977	20 315 650	86.1
12 h	18 229 490	16 350 229	89.69
24 h	20 424 023	18 785 325	91.98

3.3.3 小 RNA 分类注释

为了排除测序数据中 rRNA、scRNA、snoRNA、snRNA、tRNA 等已知的非编码 RNA，本研究使用 GenBank 和 Rfam 来注释测序得到的小 RNA。将所有小 RNA 与各类 RNA 的比对、注释情况进行总结，结果见表 3 - 18。排除已知非编码 RNA 后，剩余的干净序列将被用于新 miRNA 的预测。

表 3－18　小 RNA 分类注释

条目	0 h		1 h		3 h		6 h		12 h		24 h	
	唯一	总数	唯一	总数	唯一	总数	唯一	总数	唯一	总数	唯一	总数
外显子(反)	44 133	177 219	41 608	165 190	57 157	237 654	48 486	208 434	30 904	115 765	25 979	109 765
外显子(正)	133 470	340 449	119 648	288 929	122 180	404 924	135 959	355 473	82 297	192 078	92 483	181 206
内含子(反)	90 410	190 427	80 865	158 572	113 240	243 240	94 792	196 218	58 475	105 551	47 271	79 467
内含子(正)	160 911	481 310	150 027	408 136	199 036	624 311	170 556	495 045	110 525	266 743	92 502	200 761
miRNA	4 562	3 915 033	4 620	4 148 425	5 555	6 300 607	4 835	3 899 811	3 741	2 299 573	3 266	2 594 873
rRNA	192 342	4 377 037	196 477	5 451 770	157 433	4 687 429	206 624	12 118 499	177 738	11 755 217	181 485	14 516 042
重复	2 480	4 889	2 164	3 942	3 192	7 754	2 513	5 467	1 542	2 732	1 293	2 211
snRNA	4 208	19 944	4 560	21 464	3 822	14 940	4 418	25 253	3 786	22 870	4 476	53 672
snoRNA	4 207	20 077	4 534	18 920	3 285	12 860	4 169	24 825	4 140	28 948	5 363	60 229
tRNA	25 675	692 927	25 354	466 129	23 604	577 427	26 024	566 140	20 607	447 459	21 109	288 241
无注释	2 945 623	5 641 483	2 605 002	4 749 173	3 294 648	6 341 857	3 046 515	5 699 812	1 747 979	2 992 554	1 436 371	2 337 556

3.3.4 新 miRNA 预测

利用 Mireap 软件对没有注释的干净序列进行预测,得到新的 miRNA。不同样本预测的 miRNA 数据见表 3 – 19。

表 3 – 19 预测的 miRNA 统计

样本	miRNA 数量
0 h	392
1 h	347
3 h	421
6 h	382
12 h	276
24 h	260

3.3.5 miRNA 表达谱构建与分析

将小 RNA 测序得到的干净序列与 miRBase 数据库中大豆 miRNA 的成熟体和前体的序列进行比对,识别保守 miRNA,并构建野生大豆 miRNA 表达谱。碱胁迫下各时间点所识别的已知 miRNA 的数量见表 3 – 20。根据序列比对,6 个样品中共识别了 455 个大豆 miRNA,构建了这 455 个 miRNA 的表达谱(部分 miRNA 的表达谱见表 3 – 21)。

表 3 – 20 已知的 miRNA 统计

样本	miRNA 数量
0 h	380
1 h	384
3 h	388
6 h	383
12 h	368
24 h	351
总计	455

根据野生大豆碱胁迫 miRNA 表达谱，共识别了 309 个在碱胁迫下表达发生显著改变的 miRNA（$P<0.05$，|变化倍数|>1）。碱胁迫下不同时间点差异表达 miRNA 的数量分布见图 3－14 及图 3－15。结果显示，碱胁迫下下调表达 miRNA 的数量随着胁迫时间的延长显著增加，6 h 后，下调表达 miRNA 的数量明显多于上调表达 miRNA 的数量（图 3－15）。而转录组测序数据显示，上调表达基因的数量远远多于下调表达基因的数量。对这些差异表达 miRNA 的层次聚类分析显示了相似的表达模式，即大多数 miRNA 在碱胁迫下显著下调表达，而且下调表达 miRNA 的数量随着胁迫时间的延长而增加（图 3－16）。

表 3 – 21　部分 miRNA 的表达谱

miRNA	0 h	1 h	3 h	6 h	12 h	24 h
gma – miR1507a	48 972.01	53 634.08	59 807.01	33 486.28	31 789.59	18 352.75
gma – miR1507b	48 971.5	53 633.95	59 806.65	33 486.07	31 789.48	18 352.55
gma – miR1507c – 3p	24.336 7	23.928 5	33.208 2	14.918 4	13.439 8	6.609 9
gma – miR1507c – 5p	57.626 4	35.955 7	75.978	26.064 9	17.060 3	8.470 4
gma – miR1508a	1 395.39	1 150.079	1 532.206	801.568 9	623.385 5	480.806 4
gma – miR1508b	0.189 1	0.125 9	0.719 7	0.084 8	0.109 7	0.049
gma – miR1508c	1 160.85	946.497 8	1 312.085	662.047 7	513.563 5	393.507 2
gma – miR1509a	22 131.8	22 850.26	22 666.78	15 014.98	11 838.56	8 610.742
gma – miR1509b	818.117 9	921.876 6	977.124 2	716.847 5	549.055 4	456.325 4
gma – miR1510a – 3p	34.235 4	47.416 2	49.401 1	24.284 8	27.976 6	13.366 6
gma – miR1510a – 5p	4.161 2	4.596 8	11.000 9	1.991 9	1.755 4	0.979 2
gma – miR1510b – 3p	25.913	40.300 6	40.610 7	18.987 1	20.516 2	9.890 3
gma – miR1510b – 5p	5 016.457	7 212.047	4 904.127	3 641.368	3 549.688	2 538.188
gma – miR1511	6.557	9.823 3	10.692 4	4.153 4	4.937 1	0.979 2
gma – miR1512a	1.891 5	1.826 1	4.061 1	0.635 7	1.261 7	0.587 5
gma – miR1512b	0	0	0	0	0	0
gma – miR1512c	6.746 2	0.251 9	0.976 7	0.932 4	0.438 8	0.097 9
gma – miR1513a – 3p	0	0	0	0	0	0
gma – miR1513a – 5p	6.935 3	6.297	7.094	4.704 4	2.523 4	2.350 2
gma – miR1513b	7.124 5	6.359 9	7.094	4.704 4	2.468 5	2.350 2

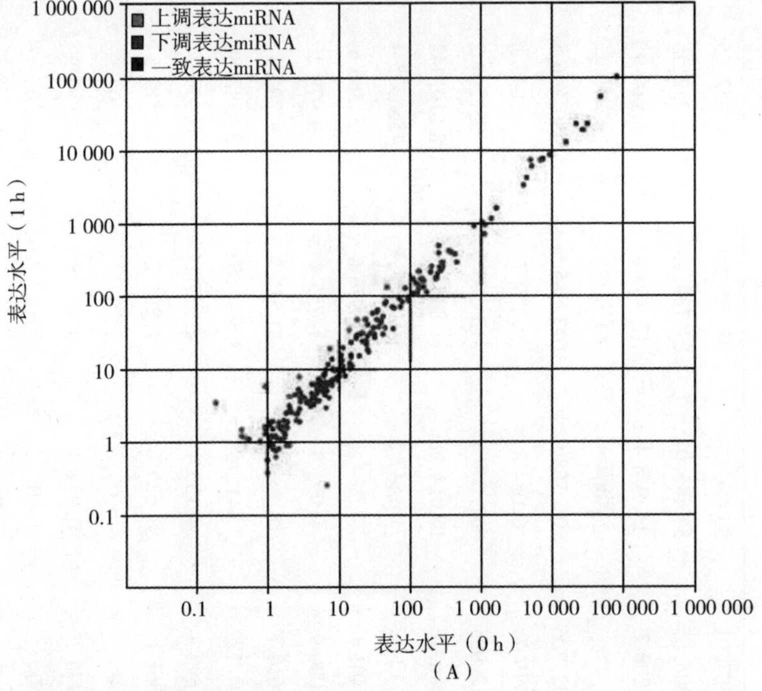
上调表达miRNA
下调表达miRNA
一致表达miRNA
表达水平（1 h）
表达水平（0 h）
1 000 000
100 000
10 000
1 000
100
10
1
0.1
（A）

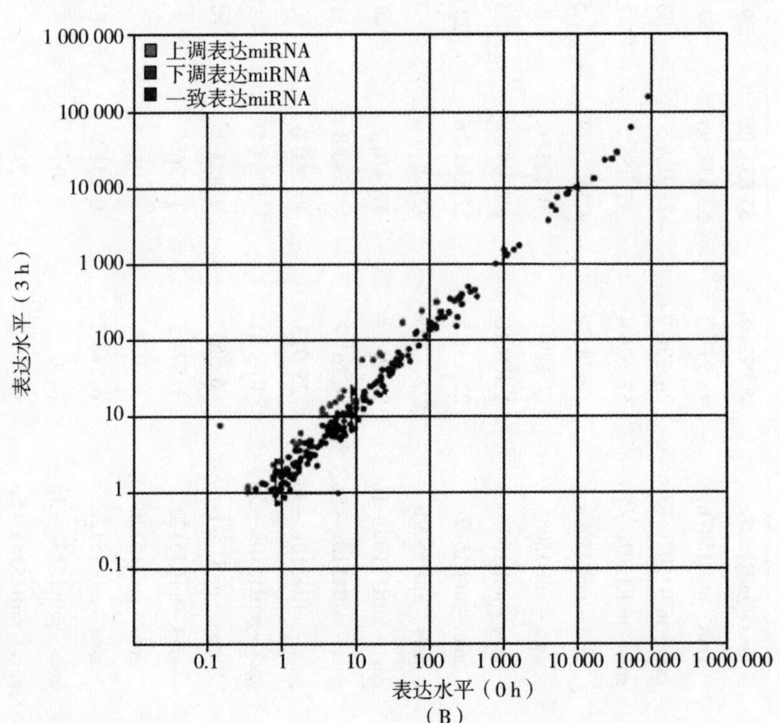
上调表达miRNA
下调表达miRNA
一致表达miRNA
表达水平（3 h）
表达水平（0 h）
1 000 000
100 000
10 000
1 000
100
10
1
0.1
（B）

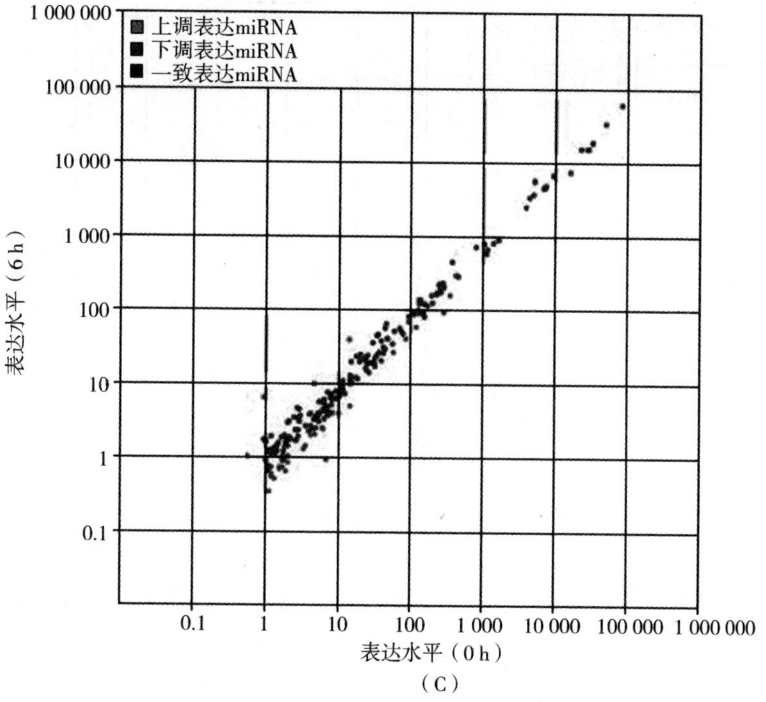
上调表达miRNA
下调表达miRNA
一致表达miRNA
1 000 000
100 000
10 000
1 000
100
10
1
0.1
表达水平（6 h）
0.1
1
10
100
1 000
10 000
100 000
1 000 000
表达水平（0 h）

（C）

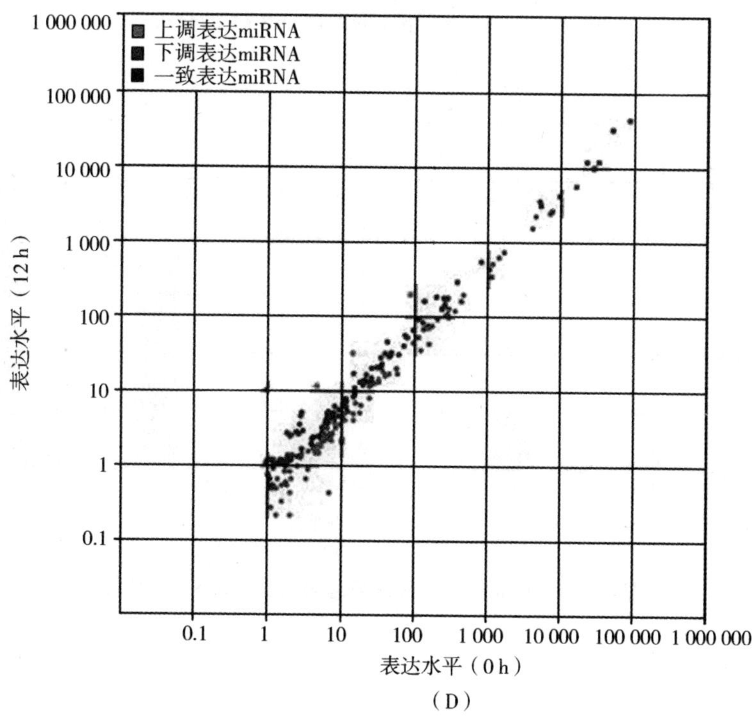
上调表达miRNA
下调表达miRNA
一致表达miRNA
1 000 000
100 000
10 000
1 000
100
10
1
0.1
表达水平（12 h）
0.1
1
10
100
1 000
10 000
100 000
1 000 000
表达水平（0 h）

（D）

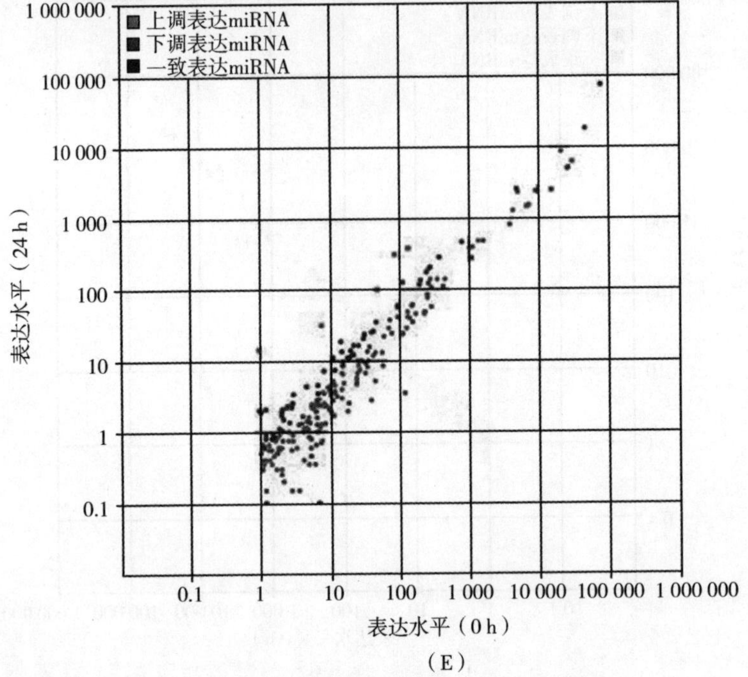

（E）

图 3－14　碱胁迫下差异表达 miRNA 的分布

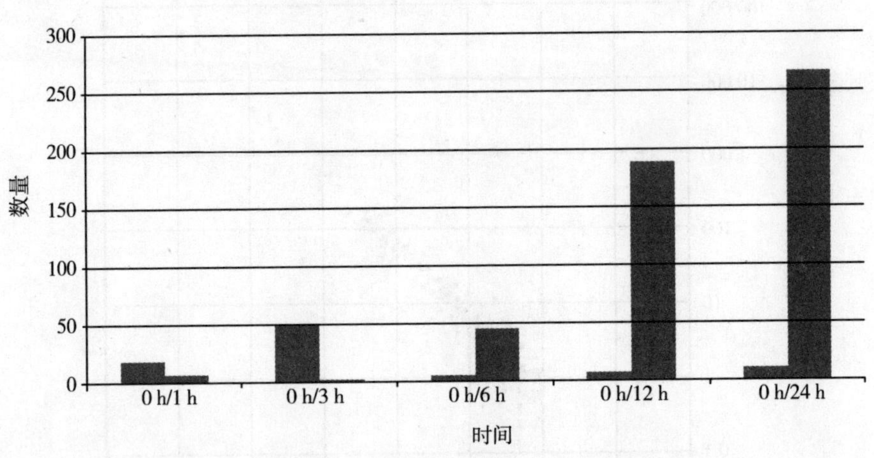

图 3－15　碱胁迫下各时间点差异表达 miRNA 的数量

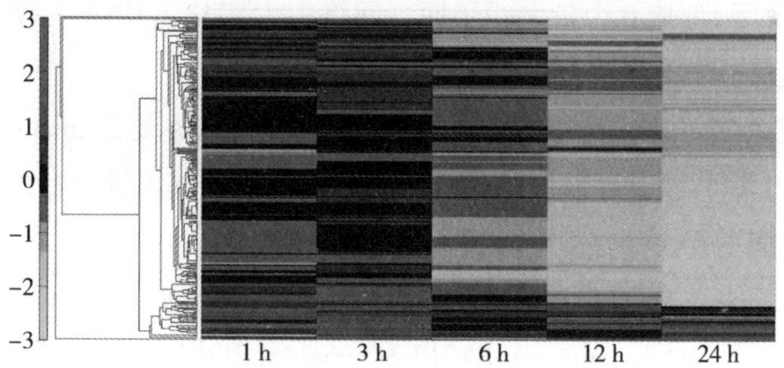

图 3-16 碱胁迫下差异表达 miRNA 聚类分析

3.3.6 miRNA-靶基因预测

为了更好地研究这些差异表达 miRNA 的功能,本研究对这些 miRNA-靶基因进行预测,从而预测这些 miRNA 在植物碱胁迫响应过程中所发挥的作用。不同碱胁迫时间下所预测到的差异表达 miRNA-靶基因数据见表 3-22。

表 3-22 已知差异表达 miRNA-靶基因预测统计

	miRNA 数量	靶基因数量
1 h/0 h	23	142
3 h/0 h	43	224
6 h/0 h	39	326
12 h/0 h	156	714
24 h/0 h	212	989

3.4 基于小 RNA 测序的 miRNA-靶基因调控网络的构建与分析

3.4.1 基于靶基因预测的 miRNA-靶基因调控网络的构建与分析

构建基于靶基因预测的 miRNA-靶基因调控网络,网络包括 2 136 个节点、4 322对关系，形成6个较大的子网。网络中大部分 miRNA 为保守 miRNA，见图 3－17。

其中，最大的子网被命名为子网 1（图 3－18），其主要由 gma－miR156 和 gma－miR171 家族及其靶基因组成。对子网 1 中的靶基因进行功能注释，结果显示，GO 功能主要注释在 DNA 结合上（表 3－23）。

第二大子网被命名为子网 2（图 3－19），其主要由 gma－miR319、gma－miR159、gma－miR1507、gma－miR1513 和 gma－miR2118 等家族及其靶基因组成，这个子网中的一些 miRNA 如 gma－miR319、gma－miR1507 等均有文献证实参与非生物胁迫响应过程。而子网 2 内的靶基因功能注释结果显示，这些靶基因参与细胞凋亡、信号转导、免疫应答、防御响应等生物过程（表 3－24），意味着 miRNA 也许通过调节其靶基因的表达，影响这些胁迫相关的生物过程，从而参与碱胁迫响应。

第三大子网被命名为子网 3（图 3－20），其主要由 gma－miR172 家族及其靶基因组成。而其靶基因功能注释结果显示，其主要参与基因表达调控、转录调控等过程（表 3－25），说明 gma－miR172 可能主要通过调节其下游的基因表达来行使功能。

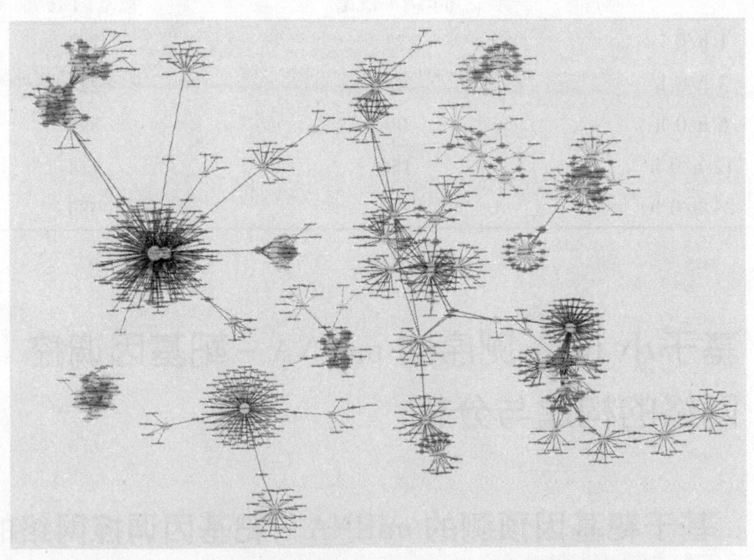

图 3－17　基于靶基因预测的 miRNA－靶基因调控网络

注：此图用于表示网络结构形态，不详细展开，本书中网络图均如此表示。

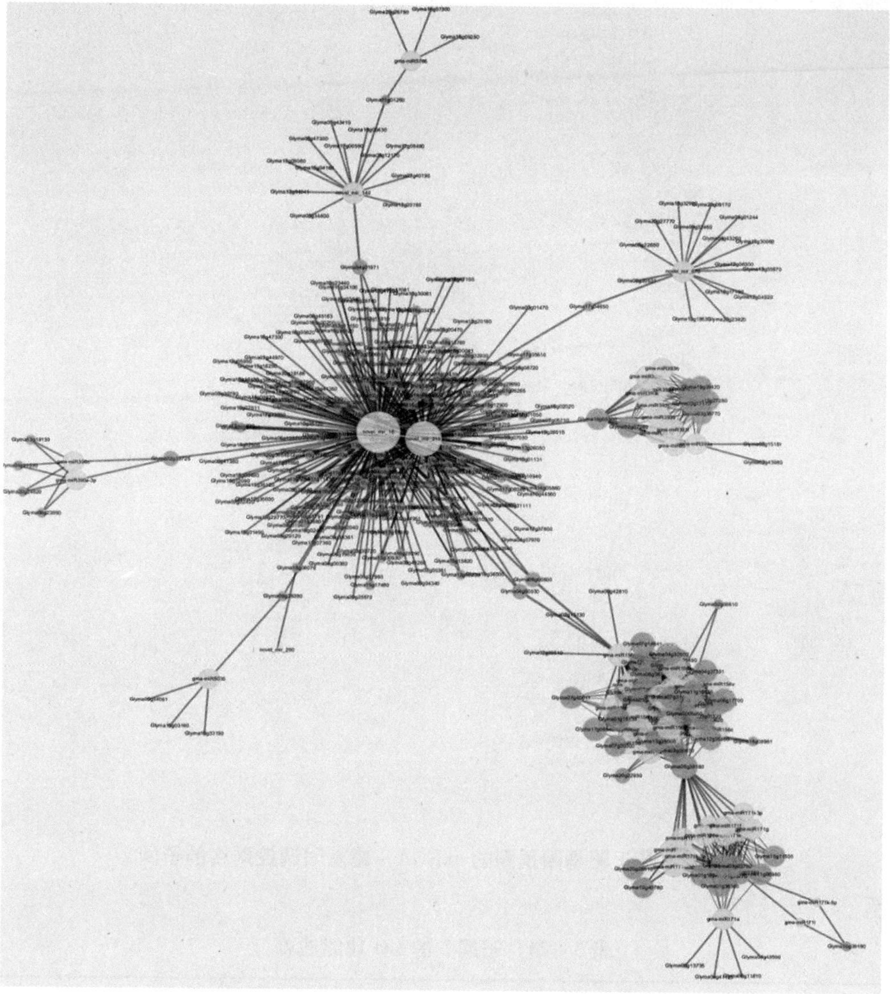

图 3－18　基于靶基因预测的 miRNA－靶基因调控网络的子网 1

表 3－23　子网 1 的 GO 功能注释

GO 编号	注释
GO:0003677	DNA 结合
GO:0003676	核酸结合
GO:0005488	结合

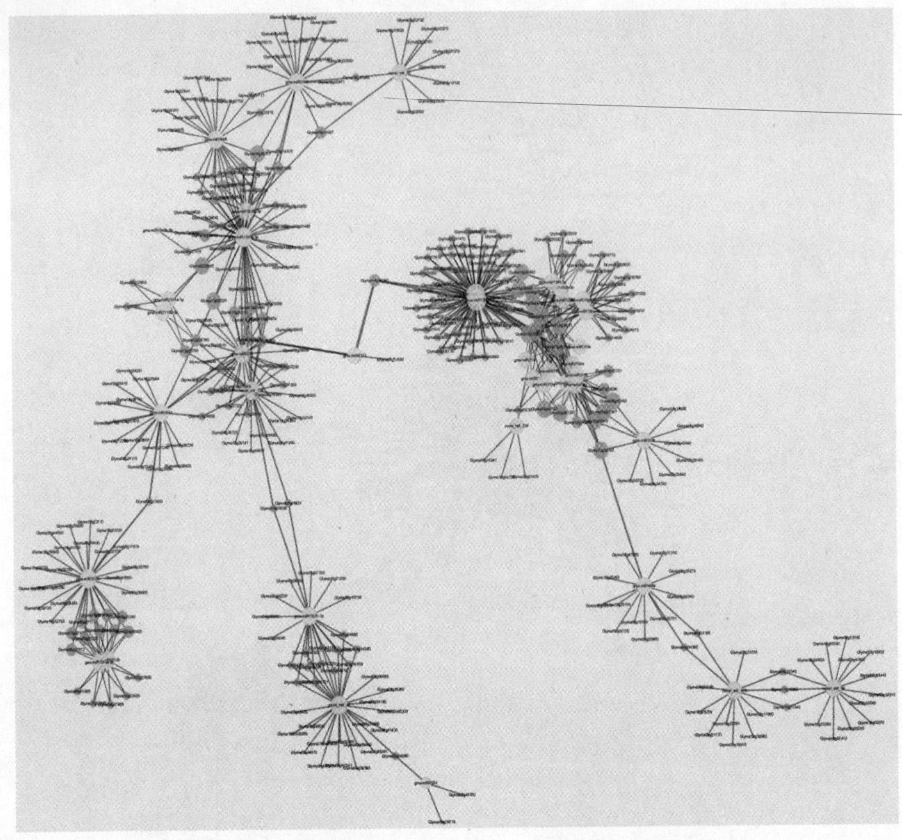

图 3-19　基于靶基因预测的 miRNA-靶基因调控网络的子网 2

表 3-24　子网 2 的 GO 功能注释

GO 编号	注释
GO:0012501	编程细胞死亡
GO:0006915	细胞凋亡
GO:0008219	细胞死亡
GO:0016265	死亡
GO:0045087	天然免疫应答
GO:0006955	免疫应答
GO:0002376	免疫系统过程
GO:0006952	防御响应

续表

GO 编号	注释
GO:0007165	信号转导
GO:0023046	信号过程
GO:0023060	信号过程
GO:0023052	信号
GO:0006950	响应胁迫
GO:0050896	响应刺激
GO:0009987	细胞过程
GO:0050794	细胞过程调控
GO:0050789	生物过程调控
GO:0065007	生物调控

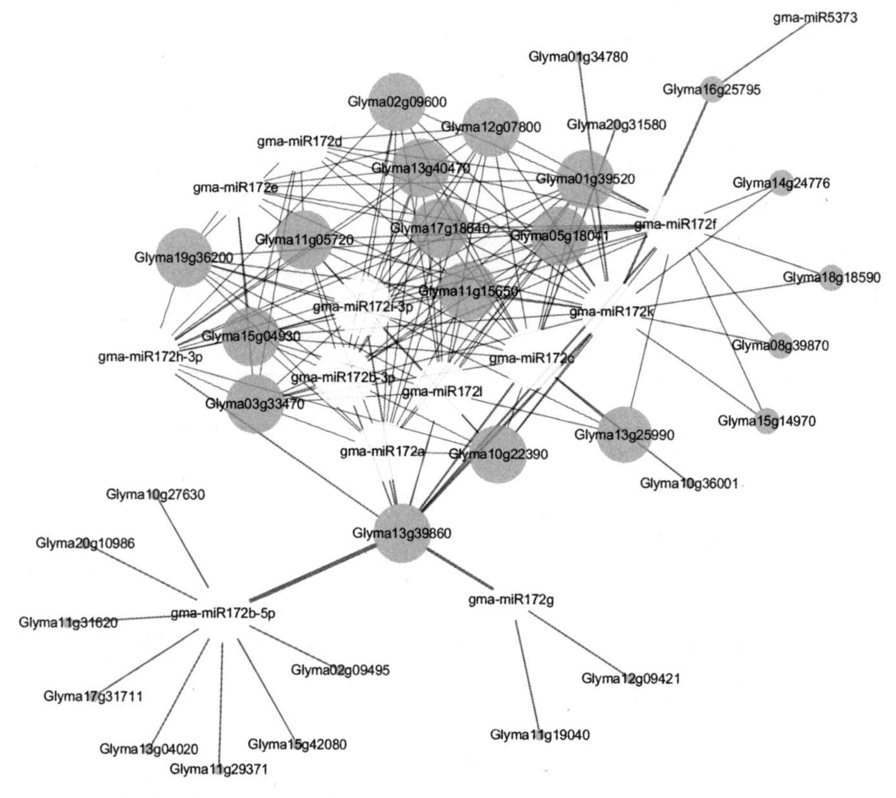

图 3-20　基于靶基因预测的 miRNA-靶基因调控网络的子网 3

表 3-25　子网 3 的 GO 功能注释

GO 编号	注释
GO:0080090	初级代谢过程的调控
GO:0031326	细胞生物合成过程的调控
GO:0045449	转录调控
GO:0019219	核碱基、核苷、核苷酸和核酸代谢过程调控
GO:0010468	基因表达调控
GO:0060255	大分子代谢过程调控
GO:0009889	生物合成过程调控
GO:0051171	氮化合物代谢过程调控
GO:0051252	RNA 代谢过程调控
GO:0006355	转录调控,DNA 依赖
GO:0010556	高分子生物合成过程调控
GO:0031323	细胞代谢过程调控
GO:0019222	代谢过程调控
GO:0032774	RNA 生物合成过程
GO:0006350	转录
GO:0006351	转录,DNA 依赖
GO:0044249	细胞生物合成过程
GO:0050794	细胞过程调控
GO:0050789	生物过程调控
GO:0065007	生物调控
GO:0009058	生物合成过程
GO:0016070	RNA 代谢过程
GO:0006139	核碱基、核苷、核苷酸和核酸代谢过程
GO:0006807	氮化合物代谢过程
GO:0010467	基因表达
GO:0034645	细胞高分子生物合成过程

续表

GO 编号	注释
GO:0009059	高分子生物合成过程
GO:0044237	细胞代谢过程
GO:0044238	初级代谢过程
GO:0044260	细胞大分子代谢过程
GO:0009987	细胞过程
GO:0008152	代谢过程
GO:0043170	大分子代谢过程

3.4.2 基于表达负相关的 miRNA－靶基因调控网络的构建与分析

由于 miRNA 负调控 mRNA 的表达，利用皮尔逊相关算法，计算表达模式呈负相关的 miRNA－靶基因对，构建 miRNA－靶基因调控网络。网络包括 1 435 个节点、12 633 个关系。网络可划分 5 个连接紧密的模块，见图 3－21。

和基于靶基因预测构建的 miRNA－靶基因调控网络不同，基于表达负相关的 miRNA－靶基因调控网络的功能模块中，miRNA 没有明显的家族聚集性（图 3－22 至图 3－26），其模块的形成更依赖于碱胁迫下 miRNA 的表达量，而不是 miRNA 的结构，因此根据表达负相关得到的 miRNA－靶基因调控网络可能更适用于胁迫相关基因的分析。模块中靶基因功能注释的结果也同样反映了这一点。结果显示，表达模式负相关网络的模块大多注释在离子转运、响应胁迫等胁迫相关的生物过程中（表 3－26 至表 3－30）。以功能模块 5 为例，其靶基因功能富集于氧化还原、金属离子转运等功能。已有文献证实这些功能均与非生物胁迫响应密切相关。因此，研究这些模块内的 miRNA 和其相应的靶基因有助于了解野生大豆的碱胁迫响应机制。

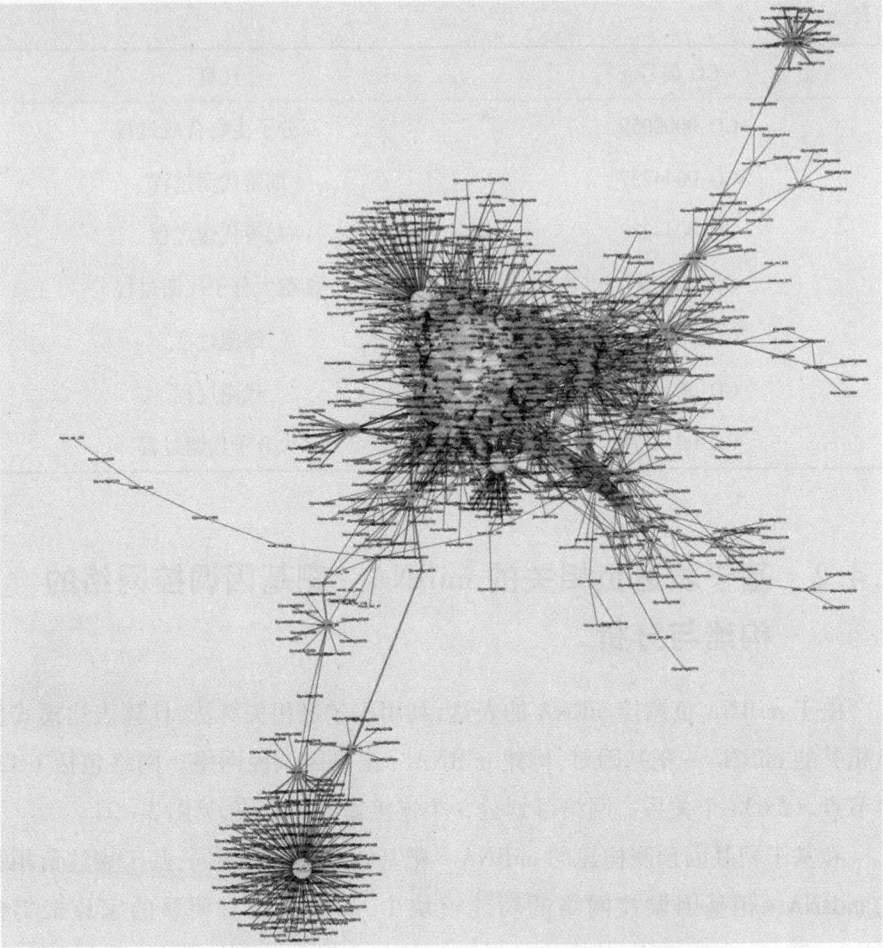

图 3－21　基于表达负相关的 miRNA－靶基因调控网络

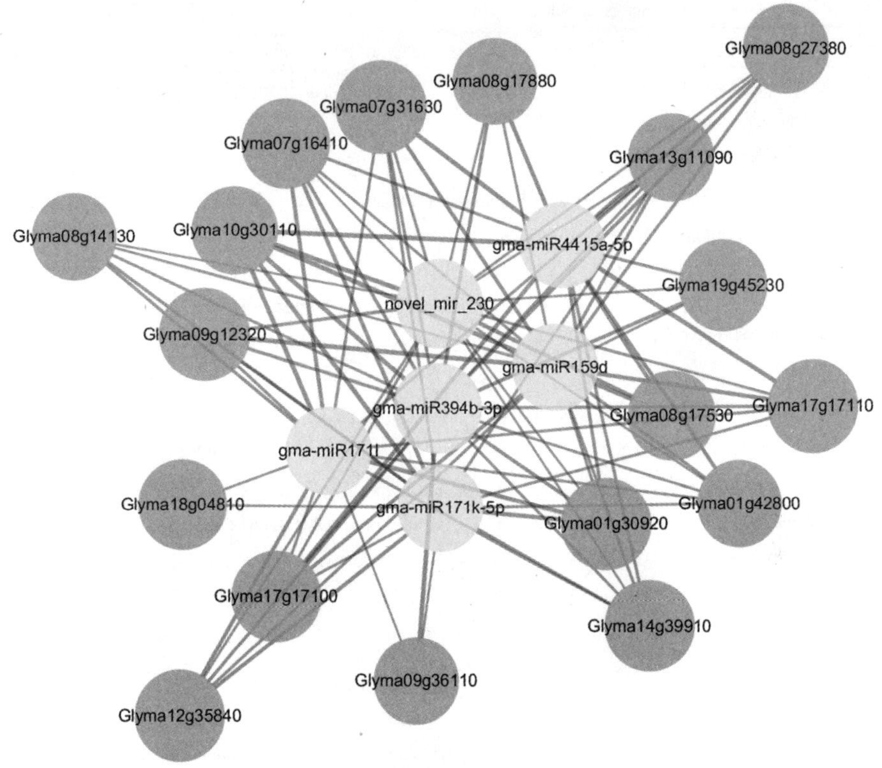

图 3－22　基于表达负相关的 miRNA－靶基因调控网络的功能模块 1

表 3－26　模块 1 的 GO 功能注释

GO 编号	注释
GO:0006508	蛋白质水解
GO:0006855	多药转运
GO:0006952	防御响应
GO:0006979	响应氧化胁迫
GO:0009607	响应生物胁迫
GO:0030001	金属离子转运
GO:0055085	跨膜转运
GO:0055114	氧化还原

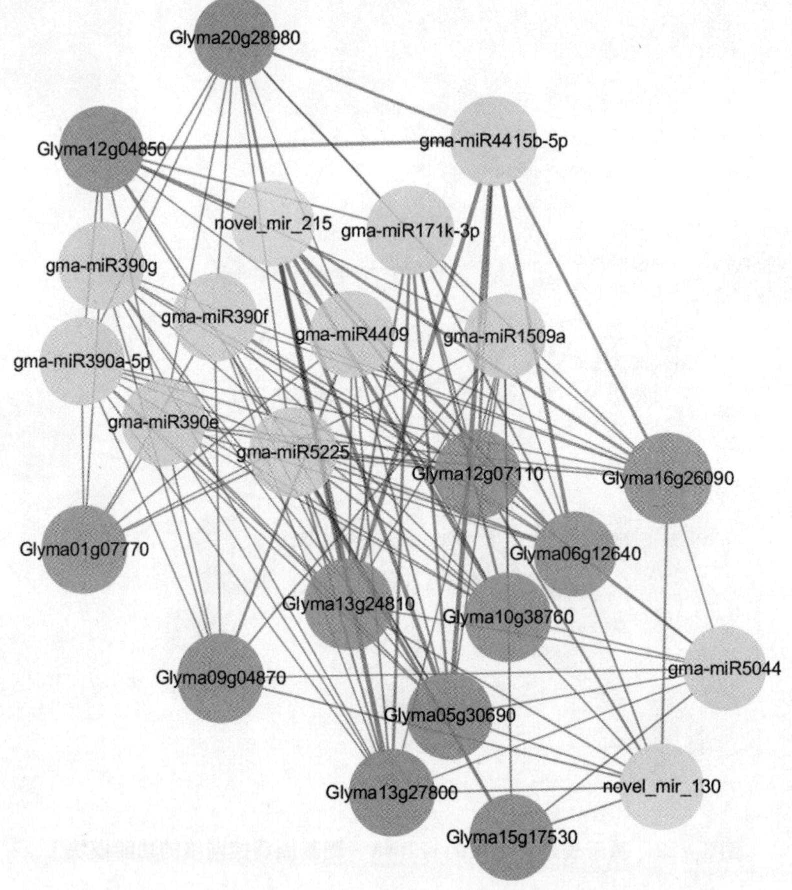

图 3－23　基于表达负相关的 miRNA－靶基因调控网络的功能模块 2

表 3－27　模块 2 的 GO 功能注释

GO 编号	注释
GO:0000103	硫酸盐同化
GO:0005975	碳水化合物代谢过程
GO:0006754	ATP 生物合成过程
GO:0006812	阳离子转运
GO:0006950	响应胁迫
GO:0008152	代谢过程
GO:0008219	细胞死亡

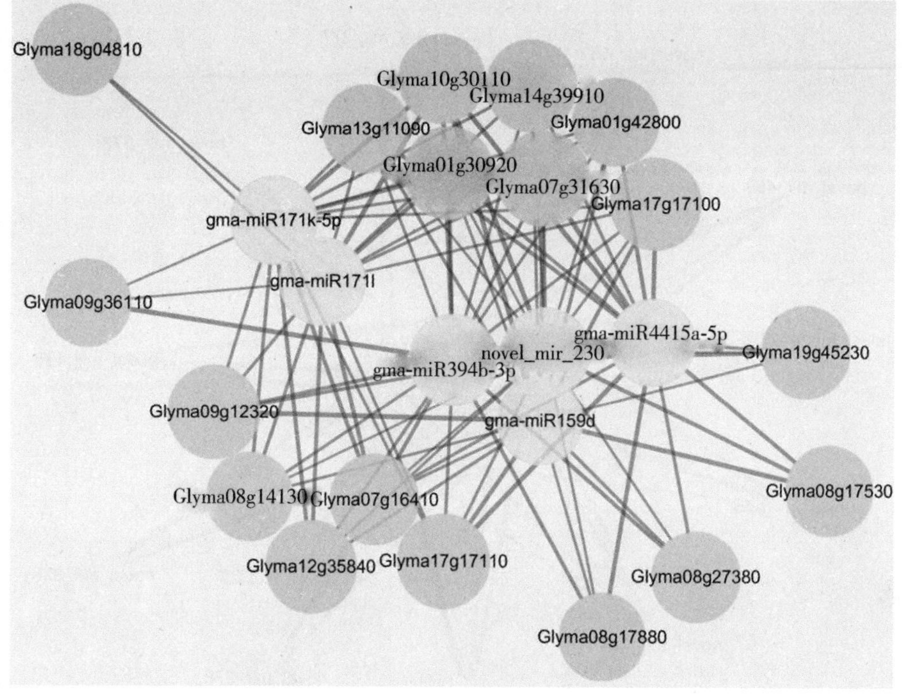

图 3-24　基于表达负相关的 miRNA-靶基因调控网络的功能模块 3

表 3-28　模块 3 的 GO 功能注释

GO 编号	注释
GO:0006099	三羧酸循环
GO:0006355	转录调控,DNA 依赖
GO:0006508	蛋白质水解
GO:0006629	脂代谢过程
GO:0008152	代谢过程
GO:0015977	固碳作用
GO:0030001	金属离子转运
GO:0055085	跨膜转运

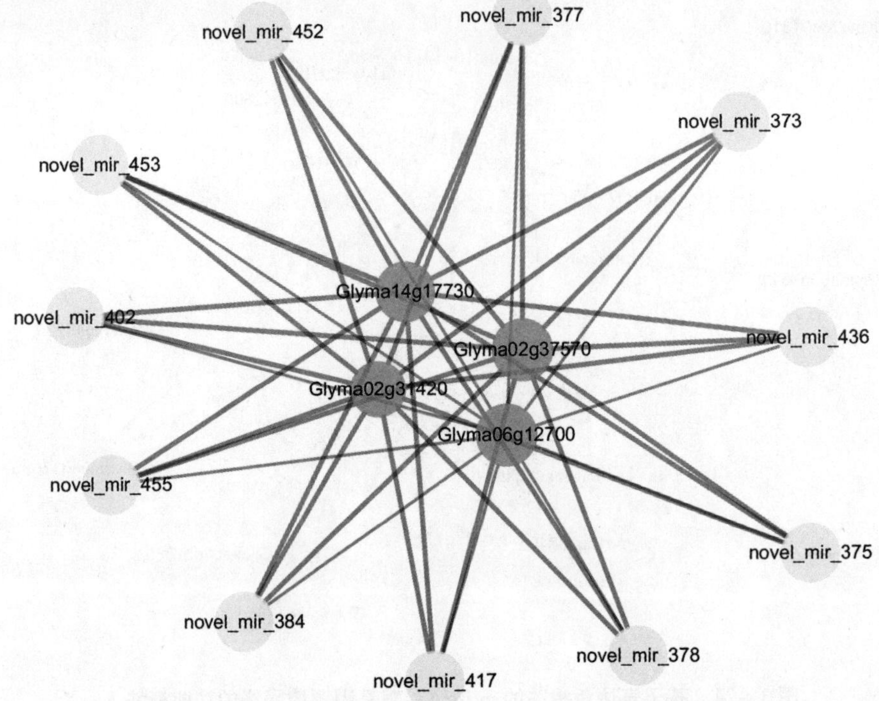

图 3－25　基于表达负相关的 miRNA－靶基因调控网络的功能模块 4

表 3－29　模块 4 的 GO 功能注释

GO 编号	注释
GO:0003700	转录因子活性
GO:0006355	转录调控，DNA 依赖
GO:0031072	热激蛋白结合
GO:0043565	序列特异的 DNA 结合

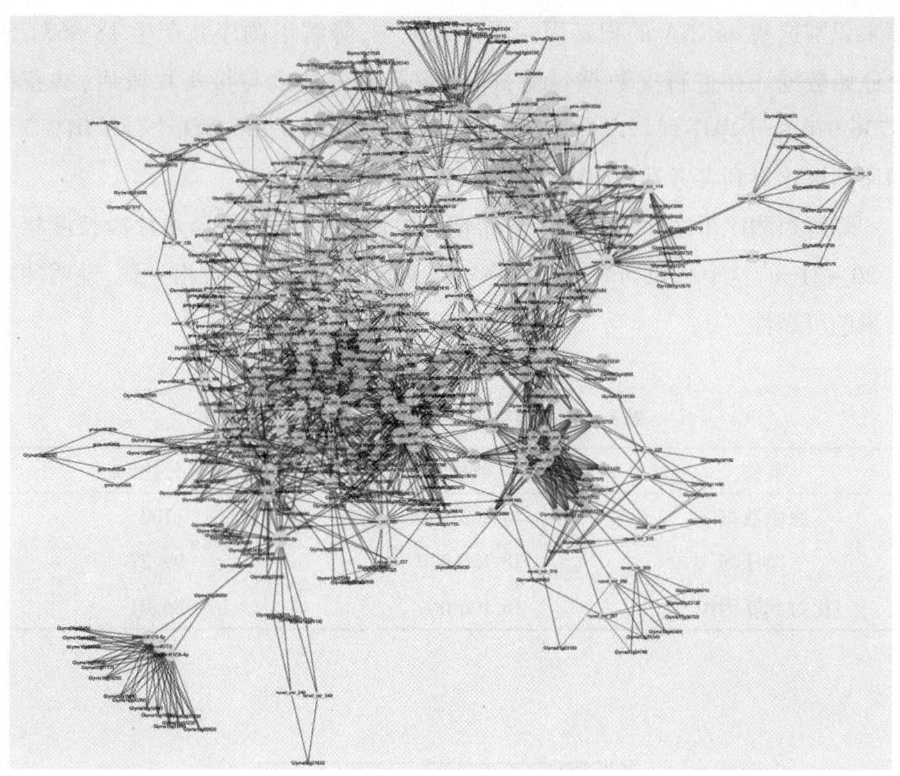

图 3－26 基于表达负相关的 miRNA－靶基因调控网络的功能模块 5

表 3－30 模块 5 的 GO 功能注释

GO 编号	注释
GO:0055114	氧化还原
GO:0006979	响应氧化胁迫
GO:0006811	离子转运
GO:0006812	阳离子转运
GO:0030001	金属离子转运

3.5 野生大豆碱胁迫降解组测序数据分析

3.5.1 数据预处理

为了更好地研究碱胁迫响应 miRNA 的功能,本研究用高通量的降解组测序来识别这些 miRNA 的靶基因。在本研究中,降解组测序共产生 18 863 750 个原始数据。在进行完数据过滤,即去除低质量片段与接头片段后,共获得 8 726 070 个干净序列。以大豆基因组为参考序列,16 106 009 个(86.01%)干净序列被比对到参考基因组中(表 3-31)。

降解组测序干净序列的长度分布情况见图 3-27,结果显示片段长度集中在 20~21 nt,这个结果与一般植物降解组测序片段长度分布相一致,说明测序结果的可靠性。

表 3-31　碱胁迫降解组测序数据统计

类型	数量	百分比/%
原始数据	18 863 750	100
干净序列	18 726 070	99.27
比对到基因组	16 106 009	86.01

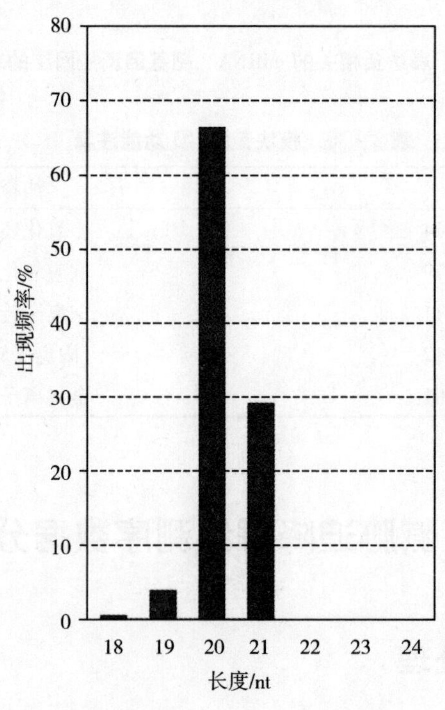

图 3-27　干净序列长度分布

3.5.2 降解片段分类注释

为了排除测序数据中 rRNA、scRNA、snoRNA、snRNA、tRNA 等已知的非编码 RNA,本研究使用 GenBank 和 Rfam 来注释测序得到的降解片段。结果见表 3-32 和表 3-33。

另外,若干净序列中单个碱基比例大于 0.7,则该降解片段被鉴定为 poly N。降解组测序的干净序列中 poly N 鉴定结果见表 3-34。所有注释为 poly N 的干净序列将不会用于后续降解位点的预测。

最后,将所有降解片段与各类 RNA 的比对、注释情况进行总结,结果见表 3-35。排除已知非编码 RNA 及 ploy N 片段后,剩余的干净序列将被用于降解位点识别。

表 3-32 比对到 GenBank 数据库的非编码 RNA 的降解片段统计

分类	总计		唯一的	
	数量	百分比/%	数量	百分比/%
rRNA	2 044 000	10.92	59 898	0.74
tRNA	40 426	0.22	8 608	0.11
其他	16 641 644	88.87	7 997 657	99.15
总计	18 726 070	100.00	8 066 163	100.00

表 3-33 比对到 Rfam 数据库的非编码 RNA 的降解片段统计

分类	总计		唯一的	
	数量	百分比/%	数量	百分比/%
rRNA	459 231	2.45	13 077	0.16
snRNA	20 752	0.11	9 539	0.12
snoRNA	60 734	0.32	8 103	0.10
tRNA	6 733	0.04	2 015	0.02
其他	18 178 620	97.08	8 033 429	99.59
总计	18 726 070	100.00	8 066 163	100.00

表 3－34　poly N 鉴定统计

分类	总计		唯一的	
	数量	百分比/%	数量	百分比/%
poly A	44 560	0.24	20 030	0.25
poly C	1 047	0.01	629	0.01
poly G	136	0.00	116	0.00
poly T	10 453	0.06	7 030	0.09
其他	18 669 874	99.70	8 038 358	99.66
总计	18 726 070	100.00	8 066 163	100.00

表 3－35　降解片段分类注释

分类	总计		唯一的	
	数量	百分比/%	数量	百分比/%
rRNA	2 047 079	10.93	62 762	0.78
tRNA	41 267	0.22	9 174	0.11
snRNA	20 752	0.11	9 539	0.12
snoRNA	60 734	0.32	8 103	0.10
poly N	30 910	0.17	18 221	0.23
cDNA 正义	13 386 921	71.49	5 959 418	73.88
cDNA 反义	159 091	0.85	117 849	1.46
其他	2 979 316	15.91	1 881 097	23.32
总计	18 726 070	100	8 066 163	100

3.5.3　miRNA 降解的靶基因识别

miRNA 降解位点鉴定所使用的参考基因集合为植物基因组数据库中的大豆基因序列，所使用的 miRNA 参考序列为小 RNA 测序得到的 miRNA 集合。进行鉴定的降解片段为没有注释并能正向比对到参考基因集合的降解片段。用 CleaveLand 和 PAREsnip 软件识别 miRNA 降解的靶基因，最终获得了 1 086 个碱胁迫下野生大豆根中的 miRNA－靶基因对，部分结果见表 3－36。

表 3－36 部分降解组测序预测的 miRNA－靶基因

miRNA	靶基因	分类	P 值
gma－miR1507b	Glyma06g39725	1	0.024
gma－miR1508c	Glyma18g02110	0	0.024
gma－miR1509a	Glyma17g13205	0	0
gma－miR1509b	Glyma17g13205	0	0
gma－miR1510a－5p	Glyma05g08020	0	0
gma－miR1510b－3p	Glyma02g37010	0	0.02
gma－miR1510b－3p	Glyma16g22620	0	0.02
gma－miR1510b－3p	Glyma15g37276	1	0
gma－miR1515a,gma－miR1515b	Glyma19g44390	0	0.002
gma－miR1515a,gma－miR1515b	Glyma09g02920	0	0
gma－miR1516d	Glyma0048s00340	1	0.002
gma－miR1520r	Glyma01g25270	2	0.038

3.6 基于降解组测序的 miRNA－靶基因调控网络的构建与分析

3.6.1 基于降解组测序的 miRNA－靶基因调控网络构建与功能注释

为了更直观地分析降解组测序得到的 miRNA 及其靶基因间的调控关系，利用 Cytoscape 软件，将降解组测序得到的 miRNA－靶基因关系进行可视化，构建 miRNA－靶基因调控网络。结果显示，所构建的网络包括 847 个节点，其中包含 173 个保守 miRNA、64 个预测 miRNA 和 610 个基因，这些 miRNA 和靶基因共形成了 1 545 条边，如图 3－28 所示。

根据之前从转录组测序数据中获得的碱胁迫下差异表达基因的结果，以及小 RNA 测序中得到的碱胁迫下差异表达 miRNA 的结果，在网络中共识别了 77 个差异表达基因以及 114 个差异表达 miRNA，其中有 133 对 miRNA－靶基因所包含的 miRNA 和靶基因均在碱胁迫下差异表达，包括 38 个 miRNA 和 55 个靶基因,其中17个靶基因为转录因子相关基因(图3-29,表3-37)。这些碱胁迫相关的miRNA和靶基因可能在碱胁迫响应中发挥重要作用。

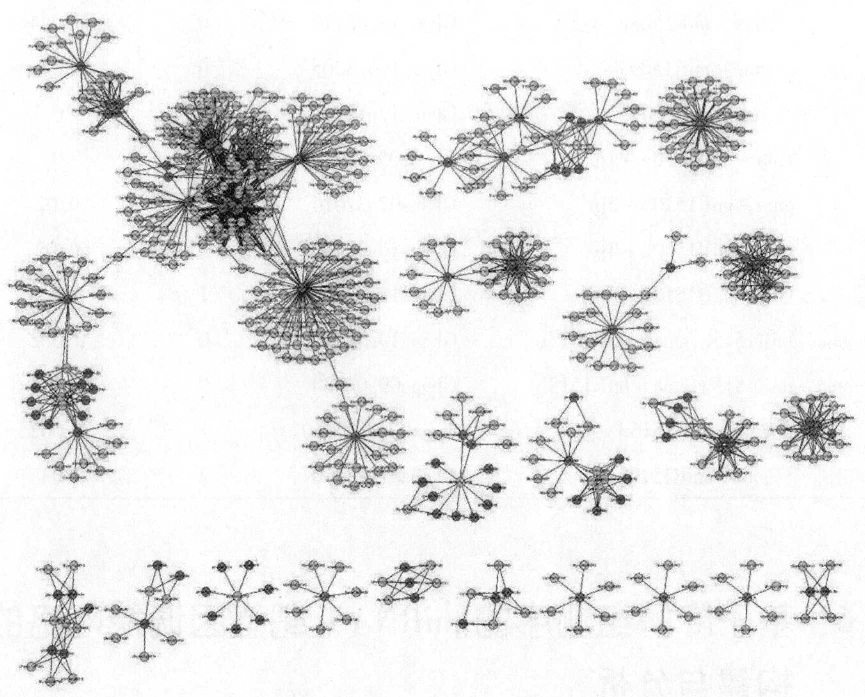

图3-28　基于降解组测序构建的miRNA-靶基因调控网络

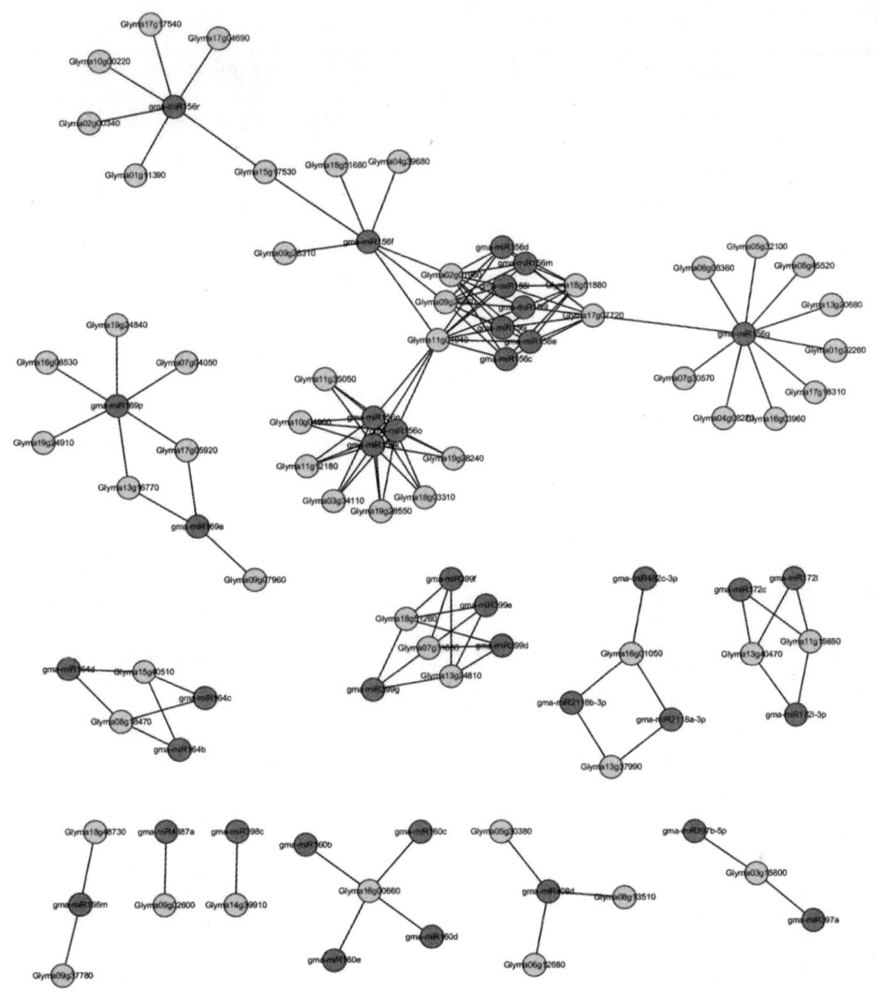

图 3－29 基于降解组测序构建的碱胁迫相关 miRNA－靶基因调控网络

表 3－37 miRNA－靶基因中的转录因子相关基因统计

序号	描述
Glyma01g11390	PLATZ 转录因子家族蛋白
Glyma01g22260	AP2/B3 转录因子家族蛋白
Glyma02g01960	整合酶型 DNA 结合超家族蛋白
Glyma03g34110	MYB 结构域蛋白 68
Glyma07g04050	核因子 Y，A3 亚基
Glyma08g18470	含 NAC 结构域蛋白 1

续表

序号	描述
Glyma09g37780	乙烯响应元件结合因子 13
Glyma11g15650	AP2.7 相关基因
Glyma13g40470	AP2.7 相关基因
Glyma17g05920	核因子 Y,A8 亚基
Glyma17g17540	含 LOB 结构域蛋白 38
Glyma17g18310	MYB 结构域蛋白 70
Glyma18g48730	乙烯响应元件结合因子 13
Glyma18g51680	整合酶型 DNA 结合超家族蛋白

为了研究降解组测序得到的这些靶基因的功能,本研究对其进行功能富集分析,结果如图 3-30 所示,富集最显著的 5 个功能条目分别是“生物调控”“生物过程调控”“细胞器”“转录调控活性”和“连接” 功能,说明具有调控功能的转录因子可能在野生大豆响应碱胁迫过程中发挥重要作用。

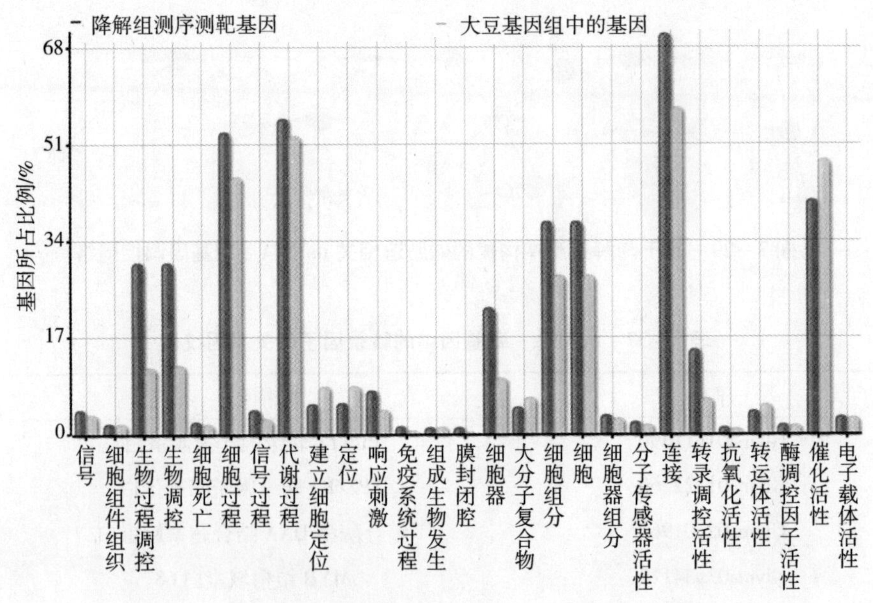

图 3-30　降解组测序预测的 miRNA-靶基因的功能注释

3.6.2 碱胁迫 miRNA－靶基因调控网络的构建与分析

有研究表明,结合表达负相关关系与基于结构预测获得的 miRNA－靶基因关系,相较于仅使用单一方法预测的关系更为准确。为了构建碱胁迫特异的 miRNA－靶基因调控网络,并更准确地挖掘野生大豆碱胁迫响应的 miRNA 和靶基因,本研究在之前的 miRNA－靶基因调控网络的基础上,进一步结合转录组测序和小 RNA 测序得到的基因表达谱,计算 miRNA－靶基因间的相关系数,并筛选表达模式呈负相关的 miRNA－靶基因进行进一步分析。

最终所构建的碱胁迫 miRNA－靶基因调控网络共包含 26 个 miRNA 和 27 个靶基因,以及它们之间具有的 64 个调控关系。这个网络包括 9 个功能子网,分别由 9 个家族的 miRNA 和其靶基因组成(图 3－31,表 3－38)。另外网络中一些 miRNA－靶基因的对应关系在其他大豆降解组测序研究中也被证实(表 3－38)。这些 miRNA 和靶基因被预测为碱胁迫响应候选基因。

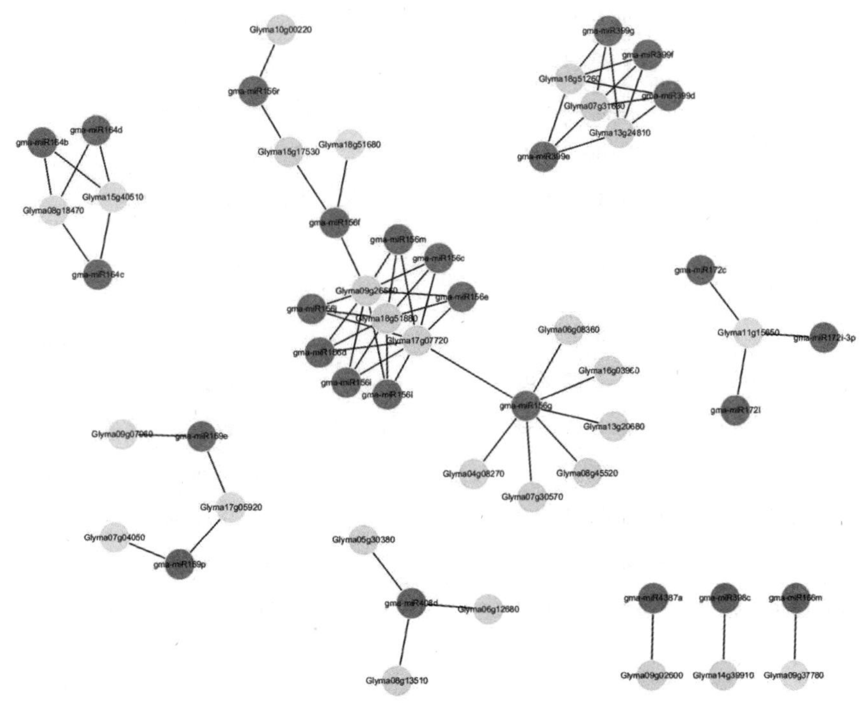

图 3－31 碱胁迫 miRNA－靶基因调控网络

表 3－38 碱胁迫 miRNA－靶基因调控网络中的 miRNA－靶基因对应关系

miRNA	靶基因	描述
gma－miR156	Glyma04g08270	未知功能蛋白，DUF599
	Glyma06g08360	未知功能蛋白，DUF599
	Glyma07g30570	亚硫酸盐出口蛋白 TauE/SafE 家族蛋白
	Glyma08g45520	Kunitz 家族胰蛋白酶和蛋白酶抑制剂蛋白
	Glyma09g26560	拟南芥 XB3 同源基因 3
	Glyma10g00220	HxxxD 型酰基转移酶家族蛋白
	Glyma13g20680	ATP 酶，CDC48 蛋白
	Glyma15g17530	H^+－ATP 酶 2
	Glyma16g03960	未知蛋白
	Glyma17g07720	未知蛋白
	Glyma18g51680	整合酶型 DNA 结合超家族蛋白
	Glyma18g51880	未知蛋白
gma－miR164	Glyma08g18470	含 NAC 结构域蛋白 1
	Glyma15g40510	含 NAC 结构域蛋白 1
gma－miR166	Glyma09g37780	乙烯响应元件结合因子 13
gma－miR169	Glyma07g04050	核因子 Y，A3 亚基
	Glyma09g07960	核因子 Y，A3 亚基
	Glyma17g05920	核因子 Y，A8 亚基
gma－miR172	Glyma11g15650	AP2.7 相关基因
gma－miR398	Glyma14g39910	脯氨酰寡肽酶家族蛋白
gma－miR399	Glyma07g31630	磷酸盐 2
	Glyma13g24810	磷酸盐 2
	Glyma18g51260	6－磷酸葡萄糖酸脱氢酶家族蛋白
gma－miR408	Glyma05g30380	plantacyanin
	Glyma06g12680	plantacyanin
	Glyma08g13510	plantacyanin
gma－miR4387	Glyma09g02600	过氧化物酶超家族蛋白

3.7 整合的碱胁迫 miRNA－靶基因调控网络的构建与分析

3.7.1 整合的碱胁迫 miRNA－靶基因调控网络的构建与评价

为获得全转录水平上基因间的调控关系，实现高通量、科学、准确地筛选碱胁迫关键基因，本研究首次将基于3种高通量测序数据构建的3个基因调控网络进行整合，剔除网络中碱胁迫下表达变化不显著的 miRNA 和靶基因，构建首个覆盖全转录水平的野生大豆碱胁迫 miRNA－靶基因调控网络（图3－32）。结果显示，网络中共包含2 673个基因（miRNA）、58 391个关系，被划分为10个功能模块。

为评价网络是否具有生物学网络特性，本研究用图论的方法从网络结构入手，评价网络的无尺度属性。结果显示，在构建的整合的碱胁迫 miRNA－靶基因调控网络中，节点的连接度分布符合幂律分布，即网络符合无尺度网络特性，具有生物学网络特征（图3－33）。

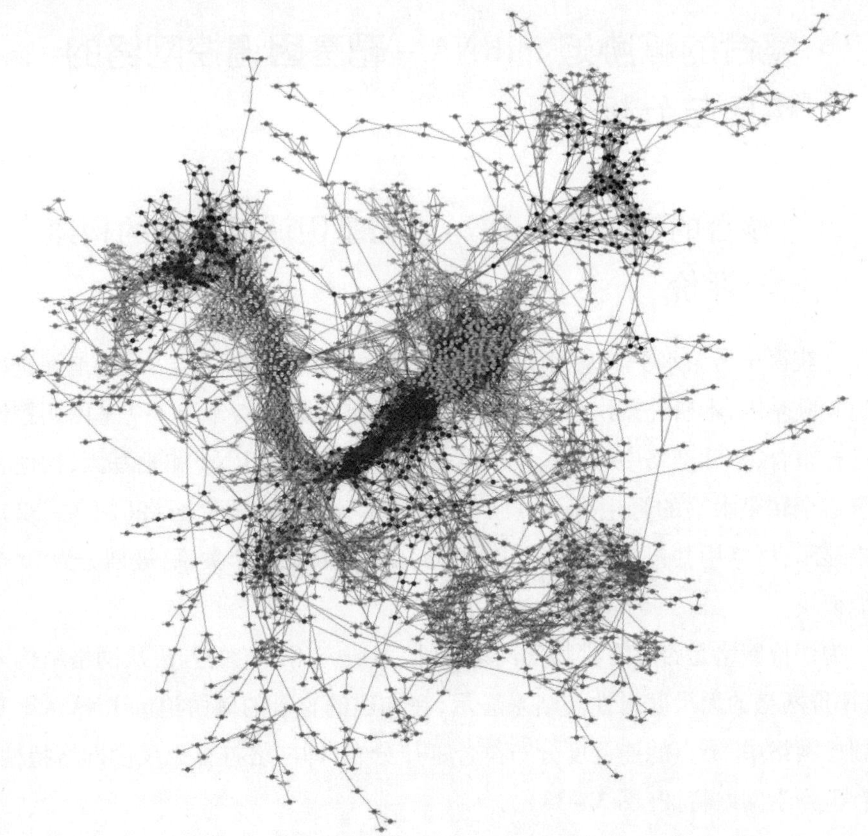

图 3－32　整合的碱胁迫 miRNA－靶基因调控网络

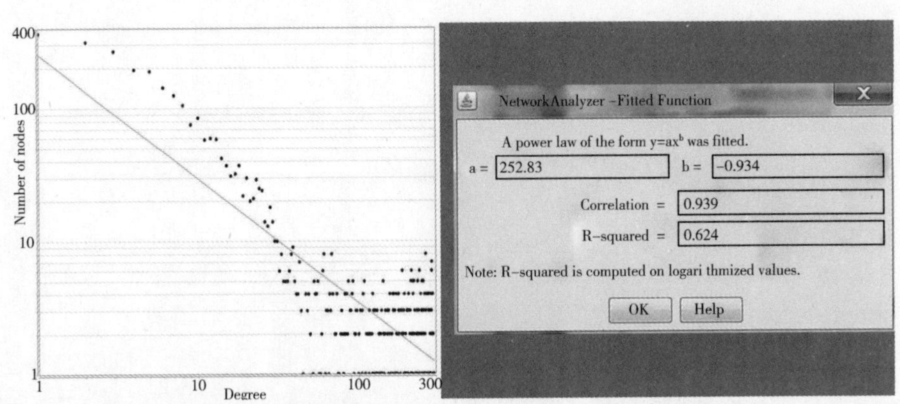

图 3－33　碱胁迫 miRNA－靶基因调控网络的拓扑性质

3.7.2 基于公共数据库和文献的胁迫相关基因筛选

为了更加准确地筛选出具有生物学意义的胁迫相关基因，本研究利用已知公共数据库和已发表的综述及研究性文献，对整合的野生大豆碱胁迫 miRNA - 靶基因调控网络基因进行功能注释，并初步标记网络中已知的胁迫相关基因作为候选基因。筛选条件和结果见表 3 - 39，共筛选出 785 个胁迫候选基因，用于后续分析。具体结果如下：

(1)以大豆和盐生植物为关键词，从 Pubmed 数据库下载已发表文献摘要，通过阅读文献摘要，筛选已明确功能的胁迫相关基因。从 300 余篇摘要中共筛选到 109 个胁迫相关基因，其中 42 个出现在构建的网络中。

(2)通过相关综述筛选已知的胁迫相关或胁迫信号传导通路中的基因，如 *HA*、*CAX*、*SOS*、*SOD* 等。结果显示，综述中共获得 51 个胁迫相关基因，其中 16 个出现在构建的网络中。

(3)通过 GO 中大豆和拟南芥的基因功能注释信息，筛选注释到碱胁迫响应相关功能中的基因，如注释到响应胁迫、响应非生物胁迫、离子转运、氧化还原等功能的基因。结果共发现 3 567 个大豆基因及 5 997 个拟南芥基因注释在胁迫相关功能中，其中 395 个大豆基因及 592 个与胁迫相关拟南芥基因同源的大豆基因出现在构建的网络中。

表 3 - 39 公共数据库及文献中挖掘的候选基因统计

类型	数量(785)	关键词
摘要	42(109)	大豆、盐生植物
综述	16(51)	*HA*、*CAX*、*SOS*、*SOD*
大豆	395(3 567)	阳离子转运、氧化还原、响应胁迫
拟南芥	592(5 997)	离子转运调控、pH 调控、响应盐胁迫

3.7.3 功能子网挖掘与分析

已有研究显示，网络中紧密连接的基因通常形成具有重要生物学功能的功能子网。为获得碱胁迫响应相关的功能子网，进一步筛选耐碱关键基因，结合整合的野生大豆碱胁迫 miRNA－靶基因调控网络的拓扑性质与已知的生物注释与候选基因信息，挖掘网络中的功能子网，更加科学地预测碱胁迫候选关键基因。最终，筛选出 5 个候选的碱胁迫响应功能子网（图 3－34 至图 3－38）。

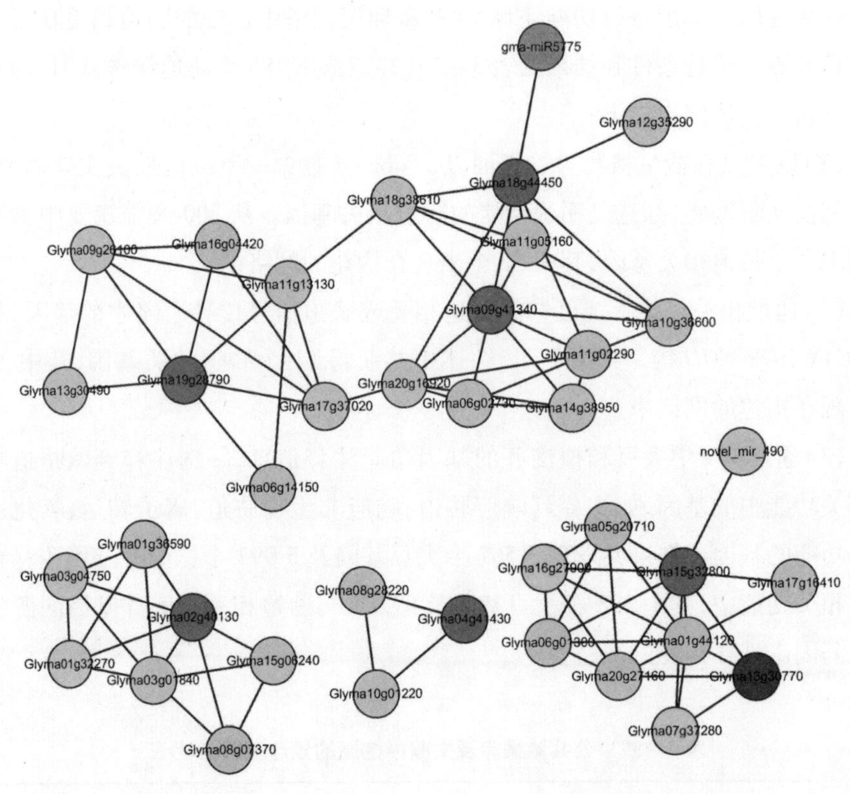

图 3－34　整合的碱胁迫 miRNA－靶基因调控网络中候选的功能子网 1

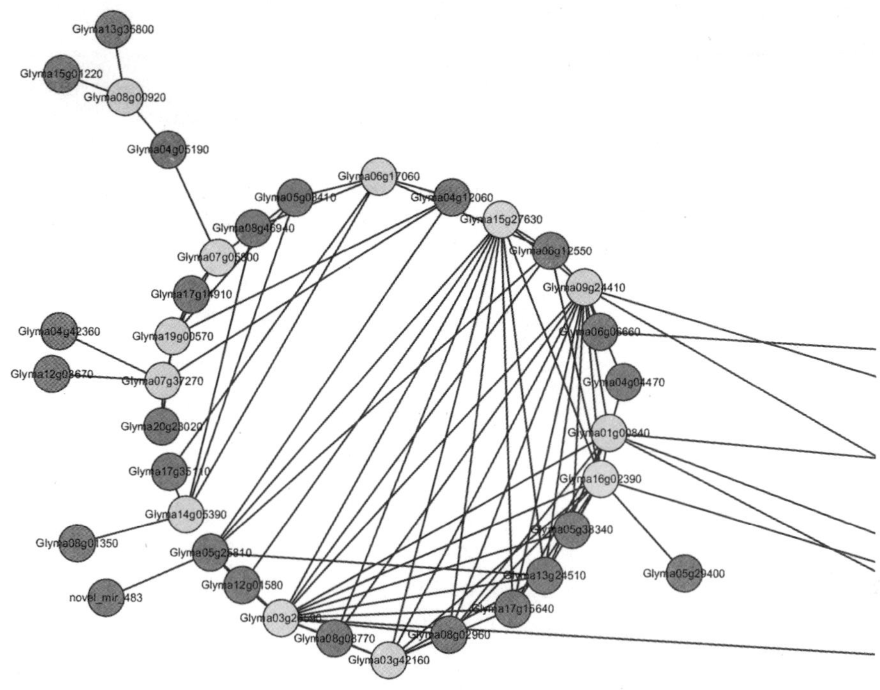

图 3 - 35　整合的碱胁迫 miRNA - 靶基因调控网络中候选的功能子网 2

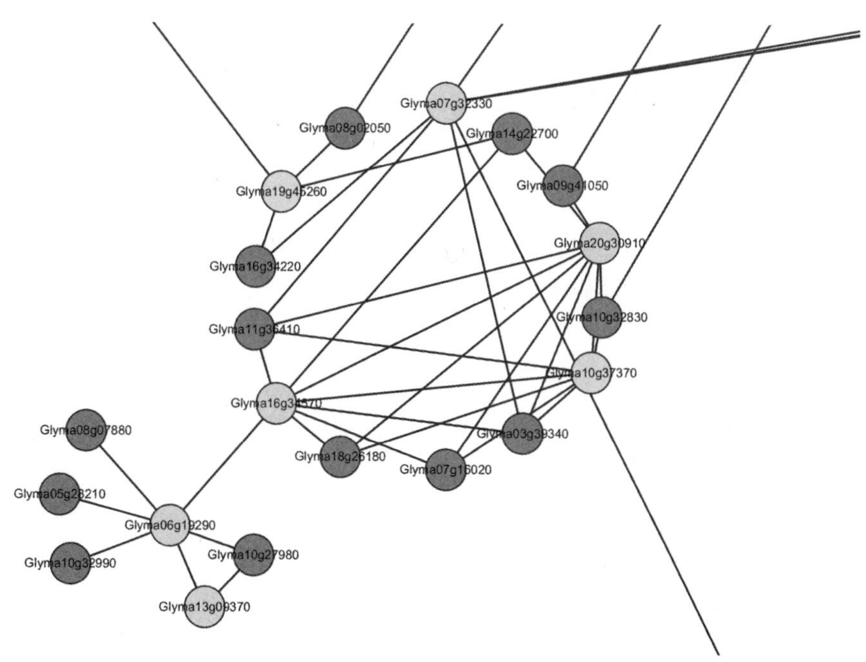

图 3 - 36　整合的碱胁迫 miRNA - 靶基因调控网络中候选的功能子网 3

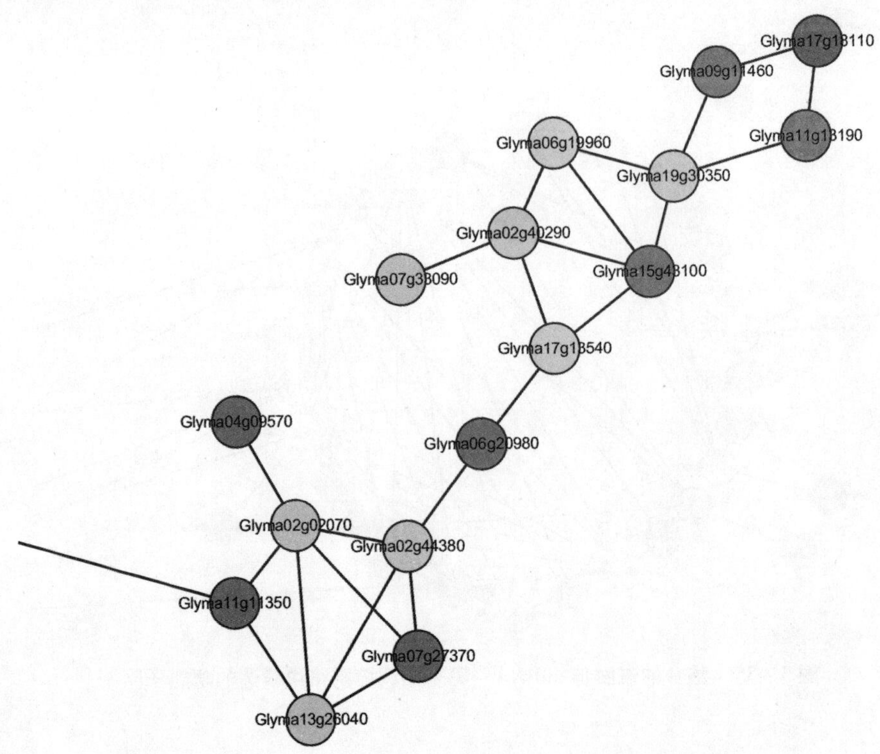

图 3－37　整合的碱胁迫 miRNA－靶基因调控网络中候选的功能子网 4

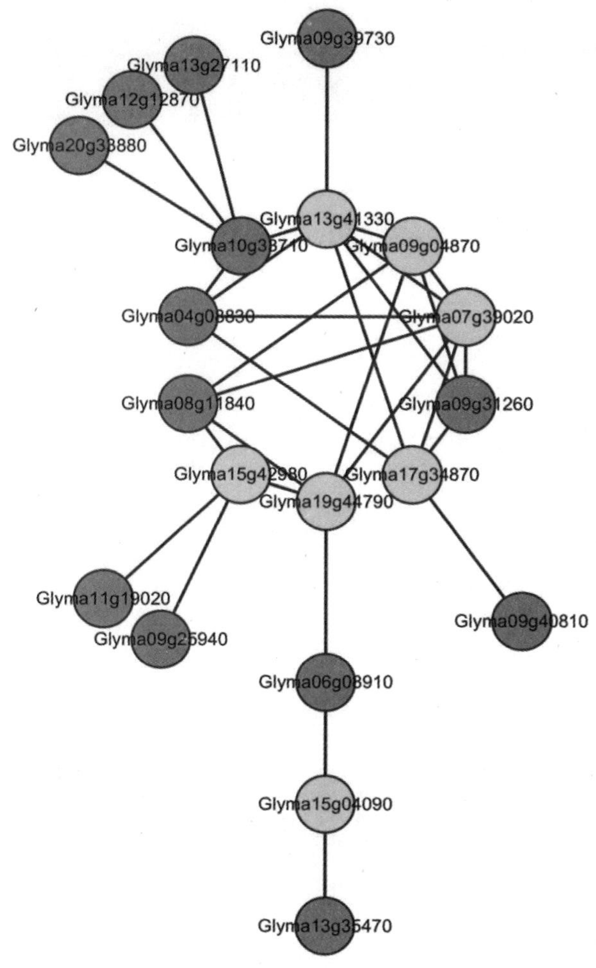

图 3 – 38　整合的碱胁迫 miRNA – 靶基因调控网络中候选的功能子网 5

3.7.4　碱胁迫候选关键基因的筛选

结合网络中基因间的调控关系、基因的拓扑性质、已知胁迫相关基因信息以及胁迫相关功能子网信息，对网络中的每个基因进行注释，部分结果如表 3 – 40 所示。基因的类型包括转录因子（TF）、蛋白激酶（PK）和功能基因（FG）等，miRNA列为其具有调控 miRNA 的数量。

表 3-40　碱胁迫 miRNA-靶基因调控网络中部分基因的属性

类型	编号	描述	注释	miRNA	连接度	来源
TF	Glyma09g07960	核因子 Y,A3 亚基	无	1	11	降解组
TF	Glyma06g19960	类同源域超家族蛋白	拟南芥	0	3	子网 3
TF	Glyma16g02390	Homeobox 7	拟南芥	0	12	子网 1
PK	Glyma15g32800	SOS3 互作蛋白 3	综述	2	9	SOS 通路
PK	Glyma18g44450	SOS3 互作蛋白 1	综述	2	8	SOS 通路
FG	Glyma07g37270	类 MLP 蛋白 423	大豆	0	5	子网 1
FG	Glyma05g25810	叶绿素 A/B 结合蛋白 1	无	2	7	子网 1
FG	Glyma08g08540	FAD 结合小檗碱家族蛋白	大豆	0	4	子网 2
FG	Glyma20g30910	过氧化物酶超家族蛋白	大豆	0	9	子网 2
FG	Glyma14g37480	蛋白磷酸酶 2C 家族蛋白	拟南芥	0	283	连接度
FG	Glyma07g33090	2-氧戊二酸(2OG)和铁(Ⅱ)依赖性加氧酶超家族蛋白	大豆	0	1	子网 3
FG	Glyma03g26590	NAD(P)-结合罗斯曼折叠超家族蛋白	拟南芥	0	14	子网 1
FG	Glyma17g04690	多泛素 10	无	1	11	连接度
FG	Glyma14g35340	磷酸盐响应 1 家族蛋白	无	0	283	连接度
FG	Glyma13g37990	钙结合 EF-hand 家族蛋白	无	1	284	连接度

根据各个基因的注释情况,筛取在各功能子网的中心节点(连接度高)和处于关键连接位置的节点(介数高),结合每个连接基因的表达水平与功能注释信息,预测、筛选野生大豆耐碱关键基因。最终获得20个碱胁迫响应候选基因,结果见表3-41。这些基因大多注释到氧化还原相关功能中,说明氧化还原反应是植物响应碱胁迫中的重要过程。

表3-41 整合的碱胁迫miRNA-靶基因调控网络中筛选的碱胁迫响应候选基因

基因编号	描述	GO注释
Glyma09g07960	核因子Y, A3亚基	转录调控
Glyma06g19960	类同源域超家族蛋白	DNA结合
Glyma16g02390	Homeobox 7	序列特异性DNA结合
Glyma15g32800	SOS3互作蛋白3	蛋白氨基酸磷酸化
Glyma18g44450	SOS3互作蛋白1	蛋白氨基酸磷酸化
Glyma08g08540	FAD结合小檗碱家族蛋白	氧化还原
Glyma20g30910	过氧化物酶超家族蛋白	响应氧化胁迫
Glyma14g37480	蛋白磷酸酶2C家族蛋白	催化活性
Glyma07g33090	2-氧戊二酸(2OG) 和铁(Ⅱ)依赖性加氧酶超家族蛋白	氧化还原
Glyma02g15370	2-氧戊二酸(2OG)和 铁(Ⅱ)依赖性加氧酶超家族蛋白	氧化还原
Glyma03g26590	NAD(P)-结合罗斯曼折叠超家族蛋白	氧化还原酶
Glyma14g35340	磷酸盐响应1家族蛋白	无
Glyma11g01940	UDP-D-葡萄糖/UDP-D- 半乳糖-4-差向异构酶5	氧化还原
Glyma13g37990	钙结合EF-hand家族蛋白	无
Glyma13g17580	赖氨酸酮戊二酸还原酶/糖原脱氢酶双功能酶	氧化还原
Glyma18g06250	过氧化物酶超家族蛋白	响应氧化胁迫
Glyma18g50000	葡萄糖-6-脱氢酶家族蛋白	氧化还原
Glyma10g33710	铁超氧化物歧化酶2	金属离子结合
Glyma09g24410	热休克蛋白90.1	响应胁迫
Glyma06g17060	钙通道蛋白1	钙离子结合

4 讨论

4.1 基于转录组测序的野生大豆耐碱关键基因挖掘

土壤盐碱化是影响作物生长的主要环境因素之一,野生大豆具有优异的抗盐碱能力,因此是耐盐碱转基因作物栽培的理想供体材料。本研究基于转录组测序数据,构建了野生大豆碱胁迫基因表达谱,并根据其表达变化,获得了候选的耐碱关键基因。

结果显示,一些特异的转录因子家族(如 MYB、WRKY、NAC、bZIP、C2H2、HB 和 TIFY)相关基因在野生大豆碱胁迫响应过程中起到非常重要的作用。而这些转录因子中的一部分也已经被证实响应各种环境胁迫。

除了转录因子,本研究还发现一些氧化还原相关基因在碱胁迫下显著差异表达。有文献证实,氧化还原相关基因通过清除胁迫产生的活性氧来维持氧化还原平衡,从而抵御氧化胁迫。拟南芥过氧化物酶超家族蛋白 RCI3 被脱水、盐胁迫和 ABA 诱导表达,过表达 *RCI3* 基因可增强植株的耐旱性与耐盐性。

本研究进行野生大豆碱胁迫转录谱分析,得到的候选基因可以为耐盐碱转基因作物培育提供重要的基因资源。

4.2 结合小 RNA 测序和降解组测序的野生大豆耐碱关键基因挖掘

miRNA 在植物响应非生物胁迫中起到非常重要的作用,而识别胁迫相关的 miRNA 和它们的靶基因,可为研究 miRNA 在胁迫响应中的功能提供重要的线索。土壤盐碱化是影响作物生长和产量的主要环境因素之一,但在作物中对碱胁迫响应的 miRNA 和其靶基因的研究尚未见报道。为了深入了解野生大豆碱胁迫下 miRNA 的响应机制,本研究整合成对的小 RNA 测序数据、转录组测序数据和降解组测序数据,构建碱胁迫响应相关的 miRNA - 靶基因调控网络,并识别了一些碱胁迫响应的 miRNA 和靶基因。

本研究共识别了 168 个 miRNA 家族的 455 个已知的 miRNA,远远多于之前大豆 miRNA 研究中所得到的 miRNA 的数量 。另外,基于降解组测序,本研究获得了 1 086 个 miRNA－靶基因对，其中一部分 miRNA－靶基因调控关系已被证实。例如 miRNA156 调控 *SPL* 基因、miR160 和 miR167 调控 *ARF* 基因、miR319 调控 *TCP* 基因等。有趣的是，在 1 086 个 miRNA－靶基因调控关系中，仅有 133 个关系中 miRNA 和靶基因均在碱胁迫下差异表达，说明 miRNA 具有很多不同的靶基因，而这些靶基因参与不同的生物过程。

研究表明，大部分 miRNA 与其靶基因呈现负调关系。因此，为了更准确地预测碱胁迫响应 miRNA 的靶基因，本研究在降解组测序的基础，同时考虑 miRNA 与其靶基因的表达相关性，最终获得了 64 个经降解组测序预测并表达呈负相关的 miRNA－靶基因调控关系。这些调控关系涉及 9 个家族的 miRNA 和 27 个靶基因。一些 miRNA 和靶基因已经被证实响应环境胁迫。例如 gma－miR156 响应干旱、盐和碱等非生物胁迫。本研究预测了 12 个 gma－miR156 的靶基因，其中 H^+－ATP 酶 2 已被报道在番茄盐胁迫响应中发挥功能；同时在拟南芥中，H^+－ATP 酶 2 可以被 PKS5 磷酸化从而响应碱胁迫。gma－miR164 调控两个 NAC 转录因子，过表达 *DgNAC*1 可以显著增加转基因烟草的耐盐性。gma－miR169 调控 3 个 NF－YA 转录因子。gma－miR4387 是一个大豆特异的 miRNA，本研究结果表明，其调控一个过氧化物酶超家族蛋白，这个蛋白在 GO 中的注释为响应盐胁迫与氧化还原胁迫。

总的来说，本研究是首个结合转录组测序、小 RNA 测序和降解组测序预测野生大豆碱胁迫响应 miRNA－靶基因的研究。本研究为野生大豆碱胁迫响应 miRNA 调控网络研究提供了新思路，有助于研究 miRNA 在植物响应非生物胁迫中所扮演的角色。

4.3 基于基因调控网络的野生大豆耐碱关键基因挖掘

传统的基因筛选方法通常仅依靠基因表达变化倍数，往往得到数以千计的候选基因，不能确定哪一个是关键调控基因，哪一个是被调控的基因。构建基因调控网络来挖掘基因的方法，具有周期短、流程简单、效率高等特点。最重要的是，网络构建的方法能够结合上下游的调控关系，从全局水平筛选关键基因，具有常规方法不可比拟的优越性。

笔者所在团队前期利用基因芯片数据,以及自己开发的基因调控网络构建方法,构建了基因调控网络,并从处于调控网络中关键节点位置的基因中,筛选出24个碱胁迫相关的关键基因进行功能验证,获得了耐碱功能显著的新基因。该研究表明,利用基因调控网络可以更加科学、准确地筛选耐盐碱关键基因。由于芯片数据存在假阳性高、无法检测新基因的表达等问题,本研究选用准确性更高、检测基因表达更灵敏且可以获得新基因的转录组测序技术,获取测序数据,高通量并准确地筛选碱胁迫响应关键基因。

迄今为止,大多数基因表达水平研究通常只针对一种转录水平的测序数据,也有一些研究将转录组测序和小RNA测序结合,或将小RNA测序与降解组测序结合。为保证关键基因筛选的全面性与可靠性,本研究首次利用网络构建技术整合3种高通量测序技术(转录组测序、小RNA测序及降解组测序)构建的基因调控网络,从全转录组水平对野生大豆在碱胁迫下基因表达发生的变化进行系统而全面的研究。

已有研究表明,基因调控网络中存在一些由连接紧密的基因形成的、具有重要生物学功能的子网,挖掘这些功能子网有助于筛选关键基因,并揭示其调控机制。本研究利用图论的方法对网络进行分析,挖掘网络中功能子网,结合基因的注释信息,筛选处于网络中关键位置的调控基因。本研究结合高精确性的测序手段及生物信息学方法,实现从全转录组水平上高通量并准确地筛选关键基因。

4.4 下一步工作展望

植物对盐碱胁迫的响应机制十分复杂,涉及转录组、代谢组、蛋白组、表观基因组等多个组学。目前生物信息学方面对植物耐盐碱基因的挖掘主要集中在转录水平,产生了许多高通量的转录水平测序数据。随着测序技术的不断发展,出现了一些高通量的基因组测序数据、代谢组测序数据、蛋白组测序数据及表观基因组测序数据,但是植物耐盐碱基因挖掘的研究还仅限于使用一种组学数据,尚未出现较成熟的结合多组学分析挖掘耐盐碱基因、预测盐碱胁迫响应机制的研究。

本研究采用高通量的转录水平测序技术,系统进行转录组测序、小RNA测序和降解组测序，整合利用 3 种测序数据构建的基因共表达网络、miRNA－靶基因调控网络，重构覆盖全转录水平的碱胁迫 miRNA－靶基因调控网络，实现了从全转录水平高通量并准确地筛选、预测耐碱关键基因。然而，这些基因所编码的蛋白表达是否发生改变？这些基因是否参与碱胁迫响应的信号通路？这些基因是否存在真实的互作关系？这些问题尚未明确。因此，结合其他组学数据，从不同组学角度综合筛选碱胁迫响应基因，是亟待解决的问题。

5 结论

5.1 构建基于转录组测序的基因共表达网络

(1)对前期基于转录组测序数据获得的3 380个碱胁迫差异表达基因进行分析,结果显示,*MYB*、*WRKY*、*NAC*、*bZIP*、*C2H2*、*HB*和*TIFY*家族转录因子相关基因和氧化还原相关基因在野生大豆碱胁迫响应过程中起到非常重要的作用。

(2)基于3 380个碱胁迫差异表达基因构建了野生大豆碱胁迫基因调控网络,网络具有生物学网络特性。网络中包含10个功能模块,分别行使独立的功能,包括响应胁迫、离子转运、氧化还原等。

5.2 构建基于小RNA测序的miRNA-靶基因调控网络

(1)基于小RNA测序识别了455个大豆miRNA,并构建了不同时间点下野生大豆碱胁迫miRNA表达谱。

(2)获得了309个在碱胁迫下表达发生显著改变的miRNA。碱胁迫下下调表达miRNA的数量显著多于上调表达miRNA的数量,且随着胁迫时间的延长,下调表达miRNA的数量显著增加。

(3)构建了基于靶基因预测的miRNA-靶基因调控网络和基于表达负相关的miRNA-靶基因调控网络。其中基于表达负相关的miRNA-靶基因调控网络更具有生物学意义。

5.3 构建基于降解组测序的miRNA-靶基因调控网络

(1)基于降解组测序获得了1 086个miRNA-靶基因调控关系。

(2)结合差异表达基因(miRNA)信息,构建了碱胁迫miRNA-靶基因调控网络。

(3)gma-miR156等碱胁迫响应miRNA及其靶基因可能在野生大豆碱胁迫响应中发挥重要作用。

5.4 构建整合的碱胁迫 miRNA－靶基因调控网络

(1)整合 3 种测序数据构建了覆盖全转录组的 miRNA－靶基因调控网络，并挖掘了 5 个候选的碱胁迫响应功能子网。

(2)最终获得 20 个耐碱关键基因。这些基因大多注释到氧化还原相关功能中，说明氧化还原反应是植物响应碱胁迫的重要过程。

附录

附表　转录组测序中碱胁迫下差异表达基因及其表达水平

基因编号	0 h	1 h	3 h	6 h	12 h	24 h	基因编号	0 h	1 h	3 h	6 h	12 h	24 h
Glyma16g06530	3 097.26	2 924.08	775.62	1 468.61	1 026.35	616.00	Glyma13g24420	43.84	115.33	111.38	47.90	23.87	55.13
Glyma16g06520	2 716.14	1 984.10	746.50	1 180.38	640.09	514.29	Glyma08g48040	13.57	5.82	13.28	41.74	37.94	17.06
Glyma02g39320	97.63	100.63	118.36	494.85	1 685.46	1 271.28	Glyma08g16050	198.33	633.36	633.67	275.34	249.63	249.19
Glyma19g24910	1001.80	798.25	163.04	257.48	190.95	104.31	Glyma04g40530	55.94	40.27	40.39	130.94	84.87	70.25
Glyma18g41320	1 880.27	1 844.39	1 730.31	2 643.19	2 090.92	3 866.45	Glyma14g05360	12.22	53.30	15.88	29.17	3.09	15.34
Glyma08g37180	816.40	122.60	95.59	101.90	37.80	47.60	Glyma02g07130	1 704.69	805.57	374.06	104.54	2 050.90	2 135.60
Glyma02g01120	93.79	95.68	22.96	60.64	297.13	862.97	Glyma07g36770	34.92	35.98	121.61	103.88	55.62	43.70
Glyma09g12250	350.81	321.30	505.94	2 659.38	2 180.98	1 350.60	Glyma01g37750	34.21	27.01	47.52	110.98	25.26	42.79
Glyma10g02210	2 460.95	1 609.25	1 022.80	408.10	1 123.66	915.27	Glyma18g52840	16.08	18.41	18.13	29.65	54.42	20.11
Glyma19g09990	689.12	546.46	102.87	136.93	52.39	45.58	Glyma18g51220	223.43	102.21	95.44	297.78	142.20	279.43
Glyma11g35800	181.58	502.75	1 283.96	671.82	965.47	971.07	Glyma15g05820	135.91	646.02	522.29	229.73	137.04	169.89
Glyma01g32310	421.19	361.48	36.00	40.39	2.49	6.45	Glyma18g51700	3.26	56.18	8.35	3.11	3.63	4.07
Glyma09g30970	1 253.47	857.00	244.46	246.30	122.51	375.06	Glyma20g25360	17.44	52.64	32.17	20.92	23.17	21.79
Glyma19g24840	565.62	488.57	79.51	140.52	103.04	57.14	Glyma15g02210	96.60	47.31	24.66	50.17	51.34	120.55
Glyma04g01130	325.62	1 178.33	1 825.62	805.80	325.37	285.16	Glyma18g02850	14.46	40.26	25.39	17.55	12.43	18.01
Glyma19g09810	428.62	347.54	50.63	61.54	27.67	25.25	Glyma08g47520	153.81	22.11	169.94	130.72	107.65	191.41
Glyma19g24900	540.01	462.89	109.37	143.47	63.63	61.88	Glyma02g44200	5.36	102.20	9.18	8.93	6.58	6.66
Glyma14g35220	510.80	338.10	193.34	195.97	83.13	55.07	Glyma08g01350	1.91	9.17	18.27	31.09	7.92	2.38

续表

基因编号	0 h	1 h	3 h	6 h	12 h	24 h	基因编号	0 h	1 h	3 h	6 h	12 h	24 h
Glyma13g10790	30.44	19.94	75.25	446.62	417.79	396.01	Glyma03g35920	93.23	724.02	106.58	91.95	54.35	115.92
Glyma07g17000	684.29	579.58	698.25	794.14	1 156.62	1 556.04	Glyma08g20090	23.20	18.58	41.14	70.25	33.03	28.76
Glyma17g34870	544.60	364.55	321.45	445.26	1 045.10	1 338.25	Glyma06g20980	22.82	64.61	54.89	23.16	42.99	28.29
Glyma19g09840	353.40	292.79	38.83	42.56	16.67	13.91	Glyma05g03920	76.27	191.99	336.96	92.11	48.58	94.52
Glyma19g35590	610.24	649.60	398.34	1 176.98	613.46	1 416.34	Glyma20g04870	11.65	56.01	17.11	10.32	6.94	14.39
Glyma19g09830	341.36	279.99	36.56	45.78	14.06	12.34	Glyma09g25940	99.74	64.73	38.12	55.87	125.56	122.88
Glyma17g17110	149.43	9.28	63.89	428.47	663.79	638.03	Glyma02g07120	38.79	104.22	48.84	33.77	32.87	47.78
Glyma18g46550	667.35	440.47	591.27	839.90	652.58	143.32	Glyma06g36640	63.92	9.37	29.93	64.02	69.26	78.63
Glyma03g40940	608.00	73.27	134.79	20.96	34.97	120.96	Glyma03g05020	5.81	166.96	18.74	10.63	3.92	7.14
Glyma18g46560	683.38	408.65	619.89	1 003.29	586.13	157.88	Glyma19g27260	9.55	126.48	50.01	22.36	16.70	11.71
Glyma07g16770	722.55	685.57	619.87	1 075.43	864.71	1 520.90	Glyma02g43910	5.64	10.96	26.39	14.06	47.58	6.91
Glyma05g38130	17.65	13.91	23.68	14.05	81.59	306.80	Glyma15g18250	38.26	85.09	91.25	44.21	28.33	46.77
Glyma19g24850	435.70	374.42	88.87	129.50	53.50	53.44	Glyma10g10200	9.56	46.52	15.51	16.75	10.09	11.68
Glyma18g06840	58.67	74.87	311.97	372.62	491.70	415.22	Glyma16g22830	26.92	15.37	91.04	66.74	51.76	32.86
Glyma19g06370	163.64	115.72	443.64	496.61	170.87	632.57	Glyma06g14290	11.44	127.64	25.34	18.12	20.89	13.95
Glyma19g09860	302.62	229.32	36.33	45.45	19.59	14.35	Glyma06g09220	2.43	23.40	12.85	4.35	0.99	2.96
Glyma02g31990	1 032.95	1 287.22	617.81	572.30	353.94	373.62	Glyma14g11660	40.64	98.16	55.40	32.90	49.78	49.44
Glyma10g33650	384.64	180.78	90.14	194.42	27.71	44.75	Glyma03g05310	10.81	74.19	11.77	10.99	10.73	13.15

续表

基因编号	0 h	1 h	3 h	6 h	12 h	24 h	基因编号	0 h	1 h	3 h	6 h	12 h	24 h
Glyma09g28310	581.65	426.76	324.65	287.45	136.28	136.46	Glyma06g45930	21.60	29.08	65.62	56.68	23.88	26.22
Glyma18g08750	752.23	710.40	347.49	309.84	175.99	230.23	Glyma13g16770	13.97	23.42	77.91	19.13	37.96	16.95
Glyma15g10040	1 212.31	1 609.55	521.24	571.42	458.86	507.28	Glyma17g16570	52.30	31.89	50.96	47.64	133.31	63.46
Glyma04g09570	11.15	4.41	72.36	286.59	207.80	239.24	Glyma20g27480	11.63	87.13	25.30	13.51	8.62	14.11
Glyma16g01390	589.81	197.27	222.16	70.39	87.83	155.42	Glyma16g26810	21.00	63.81	56.13	33.50	22.36	25.42
Glyma18g41610	160.63	105.76	279.38	553.68	526.24	552.21	Glyma02g16390	13.51	12.89	72.61	40.47	37.75	16.34
Glyma11g00230	216.02	225.34	56.52	35.79	7.54	5.31	Glyma05g30200	53.19	159.55	206.90	68.59	12.73	64.31
Glyma03g04750	221.38	125.82	7.01	24.72	7.06	7.12	Glyma09g39280	28.26	78.22	58.30	27.59	28.32	34.11
Glyma05g02880	283.02	28.13	102.17	23.36	69.59	26.28	Glyma03g41730	60.30	124.92	235.86	127.32	116.75	72.73
Glyma18g32200	416.94	502.48	117.21	91.48	60.62	80.51	Glyma01g38590	30.64	20.44	107.28	68.75	6.84	36.94
Glyma10g04960	547.13	426.92	239.92	92.68	120.35	145.76	Glyma20g23400	23.25	0.66	0.15	20.29	28.45	28.02
Glyma02g44380	303.48	85.35	68.68	29.45	52.98	37.45	Glyma06g42140	14.57	12.59	22.99	53.03	31.02	17.56
Glyma15g31520	585.45	459.05	556.19	551.08	1 008.81	1 167.39	Glyma13g38790	51.32	111.23	107.56	88.16	56.76	61.82
Glyma11g34380	246.85	125.59	68.57	38.04	45.11	18.74	Glyma20g38440	74.44	87.51	86.38	155.07	99.96	89.50
Glyma19g36970	209.34	132.56	26.25	21.24	8.54	7.69	Glyma19g04290	106.14	120.10	46.41	94.06	208.25	127.49
Glyma19g06340	101.96	69.65	283.95	315.12	109.79	411.86	Glyma13g40090	39.21	87.13	116.41	35.32	30.93	47.06
Glyma02g02070	931.51	1 133.25	858.15	241.09	559.45	385.69	Glyma10g32900	6.27	33.92	14.48	6.46	7.35	7.52
Glyma02g18320	33.39	234.60	104.62	24.34	25.31	19.93	Glyma07g21100	111.95	74.67	56.77	96.85	236.14	134.19

续表

基因编号	0 h	1 h	3 h	6 h	12 h	24 h	基因编号	0 h	1 h	3 h	6 h	12 h	24 h
Glyma11g27720	85.40	70.97	155.85	373.05	766.77	361.57	Glyma19g00990	36.97	77.79	35.08	36.96	29.32	44.28
Glyma11g33560	426.15	348.97	387.79	949.23	1 296.53	894.37	Glyma06g20950	38.17	63.61	106.51	44.76	7.79	45.66
Glyma09g04870	51.75	68.28	37.49	71.44	255.32	281.96	Glyma09g04630	295.18	178.88	113.77	240.31	262.53	352.74
Glyma08g03010	124.55	130.60	123.03	133.40	136.06	127.50	Glyma06g15870	31.92	72.07	50.39	28.47	33.20	38.14
Glyma19g24870	164.22	144.39	24.68	22.33	8.45	8.14	Glyma15g07990	11.70	13.84	56.26	18.08	41.74	13.97
Glyma18g07160	408.38	140.72	152.55	88.43	71.94	112.71	Glyma12g33230	6.18	30.64	19.46	7.55	6.31	7.38
Glyma07g04810	280.11	175.60	98.33	28.89	51.96	51.94	Glyma04g04940	2.00	28.94	11.74	3.66	3.06	2.39
Glyma18g02380	96.49	165.75	399.06	621.00	308.74	346.43	Glyma10g37570	105.01	245.91	246.76	76.10	104.90	125.34
Glyma11g20600	371.64	290.14	463.21	584.15	197.72	768.93	Glyma14g39660	11.49	53.11	23.46	12.32	8.78	13.71
Glyma14g37440	8.56	12.62	36.66	63.08	236.03	150.58	Glyma15g04910	258.82	719.67	734.05	134.56	323.06	308.49
Glyma08g17880	8.02	6.41	50.74	82.91	117.13	145.99	Glyma12g04300	55.04	60.63	126.89	106.30	56.66	65.56
Glyma09g31260	431.43	387.62	366.44	390.90	741.88	833.52	Glyma10g43420	35.60	3.66	3.37	54.77	47.28	42.41
Glyma12g36320	678.83	346.18	367.63	942.16	307.22	294.01	Glyma02g40800	53.54	51.14	37.37	6.19	1.44	63.75
Glyma07g16910	237.85	175.56	193.15	344.67	61.28	42.89	Glyma09g23750	32.90	15.46	25.87	72.88	28.10	39.17
Glyma15g41130	25.48	13.56	44.39	111.18	95.51	180.97	Glyma07g36150	97.38	98.87	119.53	207.75	104.32	115.87
Glyma03g30070	142.82	90.95	97.18	146.64	501.22	397.59	Glyma04g03510	26.84	26.00	66.18	60.39	43.06	31.93
Glyma08g07590	304.08	301.30	242.21	86.66	74.36	76.52	Glyma11g13060	15.22	21.83	106.13	58.12	27.82	18.10
Glyma06g11430	118.65	20.22	1.38	0.47	6.78	2.65	Glyma13g32730	42.24	10.98	25.32	51.08	66.62	50.17

续表

基因编号	0 h	1 h	3 h	6 h	12 h	24 h	基因编号	0 h	1 h	3 h	6 h	12 h	24 h
Glyma10g30940	14.02	14.69	66.51	117.25	105.80	148.01	Glyma18g38610	36.82	44.53	53.99	53.11	81.07	43.72
Glyma13g02510	114.05	33.59	1.06	0.14	0.40	1.70	Glyma01g43380	7.16	9.96	40.15	28.71	13.67	8.49
Glyma13g41330	147.14	100.76	81.85	95.22	335.12	402.35	Glyma16g04980	6.74	30.65	9.14	9.73	3.30	8.00
Glyma14g15370	376.17	308.02	127.49	183.93	217.80	115.13	Glyma14g07990	101.56	80.12	388.45	206.29	268.28	120.30
Glyma10g12790	125.69	66.17	5.84	23.70	1.88	4.39	Glyma10g42460	226.76	214.06	208.06	239.69	422.03	268.11
Glyma05g38110	244.15	179.65	327.16	176.51	356.03	543.12	Glyma15g11680	52.44	126.21	121.76	64.11	51.49	61.99
Glyma20g28980	120.16	95.19	149.86	254.03	241.84	350.60	Glyma18g26180	59.44	52.11	50.89	148.48	79.30	70.25
Glyma05g30940	103.11	70.06	60.06	81.64	162.03	322.21	Glyma09g31810	32.55	38.63	108.39	54.57	39.82	38.47
Glyma13g11090	123.33	92.60	129.48	273.87	398.80	353.37	Glyma05g04520	34.45	54.35	103.21	50.75	55.10	40.68
Glyma07g17030	65.73	66.66	68.71	239.39	199.71	251.38	Glyma09g31070	24.17	71.08	14.47	14.32	18.39	28.54
Glyma04g21360	205.72	168.65	46.64	45.53	15.74	36.85	Glyma18g49850	40.84	68.16	189.29	33.62	9.94	48.18
Glyma10g33710	95.75	100.88	65.60	74.52	235.88	302.98	Glyma03g40910	21.83	98.56	52.25	42.92	12.36	25.74
Glyma17g02260	202.80	193.57	190.05	93.58	39.52	35.11	Glyma14g08170	28.48	29.38	70.37	48.01	38.55	33.56
Glyma02g40290	257.33	135.01	277.67	651.89	333.67	547.90	Glyma08g19510	53.72	55.18	81.21	104.79	140.45	63.28
Glyma02g12710	0.52	4.43	0.00	46.15	60.92	89.99	Glyma12g04770	26.83	19.69	69.81	40.71	61.18	31.60
Glyma17g17100	27.85	1.17	10.46	109.06	190.48	170.62	Glyma12g35550	34.65	109.91	32.58	19.82	18.30	40.81
Glyma11g18320	569.16	357.80	588.06	440.36	248.95	245.41	Glyma07g06090	9.76	40.53	14.10	6.78	9.64	11.49
Glyma12g36330	9.18	6.74	27.91	184.63	54.07	120.97	Glyma11g34730	10.35	8.63	47.97	23.28	12.71	12.15

续表

基因编号	0 h	1 h	3 h	6 h	12 h	24 h	基因编号	0 h	1 h	3 h	6 h	12 h	24 h
Glyma02g07960	449.86	347.20	109.61	141.62	157.49	173.21	Glyma09g07920	47.58	93.93	71.83	45.47	52.62	55.87
Glyma03g40860	150.23	56.84	30.93	24.11	49.24	17.41	Glyma01g10070	1 184.04	2 500.16	2 850.82	1 249.21	363.97	1 390.14
Glyma06g46740	17.76	19.88	13.94	169.40	102.62	141.16	Glyma16g26640	15.57	59.84	19.82	16.96	31.45	18.28
Glyma15g13870	228.45	219.74	74.16	93.81	47.99	51.38	Glyma06g04140	27.56	24.48	14.95	27.58	80.34	32.34
Glyma20g33880	74.08	95.05	68.65	67.78	180.24	255.28	Glyma13g34720	18.50	81.64	54.22	32.35	26.73	21.68
Glyma17g01970	42.60	37.98	242.12	367.32	314.72	194.24	Glyma06g12570	16.41	54.72	70.02	16.77	16.05	19.24
Glyma07g04010	43.02	65.09	99.95	187.99	186.92	193.03	Glyma06g02470	33.38	19.86	7.05	11.38	40.86	39.06
Glyma19g09370	140.13	104.35	23.67	38.13	24.24	15.36	Glyma08g46140	8.32	24.48	35.46	17.46	18.70	9.74
Glyma08g45820	46.42	49.90	74.08	305.81	105.83	200.38	Glyma12g32770	113.13	41.91	94.67	107.17	103.47	132.36
Glyma04g08830	103.43	65.52	44.76	71.52	229.08	297.46	Glyma07g37410	424.93	96.93	978.73	621.35	570.72	497.14
Glyma10g32830	16.82	11.09	60.40	576.00	157.04	132.27	Glyma01g01400	10.36	53.20	7.47	7.74	8.87	12.12
Glyma03g19260	46.10	42.94	62.07	131.35	298.75	194.94	Glyma03g33000	19.87	21.46	11.82	9.80	48.42	23.22
Glyma19g07400	414.36	335.61	222.70	238.69	197.35	161.28	Glyma13g24520	5.44	29.98	9.15	7.69	4.83	6.36
Glyma09g38920	198.61	130.45	100.46	51.56	121.20	41.61	Glyma05g04950	38.07	22.82	55.71	63.02	91.42	44.43
Glyma19g29210	139.79	507.97	2 566.11	1 049.87	395.34	351.93	Glyma08g09820	93.98	36.29	94.82	215.19	131.94	109.64
Glyma15g07690	30.38	8.47	26.21	21.19	128.56	160.82	Glyma11g11790	6.01	10.82	33.91	11.01	16.38	7.01
Glyma09g02910	110.90	59.97	10.75	22.31	11.31	7.23	Glyma17g05840	70.25	44.15	26.62	55.79	70.91	81.92
Glyma16g06500	552.33	382.97	209.47	465.20	364.37	252.65	Glyma13g01610	84.96	59.82	180.63	486.98	496.37	98.99

续表

基因编号	0 h	1 h	3 h	6 h	12 h	24 h	基因编号	0 h	1 h	3 h	6 h	12 h	24 h
Glyma12g36100	358.27	293.07	198.31	190.93	105.59	131.30	Glyma17g32780	4.75	25.27	5.09	3.83	2.07	5.52
Glyma03g04740	87.63	77.10	5.02	8.75	0.85	1.53	Glyma11g08750	35.35	15.26	157.81	73.08	96.07	41.06
Glyma17g13540	165.09	95.18	73.24	18.20	59.44	29.06	Glyma15g15200	423.10	55.18	112.29	413.71	589.54	491.15
Glyma09g04100	3.88	7.12	6.55	68.69	34.08	87.74	Glyma03g31960	43.74	60.97	94.76	104.22	63.91	50.78
Glyma20g01570	150.50	217.00	78.41	5.53	36.76	22.63	Glyma04g03760	12.04	59.80	106.08	44.00	30.59	13.97
Glyma07g04400	168.47	146.02	278.42	354.64	576.96	385.68	Glyma10g01770	1.93	41.68	18.38	6.12	2.16	2.24
Glyma10g38760	150.01	109.48	116.78	217.09	237.28	358.60	Glyma09g04750	6.20	32.14	18.22	4.16	7.91	7.20
Glyma18g41590	32.66	37.29	134.86	125.17	134.43	159.44	Glyma05g26660	0.80	34.65	1.95	0.98	0.34	0.93
Glyma07g16850	159.47	89.64	21.51	17.92	11.43	27.30	Glyma18g47810	12.07	46.97	15.36	12.52	10.77	14.01
Glyma09g37280	74.12	15.88	19.17	132.48	191.27	235.56	Glyma06g36150	15.45	43.47	28.10	18.69	16.88	17.93
Glyma09g06490	505.84	546.27	222.52	291.11	190.50	229.70	Glyma17g01400	14.57	52.11	71.25	23.47	18.46	16.89
Glyma04g36480	34.49	53.67	61.81	135.08	93.02	160.11	Glyma06g40860	68.50	18.73	84.43	178.84	113.29	79.41
Glyma03g16620	215.35	146.34	139.17	352.30	405.06	445.20	Glyma13g33590	82.96	41.80	211.63	108.28	158.89	96.02
Glyma06g15300	35.28	22.04	75.10	167.70	154.28	160.97	Glyma15g10490	26.17	17.70	36.04	32.68	81.50	30.29
Glyma09g39200	11.08	10.98	86.38	250.20	49.25	102.91	Glyma02g07990	18.29	9.28	21.04	8.57	47.43	21.16
Glyma17g06560	132.16	6.80	8.94	6.35	16.98	18.88	Glyma10g38610	37.98	10.01	9.56	26.56	50.78	43.83
Glyma07g33570	99.25	21.53	1.44	2.41	33.30	7.86	Glyma07g15060	507.85	176.35	740.14	639.45	1 018.89	585.41
Glyma18g49410	92.71	13.08	27.76	377.81	463.56	258.24	Glyma01g36590	41.23	152.15	44.37	55.11	43.29	47.51

续表

基因编号	0 h	1 h	3 h	6 h	12 h	24 h	基因编号	0 h	1 h	3 h	6 h	12 h	24 h
Glyma15g04090	76.22	91.09	77.91	69.92	223.26	228.32	Glyma16g08470	23.00	63.32	37.03	14.64	3.84	26.50
Glyma09g24600	247.61	158.15	72.73	44.81	92.54	76.97	Glyma06g04930	2.80	21.47	4.61	3.91	3.38	3.22
Glyma04g04240	84.36	32.56	19.14	11.00	6.65	4.11	Glyma10g42060	4.15	6.51	27.14	7.19	5.28	4.78
Glyma08g28220	148.76	17.74	106.04	165.29	100.08	337.97	Glyma05g32970	4.19	40.10	7.98	3.29	3.37	4.82
Glyma03g03680	337.44	466.45	166.39	154.30	105.00	131.60	Glyma09g12100	28.39	4.75	21.87	37.37	63.41	32.69
Glyma01g04310	375.82	309.74	425.80	224.69	114.75	156.19	Glyma05g29090	44.13	8.75	51.25	34.44	89.27	50.78
Glyma15g06240	120.42	75.32	6.08	23.84	14.21	16.05	Glyma04g05320	31.50	133.33	94.32	48.69	37.64	36.21
Glyma11g35030	209.84	165.42	194.84	507.83	42.79	423.67	Glyma09g39930	15.55	8.46	95.74	84.43	27.29	17.87
Glyma16g04560	166.34	148.62	266.53	105.29	66.12	37.03	Glyma18g50240	19.80	56.87	46.30	20.66	17.80	22.75
Glyma10g07710	52.85	33.25	34.91	100.51	75.40	184.24	Glyma13g09650	4.82	31.15	9.43	4.24	5.90	5.53
Glyma01g31660	20.15	64.62	137.30	189.23	44.08	120.37	Glyma01g34180	28.21	1.67	38.91	32.45	120.00	32.37
Glyma07g16940	133.95	107.19	118.23	196.69	38.51	23.36	Glyma11g04620	5.95	52.97	54.13	11.51	0.00	6.82
Glyma12g04850	6.44	5.03	30.26	52.63	61.77	84.95	Glyma01g03360	12.01	53.97	19.68	8.02	3.51	13.75
Glyma08g18710	63.18	24.29	10.10	3.41	0.00	0.00	Glyma05g34870	61.05	260.36	126.09	51.37	62.19	69.86
Glyma18g51250	114.37	19.24	159.57	206.37	92.49	281.76	Glyma02g47210	129.44	124.87	171.46	267.87	172.68	148.12
Glyma14g09620	150.46	120.13	79.80	157.44	103.38	31.18	Glyma13g10640	112.95	253.18	224.35	126.33	105.79	129.21
Glyma13g39850	8.80	5.48	300.56	93.56	134.63	89.04	Glyma06g00630	24.71	7.77	40.10	36.41	61.48	28.27
Glyma15g06260	156.07	145.57	25.22	76.27	46.81	33.54	Glyma20g38980	35.91	91.55	61.90	34.64	30.14	41.06

续表

基因编号	0 h	1 h	3 h	6 h	12 h	24 h	基因编号	0 h	1 h	3 h	6 h	12 h	24 h
Glyma17g37170	60.60	0.00	237.35	54.35	74.18	0.00	Glyma13g31580	55.64	257.93	1 059.37	386.66	166.62	63.62
Glyma08g16810	191.49	2 658.29	937.48	403.05	188.18	388.73	Glyma04g04500	48.84	38.32	97.57	100.64	60.03	55.83
Glyma13g42210	3.88	4.65	26.62	45.77	9.59	74.37	Glyma12g06280	62.60	177.68	50.48	65.85	57.42	71.51
Glyma05g22860	67.35	7.93	33.29	208.62	213.28	202.27	Glyma13g27840	170.84	478.20	479.83	296.05	234.38	194.98
Glyma18g02610	27.43	105.73	184.93	82.82	42.98	129.22	Glyma18g44030	24.10	56.12	30.45	30.18	20.94	27.50
Glyma16g33710	201.03	118.70	59.83	86.12	48.66	58.95	Glyma04g42480	100.09	69.13	47.81	92.48	62.82	114.13
Glyma13g15550	114.27	111.53	109.91	167.22	29.16	16.76	Glyma12g05570	17.10	47.71	71.19	60.47	18.19	19.49
Glyma17g13110	98.48	167.05	171.68	241.73	165.89	249.94	Glyma17g37180	42.64	51.99	162.44	45.39	21.71	48.58
Glyma07g03580	241.15	139.79	82.01	133.94	158.31	82.40	Glyma13g20830	63.94	35.56	27.20	20.16	113.75	72.76
Glyma01g02950	103.27	240.85	12.50	20.80	8.61	13.63	Glyma19g06450	8.56	30.48	36.42	14.33	8.42	9.74
Glyma09g02590	70.77	48.31	59.70	227.80	290.67	205.61	Glyma17g12760	2.50	19.79	3.50	2.29	1.37	2.84
Glyma20g36320	49.56	27.93	55.37	236.65	118.85	166.73	Glyma13g43120	11.29	65.82	60.54	24.11	10.05	12.83
Glyma13g20770	5.23	5.57	53.79	37.08	64.89	74.17	Glyma04g12480	11.48	98.56	28.32	8.51	5.25	13.05
Glyma02g14910	76.52	13.87	3.16	1.84	20.44	4.65	Glyma19g04450	14.94	13.17	50.54	55.05	4.91	16.97
Glyma08g07370	93.33	45.20	3.46	11.74	9.58	10.56	Glyma18g50780	26.15	58.36	70.30	48.08	23.97	29.66
Glyma07g39020	92.56	80.62	63.81	83.82	208.79	236.33	Glyma17g10880	129.57	52.96	33.85	111.86	116.84	146.98
Glyma03g35080	258.75	131.80	100.45	120.23	86.25	96.52	Glyma17g11870	26.74	70.09	45.90	34.55	18.12	30.30
Glyma20g34830	147.64	67.36	34.42	38.43	106.53	34.97	Glyma08g39020	21.87	25.06	71.21	28.83	28.01	24.77

续表

基因编号	0 h	1 h	3 h	6 h	12 h	24 h	基因编号	0 h	1 h	3 h	6 h	12 h	24 h
Glyma09g08550	17.85	25.83	86.15	118.60	91.62	103.69	Glyma01g05160	18.73	55.28	54.88	23.88	24.69	21.19
Glyma13g34560	11.33	12.63	21.07	37.31	51.01	88.48	Glyma01g26840	57.93	245.21	104.12	113.32	18.83	65.54
Glyma07g31770	134.97	135.84	151.38	123.31	102.82	295.36	Glyma02g15910	162.81	59.06	98.44	127.34	236.61	184.19
Glyma11g27480	144.19	105.46	116.65	262.67	743.31	308.07	Glyma17g36530	7.58	108.71	7.93	7.57	5.27	8.57
Glyma07g04330	124.75	103.32	214.58	248.28	411.46	279.54	Glyma05g28280	28.68	560.33	50.10	15.60	20.73	32.39
Glyma08g19180	25.65	127.36	98.86	90.91	186.72	117.99	Glyma11g16120	6.00	24.50	50.55	23.81	10.96	6.77
Glyma17g24930	35.25	16.74	72.25	133.68	142.81	135.95	Glyma12g05150	181.29	296.00	752.26	494.28	186.34	203.83
Glyma16g04550	127.18	83.59	84.90	28.21	18.41	27.31	Glyma13g42590	81.61	215.18	87.73	47.85	42.72	91.70
Glyma17g07560	52.13	65.10	67.92	44.70	33.46	48.58	Glyma14g04470	40.45	33.02	88.45	54.29	53.15	45.45
Glyma01g32270	95.29	67.96	9.64	17.15	8.50	13.27	Glyma05g31390	29.46	52.23	254.53	72.37	40.88	33.07
Glyma07g10880	82.67	4.63	0.00	3.97	5.51	8.66	Glyma12g32160	91.87	85.99	39.25	122.73	92.34	103.03
Glyma03g30400	9.84	14.98	0.68	20.66	9.02	79.10	Glyma02g08950	134.48	47.11	34.61	137.79	119.07	150.73
Glyma09g33070	250.21	243.95	107.80	45.54	62.51	97.01	Glyma09g05100	16.10	137.68	17.94	22.36	23.11	18.04
Glyma14g36370	16.59	4.63	10.64	45.74	26.18	95.69	Glyma11g09070	1.65	94.08	14.93	2.07	0.26	1.84
Glyma06g08360	18.29	9.43	69.94	152.98	145.26	99.19	Glyma06g13910	13.06	44.31	29.57	25.02	15.60	14.61
Glyma08g36570	50.07	124.37	32.68	60.57	20.90	0.00	Glyma05g31350	10.28	7.04	152.46	42.02	26.44	11.51
Glyma06g09660	1.14	0.00	21.00	134.41	55.11	51.71	Glyma13g38310	415.09	346.28	192.36	403.58	572.59	464.16
Glyma19g07190	214.18	252.34	114.02	79.88	51.61	76.53	Glyma15g38060	3.53	27.78	14.61	9.04	2.01	3.94

续表

基因编号	0 h	1 h	3 h	6 h	12 h	24 h	基因编号	0 h	1 h	3 h	6 h	12 h	24 h
Glyma09g21010	82.89	51.86	19.93	168.01	489.52	206.84	Glyma11g01710	70.45	35.34	81.20	115.24	173.22	78.68
Glyma17g16410	2.47	3.56	22.78	44.51	59.93	55.39	Glyma13g35550	65.28	321.53	429.38	128.64	46.34	72.84
Glyma06g05460	13.60	11.62	11.50	80.75	65.02	85.44	Glyma18g47020	39.50	82.09	123.41	47.46	29.42	44.02
Glyma19g25070	117.43	108.25	134.34	83.83	32.90	24.89	Glyma19g38500	85.99	58.19	29.51	47.87	45.55	95.82
Glyma05g04500	73.38	150.79	1 036.95	1 228.08	636.09	191.51	Glyma11g06290	19.77	56.80	31.11	22.50	20.34	22.00
Glyma02g38920	323.40	226.16	261.18	138.03	95.92	147.93	Glyma08g02840	75.84	167.31	160.21	116.48	63.02	84.22
Glyma03g04760	128.12	140.97	12.94	48.11	7.32	30.57	Glyma19g32940	41.09	33.85	30.37	72.19	108.54	45.57
Glyma11g14950	74.23	239.28	729.92	747.12	152.89	191.18	Glyma18g44950	14.87	23.65	49.89	25.41	27.44	16.44
Glyma06g43550	169.30	169.98	109.26	77.37	112.45	53.58	Glyma20g26770	7.98	82.82	14.52	9.98	9.37	8.82
Glyma08g28570	28.28	0.00	13.84	64.20	17.74	112.50	Glyma11g36600	23.22	35.78	125.24	44.04	39.73	25.65
Glyma20g32770	68.12	11.17	9.23	6.49	10.64	6.01	Glyma09g09430	358.12	160.05	956.74	1 033.82	860.67	395.33
Glyma07g39420	95.12	68.54	96.75	236.44	217.39	221.16	Glyma06g04810	27.16	13.20	12.65	35.09	84.37	29.97
Glyma19g01120	103.73	21.70	7.05	71.21	57.31	20.28	Glyma12g12830	9.42	32.05	15.54	9.66	8.62	10.39
Glyma02g03830	31.21	76.69	81.15	59.67	47.44	117.71	Glyma03g33890	4.31	35.83	15.17	21.09	5.75	4.75
Glyma17g14910	11.60	28.21	289.40	462.72	87.65	76.92	Glyma16g05640	13.62	120.63	249.74	66.39	17.79	15.01
Glyma11g38150	298.86	135.53	159.30	55.93	85.38	135.71	Glyma17g06610	8.90	92.79	16.45	10.05	12.28	9.81
Glyma20g36520	8.12	15.88	53.27	57.63	77.43	69.17	Glyma20g35120	20.19	62.40	67.03	23.87	24.61	22.24
Glyma04g01380	98.96	60.15	59.41	154.98	131.20	222.34	Glyma13g27110	819.22	469.26	318.86	378.58	753.14	902.47

续表

基因编号	0 h	1 h	3 h	6 h	12 h	24 h	基因编号	0 h	1 h	3 h	6 h	12 h	24 h
Glyma16g29830	1.22E－275	23.85	58.21	0.00	42.50	42.51	Glyma11g33450	4.24	122.71	32.93	12.20	3.09	4.67
Glyma01g39160	61.92	13.37	9.67	1.64	2.28	4.46	Glyma17g07740	35.38	338.73	107.42	47.32	44.95	38.96
Glyma20g26610	95.59	92.30	198.59	141.04	401.66	216.07	Glyma13g06450	764.33	495.46	334.42	552.04	630.92	841.42
Glyma19g01150	66.18	20.13	1.85	54.34	8.91	6.58	Glyma11g29350	67.56	33.46	27.87	42.81	234.93	74.34
Glyma08g14130	51.13	27.35	52.17	84.75	105.09	147.45	Glyma08g18080	57.88	23.18	10.59	42.67	75.25	63.68
Glyma20g14260	0.00	0.00	37.44	31.72	36.93	39.99	Glyma06g35580	16.00	17.59	98.96	89.29	36.64	17.58
Glyma11g03430	170.91	38.12	14.26	26.22	62.50	58.92	Glyma07g04460	43.31	101.58	63.94	69.17	68.96	47.59
Glyma20g06210	2.01	1.56	1.97	55.85	50.52	48.52	Glyma06g47740	82.15	84.93	275.15	136.84	141.94	90.24
Glyma13g24810	47.31	39.39	43.03	85.03	154.81	139.07	Glyma18g49540	36.30	76.48	26.41	30.69	18.95	39.87
Glyma18g32210	233.19	388.08	160.79	74.97	37.49	98.01	Glyma04g08800	20.66	130.11	117.34	26.69	25.75	22.69
Glyma11g05280	128.60	28.18	29.86	35.48	46.99	35.74	Glyma12g29470	52.81	69.70	143.12	55.28	27.98	57.99
Glyma10g00950	3.45	1.63	9.00	39.72	124.26	51.41	Glyma15g20970	521.20	229.26	1 576.17	1 200.16	1 071.41	572.22
Glyma11g15180	103.40	35.91	147.32	170.06	182.05	221.49	Glyma17g15940	19.76	17.30	114.71	19.57	21.99	21.64
Glyma15g41620	1.62	1.51	0.44	33.06	28.80	43.35	Glyma15g27660	135.19	76.85	87.34	144.14	27.35	148.06
Glyma08g17530	5.62	3.18	2.41	48.01	43.15	56.36	Glyma08g17950	4.50	25.35	4.27	5.08	6.89	4.93
Glyma09g23140	118.83	80.11	46.32	113.99	43.46	32.17	Glyma18g36840	24.32	60.82	40.92	45.82	20.60	26.63
Glyma10g03020	39.26	41.79	76.88	106.14	48.52	0.00	Glyma14g00570	54.86	115.13	66.31	41.56	33.45	60.06
Glyma18g24740	62.95	6.82	11.66	9.64	10.21	6.83	Glyma08g05000	11.41	1 008.95	97.18	16.92	15.41	12.48

续表

基因编号	0 h	1 h	3 h	6 h	12 h	24 h	基因编号	0 h	1 h	3 h	6 h	12 h	24 h
Glyma10g32820	12.34	9.14	36.26	276.00	69.04	72.61	Glyma06g44430	5.57	28.49	14.74	8.42	3.20	6.10
Glyma17g27150	41.75	122.23	71.54	47.47	39.42	124.59	Glyma02g29020	6.32	46.97	19.31	11.34	6.77	6.92
Glyma01g28430	165.66	144.29	78.65	59.52	38.12	59.92	Glyma17g35620	67.85	348.70	135.93	77.81	66.91	74.22
Glyma05g32240	18.37	10.50	58.61	22.72	55.03	83.22	Glyma12g29510	485.00	339.73	402.20	439.49	182.77	530.30
Glyma14g17260	21.26	12.26	33.63	155.50	95.64	87.85	Glyma03g16600	20.57	98.43	37.69	28.15	14.27	22.49
Glyma17g34880	50.81	14.81	47.06	105.16	171.40	137.99	Glyma06g45850	56.82	22.58	150.43	70.53	66.81	62.10
Glyma10g30110	125.09	30.52	8.79	202.46	226.47	247.13	Glyma14g16700	41.49	18.63	92.85	87.88	84.47	45.30
Glyma09g06920	1.10	0.29	40.30	40.42	51.75	39.85	Glyma10g40550	15.92	79.95	30.22	18.57	16.52	17.38
Glyma06g12780	63.27	48.60	159.23	126.33	300.64	156.98	Glyma11g19850	45.43	13.31	13.26	35.09	32.93	49.54
Glyma08g13620	64.61	34.58	6.43	24.66	6.60	8.94	Glyma14g03470	99.16	103.70	215.70	269.07	153.72	108.08
Glyma02g15940	14.81	47.29	29.00	13.45	18.57	73.65	Glyma11g11640	75.25	18.30	67.31	88.63	115.11	81.98
Glyma08g13510	210.25	142.50	241.78	310.76	203.77	89.15	Glyma10g40250	270.84	1 645.76	524.06	321.29	327.92	295.06
Glyma20g26910	53.90	36.51	19.19	3.20	2.67	4.87	Glyma19g44980	49.44	51.27	104.54	45.06	42.36	53.84
Glyma15g40180	41.12	15.13	25.06	1.80	0.84	1.09	Glyma08g18470	59.85	12.91	45.58	83.77	88.97	65.17
Glyma16g04740	71.44	68.19	153.73	98.15	30.54	11.77	Glyma18g44570	27.66	14.72	32.45	107.94	80.57	30.11
Glyma07g13450	123.18	46.39	165.53	192.10	224.47	241.40	Glyma13g29350	14.21	68.43	38.07	19.23	6.41	15.46
Glyma05g32210	130.43	74.61	32.72	33.13	24.24	41.55	Glyma09g32080	18.18	104.77	35.46	19.37	19.19	19.78
Glyma07g09020	36.05	16.62	40.15	28.82	39.80	29.29	Glyma16g04420	27.20	28.35	56.28	41.70	86.47	29.56

续表

基因编号	0 h	1 h	3 h	6 h	12 h	24 h	基因编号	0 h	1 h	3 h	6 h	12 h	24 h
Glyma15g41840	35.31	19.51	8.12	1.77	0.00	0.10	Glyma10g00430	25.65	18.46	26.27	61.88	158.90	27.87
Glyma06g05370	20.80	13.49	44.43	57.98	142.88	84.82	Glyma05g04630	11.33	289.59	19.25	8.11	9.96	12.31
Glyma07g15170	51.56	54.98	77.54	103.39	82.48	136.32	Glyma17g07580	18.34	26.18	68.56	24.79	13.80	19.90
Glyma02g05260	61.73	42.77	75.29	178.97	147.46	152.17	Glyma11g31330	3.23	7.50	32.47	22.56	4.49	3.50
Glyma19g37130	108.38	66.06	42.09	22.03	31.44	29.66	Glyma19g05580	1.71	26.03	34.92	8.55	0.99	1.86
Glyma10g00220	22.89	22.65	53.82	91.47	77.23	87.06	Glyma10g06030	104.18	85.02	108.32	82.17	23.38	113.00
Glyma13g32480	21.77	22.52	34.37	12.07	25.20	85.24	Glyma01g42010	54.26	58.25	116.89	114.89	73.37	58.80
Glyma02g03380	88.54	32.78	58.19	32.81	5.83	20.58	Glyma17g05860	41.58	11.26	25.00	35.38	25.56	44.99
Glyma12g11000	0.00	44.72	3.70	36.67	14.27	33.85	Glyma05g31190	3.19	39.39	10.42	2.36	4.15	3.44
Glyma17g34900	52.92	16.77	22.52	76.73	74.95	136.15	Glyma20g22400	89.72	60.04	46.49	36.34	78.67	96.83
Glyma10g23790	14.46	14.33	14.55	43.75	117.73	70.52	Glyma19g39180	21.60	53.60	23.23	19.49	23.46	23.30
Glyma05g36710	118.32	165.12	354.44	109.14	9.66	229.69	Glyma07g36430	3.52	26.98	11.03	5.96	5.76	3.79
Glyma13g33140	66.62	37.59	9.04	18.36	11.25	10.38	Glyma17g15460	47.92	51.86	110.43	34.17	39.81	51.62
Glyma01g09460	32.47	223.87	90.97	62.16	88.44	101.86	Glyma11g15310	10.74	15.31	13.05	17.68	41.23	11.56
Glyma05g00620	5.60	7.56	13.91	60.48	37.85	49.03	Glyma03g33880	3.21	23.19	9.03	16.31	3.35	3.46
Glyma03g04720	41.38	31.07	1.98	3.50	0.26	1.51	Glyma14g01110	43.88	5.37	13.69	65.39	65.79	47.12
Glyma20g21430	33.41	19.76	18.17	13.55	14.12	0.00	Glyma09g31820	13.76	16.11	46.06	27.39	14.46	14.77
Glyma13g05080	0.29	1.08	5.01	21.77	57.14	32.26	Glyma10g25560	10.04	23.05	19.65	22.96	48.79	10.77

续表

基因编号	0 h	1 h	3 h	6 h	12 h	24 h	基因编号	0 h	1 h	3 h	6 h	12 h	24 h
Glyma13g01870	77.86	69.24	262.74	181.99	126.69	172.86	Glyma13g17130	11.88	78.24	69.81	14.63	14.90	12.74
Glyma08g15490	29.22	21.62	49.89	13.37	40.86	96.06	Glyma15g19670	31.15	30.43	75.38	85.26	108.70	33.40
Glyma08g45510	235.18	80.36	291.39	340.65	161.66	110.90	Glyma01g04730	16.85	85.26	39.27	24.11	12.70	18.06
Glyma02g27100	64.94	20.07	16.41	32.55	15.97	10.42	Glyma03g02590	11.79	16.90	43.51	31.54	20.22	12.63
Glyma17g14840	108.35	30.92	5.38	30.54	41.51	32.02	Glyma20g07050	27.56	11.94	6.74	2.60	12.46	29.48
Glyma15g23830	4.02	3.48	21.61	142.34	100.46	45.70	Glyma1337s00200	50.71	64.63	60.77	116.33	51.94	54.22
Glyma13g28090	79.73	65.72	27.62	33.74	18.96	17.45	Glyma13g32140	8.73	30.67	17.31	6.39	11.40	9.34
Glyma10g28920	32.24	9.03	3.32	6.20	0.00	0.00	Glyma14g08120	6.14	27.58	17.28	4.66	5.84	6.55
Glyma12g07110	60.19	31.45	67.32	98.32	126.56	143.51	Glyma03g16510	29.32	46.32	40.18	68.06	33.42	31.31
Glyma09g05230	122.64	81.93	25.05	30.77	81.91	40.38	Glyma02g01150	13.32	178.08	19.15	10.36	8.65	14.20
Glyma09g33540	28.25	15.29	10.43	23.77	119.17	92.54	Glyma06g19890	32.07	151.05	50.29	27.95	28.14	34.19
Glyma01g24950	95.53	66.20	25.96	36.20	34.54	26.57	Glyma16g34840	27.70	15.79	47.46	78.46	109.22	29.52
Glyma02g43790	150.04	115.13	102.91	65.17	58.22	56.82	Glyma02g15020	63.84	19.19	40.45	56.70	64.10	67.98
Glyma08g08380	39.31	62.65	23.92	29.88	3.11	2.21	Glyma11g05190	2.82	132.92	12.47	5.83	5.44	3.01
Glyma09g08100	150.77	79.85	30.19	42.04	92.76	57.75	Glyma17g10050	157.92	118.29	368.89	473.02	473.24	167.91
Glyma09g31110	97.21	40.70	99.59	182.71	132.47	195.82	Glyma05g01390	201.95	69.45	124.95	143.23	78.27	214.52
Glyma04g41990	32.81	15.71	83.12	68.80	279.19	100.33	Glyma12g31070	3.79	28.24	17.57	6.94	3.87	4.03
Glyma08g17190	27.90	28.15	52.50	33.82	123.70	91.54	Glyma12g17960	17.41	45.72	26.41	15.82	18.02	18.49

续表

基因编号	0 h	1 h	3 h	6 h	12 h	24 h	基因编号	0 h	1 h	3 h	6 h	12 h	24 h
Glyma15g15610	14.14	23.47	83.09	143.12	67.29	67.03	Glyma04g33320	6.87	22.93	34.55	15.94	8.76	7.29
Glyma12g07040	179.14	95.61	105.21	74.94	76.18	77.24	Glyma02g13680	18.49	62.97	72.40	29.88	14.91	19.61
Glyma03g03090	3.51	6.73	57.30	28.93	59.36	40.28	Glyma04g05280	29.61	23.18	30.78	6.80	58.87	31.37
Glyma02g38240	12.11	1.75	11.25	84.53	61.98	62.26	Glyma07g15790	76.23	29.69	35.20	63.51	67.87	80.76
Glyma15g22780	8.23	19.79	48.40	116.65	31.38	53.24	Glyma07g37570	32.87	30.46	66.60	78.55	56.57	34.80
Glyma17g14930	39.19	31.90	50.03	102.31	86.14	109.30	Glyma02g02740	32.58	32.92	96.25	47.52	49.50	34.43
Glyma18g03330	41.50	32.50	45.42	130.60	3.49	111.70	Glyma13g21120	18.90	1.24	85.68	47.20	15.76	19.96
Glyma10g14110	70.22	49.40	34.38	80.45	94.17	155.32	Glyma14g28740	29.01	2.89	24.03	32.26	47.94	30.63
Glyma02g07140	96.96	35.90	27.35	4.37	291.64	192.26	Glyma01g26220	46.17	116.45	78.77	88.75	37.57	48.75
Glyma14g39910	0.90	1.21	1.53	25.61	40.29	33.93	Glyma15g21890	273.02	271.89	910.81	578.63	306.48	288.20
Glyma06g33380	21.36	19.06	113.01	113.75	46.66	79.06	Glyma14g39320	18.59	56.96	29.23	18.04	10.04	19.61
Glyma06g38540	71.98	91.79	140.60	104.32	138.24	157.00	Glyma08g36660	217.49	71.45	172.54	215.34	161.38	229.31
Glyma15g06770	3.42	5.46	1.26	61.02	22.87	39.12	Glyma07g37270	380.13	325.79	1 132.12	1 674.82	328.17	400.75
Glyma13g32500	0.00	1.19	6.62	22.43	6.53	28.51	Glyma13g43130	141.62	172.85	188.75	77.99	57.55	149.30
Glyma12g06910	71.72	373.31	459.06	426.58	125.90	155.73	Glyma02g04620	3.24	195.40	9.14	3.66	4.85	3.41
Glyma12g07030	181.09	135.20	121.31	70.16	75.98	80.79	Glyma06g11330	16.13	44.36	23.96	18.95	12.34	16.98
Glyma20g34810	1.59	4.23	18.69	232.06	59.72	32.43	Glyma06g01300	75.70	26.30	49.92	78.12	94.16	79.54
Glyma07g02180	147.67	139.02	104.95	116.08	53.34	59.01	Glyma06g38410	12.33	74.66	98.85	35.11	11.52	12.95

续表

基因编号	0 h	1 h	3 h	6 h	12 h	24 h	基因编号	0 h	1 h	3 h	6 h	12 h	24 h
Glyma11g20090	27.00	16.61	5.35	12.00	150.96	86.16	Glyma06g12010	2.15	27.89	32.80	13.80	2.90	2.26
Glyma08g12230	77.99	46.70	52.50	22.23	43.19	19.39	Glyma06g10660	10.61	59.86	29.35	12.09	10.84	11.13
Glyma20g35630	112.09	183.60	115.49	180.05	32.21	37.71	Glyma20g38100	74.23	20.56	81.29	32.99	74.77	77.83
Glyma08g25520	4.56	5.17	94.89	125.12	28.64	41.40	Glyma19g38830	5.13	49.25	11.99	6.76	6.42	5.37
Glyma15g43020	4.74	4.24	5.95	20.49	40.62	41.14	Glyma17g21240	10.77	50.21	12.76	9.81	9.90	11.28
Glyma08g18170	139.57	216.69	66.36	42.65	38.11	54.75	Glyma12g03670	37.16	33.65	61.36	76.14	34.27	38.89
Glyma06g13420	17.29	9.96	27.90	52.76	43.38	70.15	Glyma19g37620	29.61	3.73	17.79	27.84	20.93	30.93
Glyma15g04520	187.08	120.43	136.42	66.44	41.90	84.23	Glyma08g10890	45.15	86.50	460.91	154.48	70.18	47.14
Glyma08g44700	36.62	11.62	6.06	4.86	1.82	1.87	Glyma11g08020	41.05	196.81	71.84	42.72	40.04	42.81
Glyma04g13490	79.41	454.53	810.77	490.14	410.85	165.16	Glyma03g28760	38.15	189.31	64.17	40.83	19.21	39.79
Glyma13g23740	79.70	255.34	751.70	346.16	170.86	164.80	Glyma18g08220	226.46	233.18	479.00	564.46	212.11	236.02
Glyma05g03610	42.95	42.82	78.78	91.43	53.99	111.74	Glyma08g23560	38.99	29.15	81.75	98.44	40.03	40.63
Glyma09g02160	43.70	53.59	76.73	59.86	97.89	112.33	Glyma09g38410	45.78	90.89	93.48	54.68	53.91	47.69
Glyma04g19030	99.88	67.03	84.48	154.18	179.02	192.31	Glyma02g01250	17.29	108.28	28.34	23.55	28.17	18.00
Glyma03g39050	40.60	16.62	29.56	60.98	165.01	106.44	Glyma20g04980	10.94	27.00	68.16	17.74	18.37	11.38
Glyma17g14890	41.78	51.88	45.08	232.69	157.96	108.47	Glyma11g13380	13.84	51.04	22.74	19.90	13.96	14.39
Glyma17g23800	108.45	80.96	38.61	25.76	25.08	36.43	Glyma06g45980	50.41	20.29	15.38	25.62	34.22	52.37
Glyma19g33320	11.20	6.99	4.16	20.50	6.89	55.71	Glyma05g37250	28.12	23.20	59.23	40.60	78.19	29.20

续表

基因编号	0 h	1 h	3 h	6 h	12 h	24 h	基因编号	0 h	1 h	3 h	6 h	12 h	24 h
Glyma09g11770	70.53	71.88	69.43	43.70	13.41	16.56	Glyma05g08950	5.90	29.20	26.85	10.67	2.09	6.13
Glyma08g24490	67.98	71.82	25.72	45.24	26.24	15.88	Glyma01g45290	103.44	65.63	57.53	42.40	92.25	107.37
Glyma14g01130	56.05	150.29	931.42	564.97	74.09	128.63	Glyma18g00610	3.29	24.55	10.14	3.59	2.73	3.41
Glyma06g38500	27.02	28.76	0.00	12.27	0.00	0.00	Glyma12g05320	158.72	438.35	238.79	231.13	61.63	164.61
Glyma13g38190	27.10	25.30	1.86	3.92	1.21	0.00	Glyma09g40980	15.93	47.98	20.99	21.70	20.59	16.52
Glyma05g04470	0.00	21.33	91.55	103.55	26.36	26.57	Glyma20g24600	10.14	22.96	74.54	16.78	11.54	10.51
Glyma15g19000	26.97	77.41	39.88	28.94	28.92	29.60	Glyma19g31500	40.34	87.71	51.26	50.25	39.33	41.83
Glyma08g38760	66.25	30.31	110.92	96.07	43.00	143.23	Glyma18g01890	19.19	54.55	47.30	33.94	15.34	19.90
Glyma15g13880	79.18	76.03	35.06	47.47	20.93	21.11	Glyma01g43440	20.04	16.00	235.40	36.51	18.98	20.76
Glyma05g36100	79.72	88.63	491.58	135.03	73.16	20.86	Glyma16g07540	243.25	102.65	433.57	269.20	382.01	251.75
Glyma05g04440	76.67	95.63	88.42	242.35	193.62	159.15	Glyma18g15260	15.69	59.92	35.18	19.80	13.86	16.23
Glyma11g33590	21.63	3.29	24.96	61.67	14.33	75.05	Glyma08g03540	57.30	16.68	46.35	31.38	81.55	59.27
Glyma16g24610	75.38	75.64	41.82	47.20	32.35	19.19	Glyma13g18910	18.48	49.67	20.79	13.90	24.02	19.11
Glyma20g25630	78.51	3.18	82.50	75.47	135.65	160.12	Glyma08g11650	8.28	177.65	72.85	24.28	7.03	8.56
Glyma04g41430	33.49	30.97	53.75	59.78	46.84	92.83	Glyma08g10410	5.79	1.90	1.20	4.18	24.15	5.99
Glyma04g08410	3.47	3.49	22.32	10.68	53.46	36.46	Glyma19g00840	58.08	9.60	40.60	54.79	90.41	59.96
Glyma06g12270	73.29	70.26	38.51	28.70	7.01	18.33	Glyma13g35950	11.75	113.04	24.29	11.15	5.01	12.13
Glyma08g13440	117.97	74.08	48.85	51.27	38.52	43.83	Glyma04g03330	116.61	78.91	558.13	292.77	250.80	120.32

续表

基因编号	0 h	1 h	3 h	6 h	12 h	24 h	基因编号	0 h	1 h	3 h	6 h	12 h	24 h
Glyma09g33610	81.50	21.60	133.34	171.20	187.07	163.50	Glyma13g02890	19.71	20.72	12.47	58.07	23.58	20.32
Glyma17g07070	145.10	72.91	80.74	54.02	38.46	60.06	Glyma07g17170	87.36	39.94	25.53	198.65	89.73	90.07
Glyma13g27320	87.42	27.92	68.47	71.62	55.10	26.09	Glyma09g37780	46.04	52.33	13.38	68.70	40.33	47.47
Glyma13g07610	71.39	38.76	124.99	98.66	48.21	148.69	Glyma14g05350	8.49	35.54	14.59	19.29	2.55	8.75
Glyma03g35340	107.97	47.32	37.31	52.10	16.05	38.22	Glyma06g12920	56.88	8.72	44.35	34.79	26.93	58.61
Glyma03g35950	4.89	217.39	102.18	106.86	41.61	41.50	Glyma12g24250	40.78	5.23	8.38	19.83	39.44	42.02
Glyma04g04270	155.53	118.10	252.29	130.01	89.82	68.14	Glyma01g44280	5.06	39.85	7.90	5.71	4.80	5.21
Glyma14g02710	30.95	22.35	30.12	14.88	32.29	30.24	Glyma10g20830	60.76	5.81	38.77	47.43	32.98	62.45
Glyma01g07460	30.90	36.65	12.97	5.26	5.62	0.88	Glyma06g14100	24.21	235.39	82.97	45.77	26.71	24.89
Glyma07g14340	18.86	16.55	33.18	62.96	34.74	67.66	Glyma13g31010	43.15	56.44	13.81	13.16	44.20	44.32
Glyma08g16030	70.65	23.71	18.07	17.37	22.51	16.91	Glyma12g05230	40.42	6.98	20.75	59.39	43.43	41.51
Glyma03g28120	55.95	28.95	30.10	22.95	14.07	10.57	Glyma09g00770	9.05	8.08	6.01	8.82	34.22	9.29
Glyma05g25810	2.66	29.65	411.25	890.32	84.26	32.77	Glyma01g41450	31.71	106.65	110.43	67.19	33.95	32.55
Glyma08g38990	54.46	47.77	50.04	60.77	134.64	123.58	Glyma11g08050	115.76	67.55	56.25	96.54	87.14	118.77
Glyma08g27380	79.37	64.23	64.54	143.56	140.71	158.36	Glyma19g39690	81.37	37.57	45.29	64.93	112.31	83.48
Glyma03g04700	29.12	27.55	1.80	3.64	0.74	1.22	Glyma14g09850	44.85	92.00	54.43	43.18	39.87	46.00
Glyma13g32540	0.00	0.40	7.06	15.09	4.21	25.06	Glyma02g39870	95.62	276.89	181.84	79.36	93.81	98.03
Glyma08g44010	15.85	29.25	31.36	17.90	47.70	60.54	Glyma18g04770	5.22	57.03	7.22	8.99	3.72	5.34

续表

基因编号	0 h	1 h	3 h	6 h	12 h	24 h	基因编号	0 h	1 h	3 h	6 h	12 h	24 h
Glyma15g17530	87.21	67.90	51.53	121.18	113.20	168.84	Glyma06g45830	19.07	59.74	12.80	24.93	9.02	19.51
Glyma20g28720	33.53	16.03	47.62	112.34	154.15	90.36	Glyma20g38560	108.58	114.63	150.35	212.20	78.12	111.05
Glyma08g21300	38.30	34.66	141.91	145.17	97.83	98.35	Glyma01g37100	16.93	79.53	45.79	19.40	11.77	17.31
Glyma02g34670	32.25	27.77	143.51	87.68	58.60	88.70	Glyma08g40270	11.21	52.71	13.23	14.90	7.28	11.45
Glyma11g06510	51.14	39.19	174.41	94.55	50.61	118.18	Glyma19g41120	59.55	37.80	27.92	49.74	124.80	60.84
Glyma02g02860	94.27	51.17	30.30	68.30	16.92	31.77	Glyma14g08500	8.24	33.39	39.74	11.81	11.40	8.42
Glyma19g37210	9.53	57.47	55.28	70.73	60.71	48.61	Glyma05g25450	65.58	25.55	11.42	160.19	29.57	66.96
Glyma18g32230	50.12	31.46	8.81	9.40	4.90	8.95	Glyma08g44590	118.86	121.45	316.16	365.42	137.85	121.35
Glyma12g05120	129.19	100.89	77.31	73.01	47.55	53.65	Glyma03g15800	58.69	94.19	132.25	120.95	43.33	59.89
Glyma13g19310	128.99	112.40	73.29	38.35	49.73	53.17	Glyma03g41390	18.42	478.09	63.35	25.93	12.63	18.79
Glyma19g41630	6.78	3.06	3.42	15.79	29.58	40.87	Glyma10g42170	11.74	59.67	13.22	11.01	13.84	11.97
Glyma06g28650	101.33	212.92	144.10	83.73	23.17	35.61	Glyma17g11970	15.79	45.12	133.58	45.66	26.57	16.07
Glyma02g09840	73.23	5.68	9.50	27.07	15.44	20.26	Glyma19g26560	115.35	61.31	69.85	44.48	86.95	117.18
Glyma08g46610	95.59	94.25	104.96	56.99	10.44	32.58	Glyma07g09730	10.98	43.11	18.93	15.71	10.50	11.15
Glyma07g00550	24.87	0.00	2.56	0.00	0.00	0.00	Glyma07g36440	9.41	70.24	47.69	11.54	10.72	9.54
Glyma17g34240	24.13	2.39	0.27	0.26	2.50	0.00	Glyma16g28340	133.30	32.13	48.76	140.19	149.34	135.10
Glyma19g37120	44.58	30.61	16.79	10.25	6.41	6.33	Glyma18g40480	52.25	33.71	38.76	28.11	18.96	52.92
Glyma09g34880	44.50	38.82	62.13	65.24	84.00	106.35	Glyma18g41290	187.76	133.54	82.24	106.27	48.96	190.04

续表

基因编号	0 h	1 h	3 h	6 h	12 h	24 h	基因编号	0 h	1 h	3 h	6 h	12 h	24 h
Glyma18g04810	27.75	17.92	12.45	39.66	52.71	80.86	Glyma12g28970	47.65	12.72	12.67	16.64	25.88	48.21
Glyma06g38350	74.28	131.79	145.47	44.81	215.93	147.78	Glyma04g04760	25.70	46.82	77.18	38.27	17.21	25.99
Glyma15g40770	31.70	39.70	11.87	7.67	66.45	1.85	Glyma07g06010	122.61	58.66	111.96	132.97	71.92	124.02
Glyma07g10820	58.19	54.31	61.51	42.83	66.06	126.66	Glyma16g34320	10.89	12.16	18.75	35.70	17.91	11.01
Glyma10g05800	27.35	23.21	98.50	204.11	117.23	78.19	Glyma01g38980	13.30	41.46	21.94	15.62	12.94	13.43
Glyma19g39920	91.53	83.59	51.88	79.35	123.33	30.67	Glyma02g42090	39.12	78.48	92.21	37.56	35.23	39.52
Glyma11g13940	141.65	58.92	62.04	34.66	17.63	62.30	Glyma02g37570	49.41	17.92	48.74	54.59	67.14	49.87
Glyma14g10200	49.30	24.39	8.67	22.72	9.73	8.81	Glyma17g13750	21.61	80.32	48.62	22.51	29.14	21.81
Glyma16g30000	12.57	13.03	15.12	65.43	83.36	52.77	Glyma10g29280	24.05	67.22	55.76	43.80	39.00	24.26
Glyma07g16410	68.59	49.68	60.51	126.58	133.77	140.48	Glyma12g27340	23.20	55.87	42.90	24.80	31.64	23.40
Glyma04g33420	6.69	9.50	24.03	30.58	8.50	39.95	Glyma02g26890	14.66	68.95	46.87	20.13	17.91	14.79
Glyma10g14980	160.55	130.69	27.74	111.72	47.59	75.15	Glyma08g41120	56.97	199.02	49.22	47.04	57.21	57.38
Glyma16g27900	124.81	153.86	103.61	59.19	26.16	51.27	Glyma01g25270	165.56	144.79	71.21	85.39	133.40	166.73
Glyma16g02570	104.05	88.06	32.58	122.26	42.70	38.70	Glyma05g05420	13.73	19.15	24.08	63.51	19.99	13.81
Glyma07g09710	27.54	19.10	3.76	2.38	1.47	1.29	Glyma06g13760	36.80	118.46	125.18	38.14	32.58	37.00
Glyma09g30370	47.46	47.93	112.87	123.18	136.28	109.16	Glyma13g40100	1 557.70	934.13	1 398.40	1 267.01	629.30	1 565.82
Glyma02g01020	33.36	55.56	10.27	11.33	2.74	3.21	Glyma08g27070	300.64	136.60	72.58	661.98	141.21	302.19
Glyma06g45050	23.66	36.05	52.39	16.52	12.34	9.11	Glyma07g10950	57.04	22.00	44.40	31.88	64.75	57.29

续表

基因编号	0 h	1 h	3 h	6 h	12 h	24 h	基因编号	0 h	1 h	3 h	6 h	12 h	24 h
Glyma13g01970	30.26	25.92	1.23	0.16	1.37	1.42	Glyma10g37440	17.13	66.33	33.22	14.48	13.93	17.20
Glyma16g01980	31.96	58.82	125.51	72.87	12.19	85.74	Glyma03g40730	31.65	50.53	216.64	61.34	48.22	31.75
Glyma13g00630	24.90	17.35	23.50	51.28	56.48	73.99	Glyma15g10480	54.82	163.84	292.94	52.45	13.73	55.00
Glyma11g04080	30.75	14.34	23.34	69.57	191.49	83.17	Glyma04g29490	32.08	28.55	27.98	19.04	3.83	32.16
Glyma15g01890	31.16	18.18	36.89	83.50	131.85	83.65	Glyma13g41520	41.47	37.62	87.71	52.77	62.55	41.56
Glyma02g04380	86.81	107.81	14.17	65.69	54.45	28.78	Glyma16g29370	55.12	22.08	207.16	54.45	19.57	54.97
Glyma10g35700	40.71	48.79	107.82	147.33	80.56	99.11	Glyma14g27370	10.02	42.68	0.00	0.00	0.00	9.99
Glyma20g06290	36.05	31.11	45.99	67.24	104.74	91.28	Glyma02g08570	3.98	25.67	10.09	2.14	1.79	3.96
Glyma18g46120	45.75	40.60	20.06	68.93	89.33	104.65	Glyma02g20080	3.46	7.37	3.39	1.73	4.01	3.44
Glyma0041s00240	41.07	15.52	3.81	12.68	8.36	5.80	Glyma02g41620	7.41	47.33	14.51	6.75	0.00	7.37
Glyma13g20200	75.89	362.43	471.18	366.78	145.65	148.56	Glyma02g46730	2.55	40.16	11.79	4.24	1.77	2.53
Glyma04g40980	153.50	108.07	92.23	84.61	61.78	72.18	Glyma03g01800	0.54	1.15	2.11	12.31	2.06	0.54
Glyma11g12980	72.01	48.21	64.17	66.67	169.87	21.54	Glyma03g16320	39.26	0.00	38.44	35.38	0.00	39.05
Glyma01g30920	7.60	0.44	7.04	30.83	33.77	40.87	Glyma03g35930	21.75	365.60	68.40	43.46	13.66	21.64
Glyma13g01310	32.36	9.93	51.02	151.12	123.26	84.21	Glyma04g04790	23.79	1.32	0.24	19.50	21.15	23.66
Glyma19g31190	125.08	67.50	79.95	118.39	60.81	53.57	Glyma04g40700	37.20	396.69	256.97	76.26	50.87	37.00
Glyma02g17470	28.97	30.84	63.52	90.47	132.43	79.62	Glyma05g35170	1.54	19.68	1.21	1.13	3.14	1.53
Glyma04g00960	122.07	135.52	70.71	26.23	17.74	51.47	Glyma06g02730	8.26	8.80	32.36	30.09	62.52	8.22

续表

基因编号	0 h	1 h	3 h	6 h	12 h	24 h	基因编号	0 h	1 h	3 h	6 h	12 h	24 h
Glyma11g05680	69.98	65.05	33.32	34.80	14.33	20.31	Glyma06g05450	0.64	0.00	0.00	1.77	15.57	0.64
Glyma09g21820	8.91	11.31	25.84	64.62	107.87	45.01	Glyma06g05740	6.37	2.45	12.91	56.97	4.05	6.34
Glyma17g12480	5.39	40.14	69.10	45.86	32.61	35.90	Glyma06g06770	7.71	35.24	13.55	4.33	5.80	7.67
Glyma10g34780	37.86	16.37	5.65	2.46	2.33	4.78	Glyma08g02160	2.27	1.88	21.70	15.44	3.85	2.25
Glyma15g19840	88.37	873.57	133.45	51.64	28.70	30.59	Glyma08g29470	0.54	46.43	1.41	0.49	0.69	0.54
Glyma13g24180	73.79	28.28	33.44	24.31	17.19	21.81	Glyma09g17140	1.70	37.93	41.53	12.41	12.94	1.69
Glyma15g23200	63.04	33.07	35.23	48.21	178.42	128.11	Glyma09g30380	158.78	682.83	646.72	254.69	160.51	157.93
Glyma20g30730	121.14	74.68	52.79	43.69	31.45	51.37	Glyma11g04130	0.29	110.43	27.71	1.67	0.00	0.29
Glyma14g09690	39.57	100.05	43.59	58.65	68.86	68.88	Glyma12g02350	38.17	10.69	7.87	16.54	23.87	37.97
Glyma08g41960	154.97	97.82	55.60	88.67	63.52	73.95	Glyma12g36640	34.97	37.22	42.80	39.79	0.00	34.78
Glyma07g16840	39.76	12.88	11.45	6.33	2.50	5.49	Glyma13g18820	7.52	51.66	40.15	24.10	17.73	7.48
Glyma14g34200	33.63	117.62	108.19	96.41	139.86	86.01	Glyma13g24490	5.09	3.05	10.90	91.41	8.92	5.06
Glyma06g16810	34.30	14.24	7.97	12.24	3.70	3.47	Glyma13g30940	10.63	43.22	27.87	8.68	6.77	10.57
Glyma13g08940	60.16	32.85	12.80	14.84	7.00	15.35	Glyma13g32920	41.67	152.10	92.78	29.51	10.75	41.45
Glyma02g47750	116.59	135.54	82.18	97.08	49.15	49.05	Glyma13g33290	1.06	106.10	38.24	5.66	8.11	1.05
Glyma16g33270	147.21	108.77	74.75	124.88	30.43	69.12	Glyma14g01450	29.47	10.46	38.48	80.45	24.75	29.32
Glyma03g42260	12.04	37.13	93.99	42.80	0.66	50.04	Glyma14g35820	58.23	41.33	19.01	52.78	194.12	57.92
Glyma04g35710	5.16	7.64	9.88	42.70	43.30	35.80	Glyma15g25060	7.18	14.17	6.20	36.93	12.38	7.14

续表

基因编号	0 h	1 h	3 h	6 h	12 h	24 h	基因编号	0 h	1 h	3 h	6 h	12 h	24 h
Glyma13g21050	99.53	46.68	37.15	23.44	15.69	38.72	Glyma16g29660	3.01	203.52	5.90	1.53	0.85	3.00
Glyma17g06490	2.51	2.46	12.27	19.94	44.71	27.81	Glyma17g07910	3.21	22.64	16.18	4.76	1.95	3.20
Glyma15g36820	21.00	0.00	0.00	0.00	0.00	0.00	Glyma17g12610	1.06	2.26	3.12	11.67	16.92	1.06
Glyma10g17530	0.00	0.00	0.00	0.00	0.00	20.73	Glyma17g23740	39.42	127.58	47.35	28.87	39.18	39.21
Glyma17g26540	21.01	17.61	12.61	8.09	7.64	10.40	Glyma20g01930	4.32	1.20	7.74	32.55	5.04	4.30
Glyma15g41850	21.79	13.66	4.79	2.06	0.26	0.10	Glyma20g22290	101.28	508.24	269.15	105.10	90.75	100.74
Glyma11g13290	94.36	246.05	31.66	50.45	12.15	36.39	Glyma08g04650	14.49	0.00	5.67	15.88	0.00	14.41
Glyma12g05910	73.83	29.87	27.48	21.33	10.46	23.19	Glyma15g05850	1.13	3.94	17.34	16.58	7.80	1.12
Glyma07g04340	40.34	35.33	62.64	77.75	133.57	94.31	Glyma17g17120	2.25	8.39	26.47	4.64	7.17	2.24
Glyma18g10200	59.67	32.40	73.82	200.56	187.27	121.51	Glyma11g14250	396.63	168.98	346.70	416.79	589.18	393.26
Glyma09g15550	9.04	7.92	4.48	17.60	20.71	42.92	Glyma10g32410	48.36	27.74	12.11	74.63	38.22	47.92
Glyma07g08820	63.17	121.04	148.44	149.25	174.59	125.67	Glyma19g44430	18.66	55.19	21.44	13.30	15.89	18.46
Glyma12g08990	22.78	21.15	21.18	41.05	61.33	66.83	Glyma07g34920	35.73	6.34	16.93	27.96	35.74	35.35
Glyma07g32360	87.78	38.64	32.64	27.79	17.93	32.05	Glyma02g08260	35.50	78.51	108.80	47.29	38.80	35.09
Glyma06g20730	60.59	49.32	183.61	164.34	73.00	122.44	Glyma04g05290	107.76	49.72	211.28	144.24	322.48	106.41
Glyma09g39730	48.49	39.53	35.35	29.90	90.69	104.67	Glyma01g00950	287.08	56.22	280.54	226.18	377.77	283.32
Glyma08g44760	24.03	13.85	4.52	4.19	0.77	0.85	Glyma17g10250	244.30	90.88	124.79	180.64	369.60	240.93
Glyma19g35270	27.33	6.59	0.75	2.20	0.39	1.99	Glyma17g37400	862.08	534.43	362.25	714.19	1 247.13	850.05

续表

基因编号	0 h	1 h	3 h	6 h	12 h	24 h	基因编号	0 h	1 h	3 h	6 h	12 h	24 h
Glyma02g11610	27.27	17.39	21.54	6.33	1.12	1.88	Glyma08g22600	48.12	106.56	255.85	79.45	85.38	47.44
Glyma03g34480	68.73	41.38	70.47	23.63	12.38	21.75	Glyma16g02350	30.18	3.57	16.69	54.99	39.52	29.74
Glyma15g23940	0.00	0.00	19.51	18.05	0.00	19.82	Glyma11g15700	81.33	449.35	59.78	63.31	52.73	80.08
Glyma18g50950	20.12	7.87	14.65	16.37	20.38	21.21	Glyma06g05810	122.33	42.64	94.13	94.75	120.13	120.45
Glyma03g33340	20.72	8.29	6.48	4.55	0.00	0.23	Glyma02g03310	46.40	97.06	52.82	19.89	25.65	45.68
Glyma06g08990	25.73	11.37	8.32	50.88	51.97	70.51	Glyma03g34110	31.92	25.00	81.93	46.02	52.26	31.42
Glyma05g06130	3.83	2.63	10.65	22.40	43.32	31.84	Glyma13g43870	15.41	31.56	69.71	15.87	16.20	15.16
Glyma07g05410	18.19	29.45	70.28	40.34	5.68	58.72	Glyma11g01100	43.21	7.16	12.93	33.84	34.87	42.51
Glyma02g33780	60.70	65.67	59.68	38.78	16.10	17.25	Glyma02g11060	40.08	89.04	219.20	98.03	55.13	39.42
Glyma06g15550	45.39	5.67	30.79	17.41	12.60	9.33	Glyma01g21900	13.10	37.68	66.22	15.72	20.54	12.89
Glyma18g52110	66.12	28.90	7.44	9.90	23.56	20.77	Glyma15g13550	600.87	397.77	214.94	541.47	505.09	590.39
Glyma20g23160	97.05	20.66	19.01	52.78	0.00	38.61	Glyma05g26340	49.29	82.54	40.57	35.63	7.20	48.40
Glyma18g00480	132.42	90.10	129.65	63.00	95.37	62.12	Glyma13g42340	24.66	31.51	52.07	45.51	79.02	24.20
Glyma09g34250	23.76	11.00	53.67	53.02	54.84	67.13	Glyma03g28640	70.34	12.95	29.00	53.23	20.21	68.91
Glyma01g45260	29.21	21.47	21.11	6.36	0.89	2.77	Glyma08g03680	107.02	316.73	293.85	70.51	90.76	104.85
Glyma02g08460	14.56	38.75	0.00	19.90	9.19	50.69	Glyma13g09690	5.59	50.33	7.96	2.64	2.18	5.48
Glyma07g31630	22.60	17.67	21.44	42.58	70.12	64.87	Glyma06g04490	46.74	62.41	136.53	74.65	53.46	45.71
Glyma08g08770	2.55	13.96	351.75	1 024.94	150.66	25.58	Glyma02g37020	182.88	479.50	547.69	232.16	154.96	178.72

续表

基因编号	0 h	1 h	3 h	6 h	12 h	24 h	基因编号	0 h	1 h	3 h	6 h	12 h	24 h
Glyma12g30730	26.29	14.42	7.80	1.82	2.54	1.98	Glyma14g02070	31.71	67.07	28.72	24.98	23.85	30.97
Glyma19g44790	11.88	6.74	3.67	9.93	42.96	45.22	Glyma09g07100	36.90	26.72	222.44	170.04	146.39	36.01
Glyma06g10710	45.10	111.68	27.46	11.13	14.00	9.17	Glyma11g12650	119.95	87.27	37.16	51.33	126.44	117.02
Glyma11g19650	4.59	40.42	30.63	14.74	15.87	30.26	Glyma15g09820	13.36	137.80	117.11	14.62	19.91	13.02
Glyma16g07600	31.99	41.23	39.28	68.37	82.63	69.66	Glyma11g09620	37.44	175.85	78.80	58.19	39.17	36.50
Glyma01g38610	73.46	30.24	12.98	64.26	17.41	24.76	Glyma12g12740	54.67	77.36	133.66	66.03	66.96	53.28
Glyma01g38750	20.18	6.81	32.10	41.73	44.50	60.78	Glyma15g12330	72.35	45.65	29.94	51.19	53.68	70.48
Glyma14g09220	1.73	0.46	1.27	0.79	0.00	0.00	Glyma13g31840	54.29	41.92	20.66	11.84	25.80	52.88
Glyma08g46520	84.67	65.40	31.32	35.21	17.31	32.07	Glyma10g42520	107.92	107.23	235.56	134.15	93.36	105.12
Glyma18g02170	48.07	21.78	173.58	111.07	58.22	101.54	Glyma08g18190	13.03	357.02	50.44	33.97	15.01	12.69
Glyma05g32850	65.74	42.58	65.46	15.76	15.81	20.82	Glyma20g31030	22.56	56.60	13.90	17.33	6.84	21.97
Glyma17g03910	51.67	304.89	73.73	28.28	6.29	13.43	Glyma02g46610	49.37	155.15	39.99	27.57	37.15	48.06
Glyma16g01060	28.14	71.63	99.43	42.89	65.96	71.80	Glyma06g08250	10.04	39.50	14.11	8.59	11.96	9.77
Glyma08g19200	59.26	32.34	7.43	8.18	5.19	17.37	Glyma07g03910	6.39	8.77	17.88	33.68	35.13	6.22
Glyma02g38250	17.49	4.14	18.71	77.94	59.41	55.08	Glyma17g02410	39.55	126.07	29.21	22.45	25.34	38.46
Glyma09g00670	18.06	15.01	31.24	108.11	34.36	55.36	Glyma13g05120	108.35	77.85	98.55	110.97	223.22	105.31
Glyma09g36110	26.78	20.86	16.11	29.30	59.67	69.34	Glyma06g06340	11.50	50.66	9.95	11.26	11.24	11.17
Glyma10g32010	43.60	24.74	13.98	34.23	10.06	9.91	Glyma14g39190	29.57	19.77	27.61	28.64	80.17	28.73

续表

基因编号	0 h	1 h	3 h	6 h	12 h	24 h	基因编号	0 h	1 h	3 h	6 h	12 h	24 h
Glyma17g31050	43.41	14.44	15.94	17.37	20.70	9.45	Glyma05g33080	5.47	29.27	16.21	4.76	5.23	5.31
Glyma11g31310	41.59	363.86	15.04	5.54	6.63	8.54	Glyma01g36600	17.64	12.44	53.17	24.12	26.86	17.09
Glyma03g03480	1.20	5.09	12.05	15.95	15.46	21.24	Glyma05g20710	78.34	196.93	136.32	82.51	43.70	75.89
Glyma09g30440	0.62	0.66	1.21	0.57	0.79	1.23	Glyma01g22160	55.31	116.18	51.98	63.89	24.12	53.54
Glyma15g06160	108.83	71.50	62.61	35.96	31.86	48.21	Glyma15g34720	27.75	97.14	38.02	35.04	40.89	26.78
Glyma08g37680	82.01	41.55	15.88	35.92	19.21	30.67	Glyma18g47270	62.58	44.08	57.78	63.60	19.10	60.36
Glyma09g37020	45.38	69.50	134.60	150.25	84.20	95.85	Glyma08g23590	58.67	53.13	229.46	108.66	81.09	56.57
Glyma04g14360	99.76	81.75	45.15	27.20	5.16	42.99	Glyma10g30560	296.75	173.94	190.03	130.92	278.37	285.83
Glyma06g45240	28.19	14.11	66.84	94.57	123.07	70.67	Glyma09g26940	159.78	239.39	270.74	32.68	17.40	153.88
Glyma05g04390	90.97	70.02	35.10	18.17	26.80	37.14	Glyma12g04000	65.56	13.81	21.97	16.68	37.52	63.12
Glyma15g06270	18.18	3.22	14.83	2.77	3.84	0.00	Glyma09g02760	178.85	130.68	78.93	144.32	135.79	172.06
Glyma19g03270	47.34	12.60	34.77	10.76	14.88	11.77	Glyma06g11970	110.87	218.99	155.59	164.83	70.21	106.63
Glyma04g00450	88.96	53.08	24.53	23.78	15.81	35.63	Glyma20g36120	12.07	52.12	12.40	8.46	8.21	11.60
Glyma09g24940	5.96	4.39	4.79	16.08	54.31	33.73	Glyma02g14190	248.81	478.14	817.82	473.04	166.80	239.15
Glyma10g05040	34.61	20.47	6.59	33.41	13.46	5.74	Glyma03g31210	44.14	11.98	29.38	40.86	63.10	42.41
Glyma19g45230	8.26	5.94	10.32	31.20	35.54	37.81	Glyma13g33300	5.16	6.05	46.99	14.15	4.76	4.95
Glyma20g30720	9.78	11.38	50.78	44.34	44.63	39.37	Glyma14g40580	9.95	38.97	18.06	10.69	7.72	9.55
Glyma10g38160	24.13	1.90	5.25	17.99	2.28	1.78	Glyma12g07770	42.79	230.70	25.71	27.34	30.98	41.04

续表

基因编号	0 h	1 h	3 h	6 h	12 h	24 h	基因编号	0 h	1 h	3 h	6 h	12 h	24 h
Glyma06g02120	29.70	53.52	341.66	33.82	8.19	72.63	Glyma06g19960	64.64	23.64	42.25	71.79	42.90	61.98
Glyma04g34890	66.84	475.93	125.96	57.70	23.29	23.21	Glyma09g41050	70.18	78.31	77.14	29.24	68.49	67.29
Glyma02g00840	0.61	0.00	3.91	28.36	87.01	20.95	Glyma17g12710	29.37	187.61	269.83	96.76	62.58	28.16
Glyma12g32720	1.54	1.23	18.88	30.34	41.75	20.33	Glyma18g52870	33.15	81.41	15.72	22.12	18.26	31.77
Glyma10g26820	49.62	20.67	25.88	10.86	6.87	13.95	Glyma17g29800	23.71	16.74	97.45	104.88	124.42	22.71
Glyma11g21020	49.55	30.80	23.73	28.14	11.06	13.31	Glyma17g15710	6.11	3.15	5.76	30.83	12.39	5.85
Glyma20g30910	81.74	21.86	23.03	62.59	34.04	31.93	Glyma08g06900	3.50	38.26	10.16	4.16	3.14	3.36
Glyma13g32290	17.27	5.50	24.23	26.89	42.42	53.48	Glyma02g38710	37.11	81.21	39.20	29.82	32.73	35.50
Glyma01g00320	28.49	58.91	27.53	57.82	35.42	70.89	Glyma15g07010	19.30	89.52	54.61	13.08	7.03	18.45
Glyma18g46470	39.05	41.22	47.06	36.66	85.48	85.33	Glyma15g12690	5.37	30.92	9.87	3.14	3.30	5.13
Glyma10g43580	11.67	6.77	9.35	19.40	17.56	42.19	Glyma05g00970	25.05	110.27	60.29	30.33	4.82	23.88
Glyma07g32670	10.23	0.00	20.03	0.00	12.88	40.69	Glyma11g11350	17.12	88.15	57.42	10.67	34.30	16.31
Glyma15g01940	19.22	13.80	43.32	62.98	44.40	55.57	Glyma04g38020	29.36	66.04	56.29	34.06	9.48	27.97
Glyma01g04050	3.31	3.77	3.93	14.48	3.91	25.60	Glyma14g35720	5.09	75.41	4.57	3.69	1.69	4.84
Glyma13g29620	0.00	0.00	0.00	0.00	20.55	16.63	Glyma08g02960	22.31	20.16	33.71	63.27	25.42	21.19
Glyma03g38580	16.93	4.51	4.14	34.77	10.72	0.00	Glyma11g06940	10.79	22.97	58.59	13.46	10.00	10.25
Glyma20g21810	29.58	12.72	19.60	43.47	36.54	71.62	Glyma04g00500	78.33	47.85	30.94	70.46	85.04	74.37
Glyma03g29750	15.62	7.10	13.37	35.27	81.97	48.83	Glyma11g08190	88.61	162.42	496.89	180.63	94.19	84.13

续表

基因编号	0 h	1 h	3 h	6 h	12 h	24 h	基因编号	0 h	1 h	3 h	6 h	12 h	24 h
Glyma18g47710	31.61	11.04	66.24	107.10	89.94	74.17	Glyma18g03510	22.72	167.86	41.08	19.55	15.44	21.55
Glyma17g13770	105.85	78.87	64.14	37.62	31.74	49.05	Glyma08g09940	55.23	91.79	21.47	19.17	19.12	52.31
Glyma19g44350	18.69	10.39	93.59	75.53	58.38	53.95	Glyma18g18590	10.27	24.93	41.38	14.14	17.41	9.71
Glyma08g09250	64.53	93.64	55.42	40.25	11.48	21.87	Glyma02g04420	52.29	11.21	88.44	81.42	65.32	49.31
Glyma03g28870	13.51	7.84	32.46	10.30	77.19	45.60	Glyma07g35430	41.00	12.63	29.58	39.25	28.52	38.63
Glyma18g01410	4.39	6.24	11.47	5.36	3.72	27.67	Glyma05g21220	33.03	88.76	41.14	56.57	62.51	31.06
Glyma18g43890	50.07	71.07	32.68	106.01	20.90	99.61	Glyma16g27350	63.28	107.99	192.18	68.50	59.59	59.48
Glyma08g19230	1.68	33.75	21.43	15.41	13.23	22.60	Glyma06g09160	44.99	13.62	16.98	29.46	23.14	42.29
Glyma18g38670	23.38	9.95	3.13	12.39	0.63	1.96	Glyma19g40340	7.51	33.67	15.46	5.25	4.93	7.06
Glyma08g18690	23.24	11.09	8.90	11.74	2.65	1.91	Glyma17g08570	40.83	25.63	24.60	10.73	29.88	38.32
Glyma01g32450	100.78	105.63	59.18	31.04	36.09	45.56	Glyma10g36950	36.71	10.27	16.31	19.05	34.97	34.45
Glyma13g27530	108.15	130.65	287.14	94.15	98.04	50.77	Glyma15g05510	60.11	54.14	91.67	137.43	85.29	56.34
Glyma03g04710	20.07	15.59	1.60	2.82	0.25	1.33	Glyma20g01700	25.57	56.03	76.57	79.75	30.60	23.93
Glyma07g05470	20.37	1.95	1.00	1.49	0.00	1.01	Glyma18g07520	112.56	72.89	59.93	35.12	259.62	105.25
Glyma03g42110	20.41	2.07	1.43	0.44	0.00	0.97	Glyma14g40170	29.81	85.43	254.10	62.08	27.89	27.84
Glyma06g16440	52.30	136.13	106.26	28.00	15.50	15.21	Glyma03g38420	10.99	163.07	74.01	5.34	4.28	10.25
Glyma15g13680	112.53	87.87	38.07	51.75	64.10	53.72	Glyma17g37020	184.06	94.56	453.07	317.40	910.02	171.68
Glyma07g02320	5.26	7.16	17.46	8.83	4.84	29.66	Glyma20g37900	82.41	23.06	26.24	69.82	97.78	76.76

续表

基因编号	0 h	1 h	3 h	6 h	12 h	24 h	基因编号	0 h	1 h	3 h	6 h	12 h	24 h
Glyma05g30480	30.95	21.44	5.11	13.65	5.70	5.20	Glyma13g37350	41.39	149.94	173.64	77.67	77.84	38.54
Glyma11g12200	109.11	90.70	63.66	45.72	46.30	51.08	Glyma01g38870	132.33	43.21	61.05	54.27	98.43	123.15
Glyma03g26740	24.98	21.00	32.53	78.41	54.42	62.61	Glyma16g04700	24.46	40.40	102.15	41.58	25.20	22.72
Glyma15g01100	65.35	197.12	41.40	44.55	22.02	22.93	Glyma10g29190	260.38	82.40	260.60	159.87	175.73	241.87
Glyma02g13960	10.42	11.10	51.03	26.22	12.16	38.88	Glyma02g04210	14.42	49.03	32.56	10.34	14.81	13.38
Glyma18g51280	9.68	8.02	29.49	32.47	35.59	37.45	Glyma19g43420	25.58	29.99	163.62	58.52	31.76	23.72
Glyma08g22510	105.62	97.29	56.04	69.46	60.43	49.70	Glyma10g01640	352.75	2 614.85	1 403.42	615.54	262.20	326.98
Glyma18g52310	106.08	94.39	66.94	45.88	53.84	49.87	Glyma08g25390	70.15	46.41	51.24	30.41	55.02	64.99
Glyma04g08270	8.35	7.68	34.18	67.72	54.14	35.48	Glyma17g37510	19.33	104.29	43.23	23.40	18.57	17.89
Glyma02g12520	50.65	48.96	30.30	122.61	145.21	99.15	Glyma18g05160	109.50	721.90	543.52	127.97	147.74	101.37
Glyma08g10010	71.10	42.63	20.41	18.20	34.55	26.96	Glyma05g17460	24.11	85.69	23.41	11.05	13.80	22.31
Glyma05g22260	74.87	54.07	40.30	61.70	39.60	28.74	Glyma02g12050	12.56	6.80	28.68	65.92	43.79	11.61
Glyma08g13790	23.91	17.78	80.09	56.94	33.03	60.45	Glyma11g08770	36.42	85.90	26.89	33.44	26.85	33.67
Glyma11g25650	17.07	11.32	9.86	51.74	62.41	51.49	Glyma01g24790	301.99	137.77	295.69	332.16	134.63	278.93
Glyma11g07490	17.79	10.00	13.12	44.10	22.16	50.91	Glyma02g41300	11.74	90.59	31.19	13.05	9.08	10.84
Glyma17g23860	66.07	92.66	52.53	85.81	39.37	24.64	Glyma05g01780	5.97	257.95	66.84	37.87	6.52	5.52
Glyma16g05890	0.00	10.22	18.81	1.46	4.07	15.92	Glyma08g14370	2.78	33.85	7.96	2.00	1.69	2.56
Glyma12g30050	0.16	0.00	5.20	4.29	24.66	16.14	Glyma12g04440	141.84	79.25	62.15	106.82	150.64	130.96

续表

基因编号	0 h	1 h	3 h	6 h	12 h	24 h	基因编号	0 h	1 h	3 h	6 h	12 h	24 h
Glyma18g47880	15.87	13.34	11.24	14.14	9.58	12.05	Glyma15g08370	10.08	46.16	10.12	8.31	4.82	9.28
Glyma09g16060	16.50	14.91	7.92	5.70	7.54	10.84	Glyma05g33470	9.23	89.81	23.23	10.48	12.36	8.49
Glyma09g00740	16.58	1.70	0.20	1.83	0.64	0.20	Glyma06g17910	97.94	68.46	280.90	116.92	184.62	89.86
Glyma01g26980	72.57	24.42	19.76	28.70	24.60	28.10	Glyma12g34550	110.55	60.27	34.36	40.79	84.24	101.39
Glyma11g38220	22.45	20.57	17.81	31.48	40.92	58.52	Glyma18g43210	2.06	38.12	7.60	6.24	4.85	1.89
Glyma03g13780	77.98	41.95	34.24	32.12	25.45	32.34	Glyma17g17330	58.18	240.84	60.35	41.69	46.32	53.31
Glyma07g33090	17.04	7.52	21.77	65.23	26.21	49.19	Glyma03g37360	52.13	19.45	79.90	24.75	54.94	47.73
Glyma13g27800	31.03	20.37	22.39	32.46	60.36	70.79	Glyma08g42850	30.66	102.60	77.90	40.52	28.81	28.05
Glyma17g16650	0.94	4.02	4.62	6.91	6.01	18.79	Glyma09g20290	81.15	61.88	31.20	61.04	63.16	74.26
Glyma11g06090	31.13	3.37	3.62	0.97	3.36	5.77	Glyma09g24170	27.82	240.44	80.40	19.15	14.18	25.46
Glyma17g10480	33.75	10.80	1.71	2.46	4.34	6.99	Glyma16g03940	19.23	13.54	30.24	54.75	42.63	17.59
Glyma02g03020	35.98	38.43	58.45	46.96	12.30	77.64	Glyma17g35500	8.00	89.25	39.57	12.66	8.54	7.31
Glyma04g11120	45.45	11.80	25.27	96.43	73.65	90.00	Glyma15g12240	27.25	135.16	33.72	20.15	17.08	24.90
Glyma09g04360	24.66	15.99	0.56	6.23	5.06	2.54	Glyma11g13190	120.63	40.46	82.38	143.81	91.32	110.21
Glyma17g04920	19.37	20.96	59.89	85.09	119.05	53.30	Glyma13g43730	9.04	36.27	97.34	10.31	11.14	8.25
Glyma07g10070	48.26	50.85	80.45	105.33	90.19	93.79	Glyma02g01750	57.83	62.73	64.92	111.19	61.20	52.81
Glyma01g35660	39.59	250.26	74.62	54.32	97.23	81.39	Glyma14g09760	13.38	136.79	34.39	13.78	12.79	12.20
Glyma07g31690	84.47	213.09	368.69	82.23	61.64	37.17	Glyma10g01140	118.67	52.72	22.11	93.65	66.48	108.12

续表

基因编号	0 h	1 h	3 h	6 h	12 h	24 h	基因编号	0 h	1 h	3 h	6 h	12 h	24 h
Glyma04g42090	46.36	35.12	112.44	61.77	47.46	90.74	Glyma04g43000	41.66	26.63	57.37	144.66	70.70	37.94
Glyma11g15650	32.76	23.70	54.58	66.16	61.80	73.08	Glyma18g53900	103.14	42.05	54.99	109.25	102.31	93.88
Glyma06g48110	15.64	8.32	7.66	0.00	0.00	0.00	Glyma20g26600	105.02	343.48	146.81	70.76	56.95	95.58
Glyma17g13590	15.64	0.00	0.00	0.00	9.87	0.00	Glyma01g42670	304.37	94.00	126.75	172.87	94.12	276.90
Glyma09g21160	0.00	0.00	0.00	20.25	18.71	14.74	Glyma03g38520	59.62	44.67	40.71	66.95	126.45	54.23
Glyma17g35530	38.91	32.49	19.42	32.82	17.50	9.49	Glyma12g08060	10.26	46.18	26.40	8.59	2.61	9.33
Glyma02g42990	45.57	4.83	77.26	65.16	56.34	89.31	Glyma08g47620	16.00	12.73	32.54	50.70	26.00	14.52
Glyma06g08910	28.08	24.79	22.81	23.97	65.85	64.74	Glyma11g21580	4.63	3.68	14.38	30.48	13.08	4.20
Glyma08g46620	56.53	49.52	21.91	21.74	9.50	18.94	Glyma16g22650	76.51	44.42	32.01	56.02	93.73	69.36
Glyma14g39640	2.36	0.00	0.00	8.63	6.00	21.13	Glyma16g05350	4.21	0.80	3.39	3.51	49.18	3.82
Glyma01g22670	2.52	2.67	11.97	23.53	29.95	20.58	Glyma02g09000	14.53	58.63	15.18	10.82	11.06	13.16
Glyma15g18210	2.55	0.80	23.16	11.65	20.79	20.55	Glyma02g37310	16.93	72.54	13.13	11.27	10.36	15.31
Glyma12g02040	31.78	25.49	35.97	126.92	88.34	70.21	Glyma04g05800	172.95	79.16	104.02	98.38	115.30	156.40
Glyma08g02110	28.51	19.42	6.33	8.00	2.91	4.92	Glyma13g11590	31.77	13.31	7.99	3.34	7.52	28.66
Glyma16g26020	28.45	19.22	4.35	10.02	5.36	4.54	Glyma13g01690	20.79	27.73	52.37	53.27	46.44	18.75
Glyma16g06630	28.34	23.87	9.89	10.74	5.64	4.41	Glyma06g12610	24.55	23.92	69.38	82.35	38.22	22.12
Glyma17g37760	34.74	36.48	12.24	12.29	12.39	7.83	Glyma11g01350	502.24	541.55	306.25	836.38	198.90	452.34
Glyma08g47560	35.08	32.74	16.32	6.44	3.41	7.73	Glyma14g09970	3.76	24.70	89.64	20.27	11.12	3.39

续表

基因编号	0 h	1 h	3 h	6 h	12 h	24 h	基因编号	0 h	1 h	3 h	6 h	12 h	24 h
Glyma04g14800	6.09	4.46	7.40	9.28	16.36	29.13	Glyma05g13900	132.33	1 205.75	510.51	201.85	162.12	118.97
Glyma17g09200	7.67	0.58	6.97	49.10	43.93	31.05	Glyma15g15370	8.81	7.05	21.07	128.39	14.93	7.92
Glyma13g35740	39.54	53.71	45.98	38.59	55.62	80.62	Glyma08g16780	4.17	5.30	29.50	11.45	11.32	3.75
Glyma01g07770	13.61	13.15	14.15	30.09	26.42	41.86	Glyma13g20340	62.98	25.43	67.19	66.77	45.92	56.60
Glyma08g19290	44.18	28.65	13.25	26.35	8.07	12.74	Glyma14g09320	134.20	253.51	397.25	130.52	89.02	120.59
Glyma09g08290	57.28	1 380.61	168.50	35.46	17.65	20.39	Glyma03g31060	6.04	33.78	4.00	3.92	5.71	5.42
Glyma03g34470	23.81	6.02	3.19	0.63	2.18	2.56	Glyma11g14580	13.05	65.00	25.01	16.06	6.80	11.73
Glyma01g26750	40.18	29.27	12.12	65.72	10.71	11.09	Glyma16g32230	155.22	109.23	205.52	32.31	32.42	139.25
Glyma18g49660	25.36	38.50	57.29	71.27	58.59	61.06	Glyma16g04240	270.37	283.81	464.17	553.86	114.37	242.51
Glyma04g39370	26.06	24.76	62.82	48.81	19.64	61.04	Glyma13g32320	19.15	69.91	46.48	11.23	12.37	17.17
Glyma06g41610	75.42	17.04	13.24	45.25	99.26	32.20	Glyma03g29910	75.26	56.42	26.99	48.48	52.60	67.48
Glyma03g28570	89.19	10.30	18.38	29.22	48.08	40.61	Glyma08g45320	27.17	14.35	9.14	6.45	69.50	24.34
Glyma13g41710	66.10	26.53	31.51	19.00	12.35	26.16	Glyma13g21960	43.22	114.89	64.69	49.08	76.98	38.71
Glyma06g03080	92.99	77.89	42.96	43.63	54.80	44.22	Glyma09g24890	49.90	276.91	104.94	60.56	54.19	44.67
Glyma19g28770	44.67	37.36	161.70	57.01	20.79	13.78	Glyma10g04640	2.52	19.30	4.52	3.46	3.42	2.25
Glyma06g44350	50.27	33.27	27.82	17.99	10.77	16.91	Glyma08g43330	67.70	25.62	74.57	168.83	214.00	60.50
Glyma04g05990	35.06	26.53	31.02	44.07	88.25	73.96	Glyma10g35870	170.92	139.50	87.64	177.42	47.50	152.71
Glyma07g30810	41.92	13.58	37.33	43.24	41.81	83.86	Glyma13g22640	17.34	71.29	18.24	13.69	14.53	15.49

续表

基因编号	0 h	1 h	3 h	6 h	12 h	24 h	基因编号	0 h	1 h	3 h	6 h	12 h	24 h
Glyma14g30940	27.79	21.23	57.68	88.40	37.58	4.67	Glyma20g25950	45.71	126.69	42.78	33.18	41.25	40.79
Glyma12g32710	12.95	3.52	43.44	75.15	101.46	41.11	Glyma07g02520	22.89	63.58	20.11	22.59	17.78	20.42
Glyma10g05210	2.07	42.26	23.08	32.93	21.07	19.75	Glyma01g02180	299.56	82.69	368.10	271.77	311.60	267.23
Glyma12g05780	2.36	3.54	19.69	24.31	13.09	19.27	Glyma20g01550	12.67	44.75	22.15	17.21	13.46	11.30
Glyma12g00260	20.01	6.57	8.37	15.41	7.46	8.98	Glyma02g43040	100.03	60.51	44.72	24.44	109.13	89.21
Glyma08g09130	14.62	5.19	0.00	22.23	6.17	0.00	Glyma20g24710	3.33	2.82	29.71	12.20	8.20	2.97
Glyma19g05150	14.48	0.00	0.00	3.30	4.59	0.00	Glyma06g14010	40.94	11.10	22.69	43.83	121.53	36.50
Glyma05g04380	58.81	16.81	6.96	15.53	27.15	22.38	Glyma07g37000	65.31	32.50	24.91	62.85	71.26	58.21
Glyma07g25710	41.00	9.88	64.65	10.17	14.16	11.80	Glyma18g11070	31.78	65.47	54.16	48.73	15.77	28.33
Glyma17g11630	40.99	27.86	19.82	9.49	11.32	11.79	Glyma01g24820	18.92	0.97	7.56	12.61	29.13	16.86
Glyma10g12850	40.74	12.39	5.70	15.96	39.44	11.58	Glyma09g34040	5.20	29.09	15.39	6.85	4.15	4.64
Glyma11g06700	45.80	21.16	7.90	34.80	7.34	14.90	Glyma01g38390	9.30	13.09	54.00	7.60	13.97	8.26
Glyma18g49240	45.79	31.57	13.85	34.87	17.87	14.69	Glyma05g27540	6.71	30.85	6.10	7.46	4.58	5.96
Glyma05g00530	45.55	18.61	2.63	49.69	5.57	14.38	Glyma01g38430	47.27	11.04	10.16	52.14	58.51	41.95
Glyma18g51680	20.30	10.47	33.23	50.80	53.34	52.37	Glyma08g14230	59.89	139.17	54.62	41.97	44.48	53.11
Glyma07g04470	20.55	34.47	44.52	48.55	73.02	52.19	Glyma11g09690	41.53	132.20	203.33	52.68	10.48	36.81
Glyma18g47850	20.69	15.73	11.58	39.47	18.06	51.73	Glyma05g29310	148.59	52.58	130.86	106.28	156.09	131.55
Glyma12g10960	38.47	15.95	18.62	18.02	17.67	10.46	Glyma08g11580	37.47	11.15	24.55	30.01	34.41	33.16

续表

基因编号	0 h	1 h	3 h	6 h	12 h	24 h	基因编号	0 h	1 h	3 h	6 h	12 h	24 h
Glyma20g25080	0.76	35.39	28.06	12.94	13.64	17.11	Glyma06g19820	82.70	97.02	231.68	202.93	119.87	73.17
Glyma16g26090	0.78	0.14	2.42	12.63	19.24	16.31	Glyma15g07710	211.56	225.72	979.38	553.72	186.06	187.16
Glyma17g11500	75.92	13.37	41.18	58.97	59.13	32.60	Glyma10g34320	91.36	39.59	52.68	91.21	51.52	80.82
Glyma15g39780	48.46	38.00	15.74	13.41	7.23	16.93	Glyma08g45150	7.22	6.83	3.67	2.45	54.78	6.39
Glyma11g19020	24.44	25.37	14.96	26.27	66.13	57.74	Glyma06g14150	1.80	1.91	9.87	5.21	31.55	1.59
Glyma11g33110	3.07	7.67	16.08	16.10	13.64	21.28	Glyma03g14980	16.57	35.60	54.67	14.32	7.82	14.65
Glyma06g10840	22.20	9.78	3.00	6.66	6.83	3.24	Glyma11g06690	16.61	60.48	16.39	33.90	11.09	14.68
Glyma05g35550	21.94	6.67	9.21	5.72	3.98	3.12	Glyma20g02270	40.95	33.59	36.83	83.85	33.63	36.21
Glyma16g25260	63.17	13.45	0.00	0.00	0.00	25.13	Glyma20g26830	6.28	14.85	15.03	30.00	7.11	5.55
Glyma12g35840	28.58	25.08	32.69	41.81	59.31	64.22	Glyma06g37260	208.99	120.26	116.47	79.67	143.92	184.75
Glyma08g02480	82.56	40.56	31.09	5.79	16.05	37.90	Glyma06g11010	208.52	93.60	134.20	169.49	162.96	184.19
Glyma09g12320	44.74	44.56	47.49	57.60	84.29	86.09	Glyma13g35220	37.96	5.50	58.28	40.71	62.11	33.51
Glyma12g04960	34.79	23.47	9.44	22.06	12.73	8.22	Glyma17g03360	1 048.57	682.41	958.43	1 866.55	445.14	924.95
Glyma09g35220	24.28	13.07	21.86	8.17	11.74	4.17	Glyma07g02480	69.38	93.84	218.98	101.35	65.87	61.16
Glyma15g40190	33.03	171.18	61.50	23.29	12.42	7.27	Glyma13g28630	67.86	549.08	433.36	51.24	8.94	59.82
Glyma11g08310	26.08	15.17	53.14	61.03	88.32	59.00	Glyma09g01390	40.43	208.67	44.63	29.23	22.64	35.60
Glyma15g22100	30.90	27.28	2.21	32.40	16.31	6.75	Glyma16g20780	188.63	372.52	332.34	240.96	136.43	165.93
Glyma20g35930	5.49	4.48	3.58	21.27	21.22	25.12	Glyma14g04250	148.92	105.96	50.23	80.58	62.42	131.00

续表

基因编号	0 h	1 h	3 h	6 h	12 h	24 h	基因编号	0 h	1 h	3 h	6 h	12 h	24 h
Glyma11g09560	18.06	4.81	10.15	24.33	56.50	48.48	Glyma05g36320	16.77	79.17	29.27	29.58	8.36	14.75
Glyma01g42500	0.00	40.70	1.28	0.00	0.00	0.00	Glyma13g04100	19.61	52.59	35.42	20.31	26.15	17.24
Glyma01g44660	0.00	19.40	8.73	0.37	0.52	0.00	Glyma05g25830	2.67	27.40	49.12	6.53	6.96	2.34
Glyma02g14940	0.00	151.08	2.23	0.00	0.00	0.00	Glyma10g29210	47.06	113.65	58.08	49.21	30.23	41.30
Glyma03g27140	0.00	0.00	13.77	19.22	8.88	0.00	Glyma02g01760	4.31	30.23	3.72	3.71	2.58	3.78
Glyma03g42080	0.00	0.00	0.00	13.03	0.00	0.00	Glyma20g19720	13.59	19.00	11.48	22.19	39.71	11.92
Glyma04g00900	0.00	30.21	5.05	0.00	0.00	0.00	Glyma07g08420	33.21	52.37	83.74	46.93	41.00	29.11
Glyma04g12060	0.00	0.00	10.28	19.16	0.00	0.00	Glyma14g09540	15.05	78.18	26.92	13.77	18.92	13.17
Glyma04g31790	0.00	0.00	0.00	18.05	0.00	0.00	Glyma20g32000	115.70	141.08	241.15	257.47	43.33	101.27
Glyma05g03550	0.00	48.44	2.00	0.61	0.00	0.00	Glyma08g04690	182.38	121.93	84.05	130.63	108.71	159.61
Glyma05g03560	0.00	15.61	1.55	0.00	0.00	0.00	Glyma18g48420	37.22	81.09	44.02	15.32	5.09	32.55
Glyma05g20230	0.00	82.51	16.87	15.54	21.34	0.00	Glyma04g08060	68.67	47.08	144.07	82.63	109.33	60.03
Glyma05g36090	0.00	50.69	12.63	2.72	0.00	0.00	Glyma19g40810	106.77	239.53	151.45	108.36	83.76	93.34
Glyma06g02340	0.97	24.35	3.10	1.11	1.27	0.00	Glyma14g13930	18.67	0.00	4.90	10.42	15.66	16.31
Glyma06g07300	4.29	18.27	25.21	27.41	27.18	0.00	Glyma06g05300	84.77	37.26	168.95	118.63	219.85	73.98
Glyma06g15340	0.00	7.64	22.08	2.81	1.30	0.00	Glyma10g33030	82.62	51.72	64.13	52.31	176.82	72.03
Glyma06g45540	0.00	22.58	3.50	0.19	0.54	0.00	Glyma13g04480	1.59	51.95	1.27	1.91	1.90	1.39
Glyma06g45550	0.47	57.44	5.10	0.43	1.21	0.00	Glyma11g08570	124.57	83.41	46.40	83.31	147.97	108.28

续表

基因编号	0 h	1 h	3 h	6 h	12 h	24 h	基因编号	0 h	1 h	3 h	6 h	12 h	24 h
Glyma07g24670	0.00	0.00	14.75	13.74	0.00	0.00	Glyma17g37820	48.05	35.79	47.76	108.29	53.88	41.75
Glyma07g29300	0.00	0.00	0.00	18.05	0.00	0.00	Glyma09g35050	48.98	35.85	98.77	50.40	42.49	42.54
Glyma07g31160	0.00	5.34	0.00	13.74	12.71	0.00	Glyma11g33040	179.74	757.02	660.78	229.13	240.04	156.02
Glyma07g38970	11.11	82.76	43.50	40.40	13.97	0.00	Glyma02g31420	24.56	2.78	24.04	15.30	21.96	21.31
Glyma08g02570	0.00	14.48	0.00	0.00	1.53	0.00	Glyma11g00650	71.88	106.06	121.73	158.78	79.07	62.37
Glyma08g15350	0.90	15.99	47.36	1.10	1.53	0.00	Glyma16g33840	57.74	18.99	77.05	78.23	78.02	50.06
Glyma08g24650	0.00	0.00	0.00	6.72	18.57	0.00	Glyma12g30920	67.70	278.22	112.59	97.57	57.71	58.68
Glyma08g41320	0.49	19.19	6.68	1.34	0.00	0.00	Glyma16g28150	210.87	171.63	95.43	72.61	84.93	182.72
Glyma08g48100	13.17	0.00	0.00	5.34	16.66	0.00	Glyma07g04490	21.38	0.00	15.63	9.72	27.02	18.53
Glyma10g40890	0.56	16.26	6.25	1.32	0.26	0.00	Glyma18g53860	34.92	33.28	108.10	54.65	31.22	30.26
Glyma10g41260	0.32	63.66	4.36	0.87	1.62	0.00	Glyma15g02250	26.11	45.56	68.86	52.02	46.62	22.61
Glyma10g43340	0.00	0.00	86.64	0.00	0.00	0.00	Glyma03g38190	56.59	125.22	144.43	65.34	49.06	49.00
Glyma11g04690	0.00	15.80	0.14	0.00	0.18	0.00	Glyma13g01420	14.14	43.86	115.76	32.13	23.47	12.25
Glyma12g09240	1.54	61.65	20.22	0.89	0.18	0.00	Glyma18g02400	72.10	705.31	352.26	135.22	125.76	62.39
Glyma12g11390	0.00	25.51	1.85	0.00	0.00	0.00	Glyma07g09600	15.12	143.47	23.82	21.65	7.53	13.08
Glyma13g19560	0.00	17.19	2.26	1.06	0.00	0.00	Glyma11g15810	8.84	34.35	67.34	27.07	11.75	7.64
Glyma13g20600	0.00	15.77	0.00	0.00	0.00	0.00	Glyma13g18400	8.01	78.98	17.73	17.53	3.55	6.93
Glyma13g29070	0.00	22.54	4.06	0.38	1.06	0.00	Glyma13g07910	81.50	48.58	79.50	43.81	34.20	70.47

续表

基因编号	0 h	1 h	3 h	6 h	12 h	24 h	基因编号	0 h	1 h	3 h	6 h	12 h	24 h
Glyma14g02970	0.00	0.26	0.00	0.00	19.35	0.00	Glyma14g29120	142.41	344.93	224.43	152.59	103.63	123.05
Glyma14g34870	0.00	225.87	0.82	1.54	0.00	0.00	Glyma17g11060	13.51	97.62	14.30	11.99	15.48	11.67
Glyma15g11140	0.17	23.63	30.49	5.00	0.42	0.00	Glyma07g37790	24.66	347.92	40.45	23.36	33.08	21.30
Glyma15g27630	0.00	0.50	9.38	24.37	1.49	0.00	Glyma01g00930	107.90	416.70	392.13	92.78	64.59	93.10
Glyma15g42930	0.00	0.00	49.03	0.00	0.00	0.00	Glyma19g44870	177.37	206.26	572.18	481.44	345.32	152.76
Glyma16g01550	0.00	19.99	15.44	0.69	0.00	0.00	Glyma09g38990	172.40	416.56	390.93	125.15	136.09	148.46
Glyma16g24930	0.00	17.09	0.00	1.83	2.55	0.00	Glyma08g19430	19.88	47.08	142.01	79.98	27.15	17.10
Glyma16g29670	0.00	17.33	0.00	0.00	0.00	0.00	Glyma06g01570	354.94	119.41	348.10	330.38	298.68	305.28
Glyma16g29700	2.01	96.10	0.00	1.83	0.00	0.00	Glyma07g31500	39.39	182.28	870.68	209.26	78.67	33.87
Glyma16g32330	0.00	20.74	0.95	0.00	0.00	0.00	Glyma20g34520	22.79	27.40	68.85	50.20	35.48	19.59
Glyma17g09730	0.00	15.94	2.93	5.47	0.00	0.00	Glyma16g03570	8.75	21.91	45.01	28.42	12.24	7.51
Glyma17g22580	0.00	23.41	0.00	0.00	0.00	0.00	Glyma16g00660	22.08	22.28	65.47	37.38	47.33	18.91
Glyma18g29460	0.00	14.38	0.00	6.14	0.00	0.00	Glyma14g02680	21.85	56.99	43.27	13.87	23.17	18.71
Glyma18g41680	0.00	0.00	0.00	28.86	0.00	0.00	Glyma09g42210	36.83	22.97	15.35	27.79	73.25	31.53
Glyma19g38980	0.49	18.44	0.97	2.72	0.63	0.00	Glyma15g14210	13.44	10.30	21.32	106.93	11.48	11.50
Glyma20g29440	0.29	12.51	13.24	4.84	2.99	0.00	Glyma16g01770	78.21	11.82	21.75	60.60	69.86	66.84
Glyma20g30220	0.00	0.00	15.68	11.79	14.98	0.00	Glyma08g12170	372.74	734.47	314.84	175.45	328.62	318.41
Glyma18g47030	0.00	0.00	39.34	2.88	16.06	2.54	Glyma11g36010	99.92	41.55	35.91	61.86	78.62	85.29

续表

基因编号	0 h	1 h	3 h	6 h	12 h	24 h	基因编号	0 h	1 h	3 h	6 h	12 h	24 h
Glyma10g40760	0.00	0.00	16.30	0.00	2.50	0.00	Glyma10g36910	4.45	52.82	4.99	1.75	4.05	3.80
Glyma13g33930	0.00	1.16	3.21	17.98	6.95	11.95	Glyma02g35230	9.07	53.47	18.56	8.31	6.40	7.74
Glyma05g07350	0.00	0.00	11.59	0.00	14.88	11.77	Glyma15g10710	36.34	73.68	27.74	47.12	45.20	30.98
Glyma11g08710	0.00	12.60	0.00	0.00	0.00	11.77	Glyma15g23750	18.98	2.24	23.60	31.43	41.07	16.18
Glyma07g10960	0.12	0.00	7.62	9.81	24.21	13.04	Glyma17g34680	188.93	459.70	211.42	317.28	201.47	161.08
Glyma06g08070	0.00	0.00	29.44	9.12	0.00	9.97	Glyma20g25510	30.55	15.68	9.88	33.45	83.06	26.05
Glyma20g25520	0.00	6.67	6.14	14.31	19.88	9.35	Glyma01g41200	1.03	90.64	5.88	0.80	0.75	0.87
Glyma05g31680	0.00	2.00	11.50	17.37	4.77	8.41	Glyma05g36600	22.10	18.52	28.23	55.94	25.80	18.82
Glyma18g43170	0.00	0.00	8.09	30.09	31.26	8.22	Glyma17g08450	16.05	138.30	23.50	13.48	10.97	13.66
Glyma08g27620	0.00	0.00	10.17	21.61	51.73	7.99	Glyma01g45020	199.35	291.87	326.13	422.20	216.25	169.51
Glyma11g13140	0.00	0.56	9.25	20.66	52.15	7.83	Glyma06g42680	158.51	119.11	86.69	118.97	72.83	134.76
Glyma13g13280	0.00	24.97	7.66	0.00	0.00	7.78	Glyma06g05030	27.71	133.46	60.85	29.55	46.96	23.55
Glyma19g40860	0.00	1.58	0.73	4.07	32.11	7.38	Glyma08g01900	5.74	33.98	21.93	9.74	6.07	4.87
Glyma15g12120	0.00	0.00	7.00	19.55	9.03	7.12	Glyma13g31590	15.69	19.87	78.55	39.99	14.83	13.32
Glyma06g05720	0.00	28.92	40.24	12.38	8.58	6.76	Glyma02g04510	258.94	278.69	118.62	172.75	158.01	219.81
Glyma14g36380	0.00	0.00	2.20	10.30	12.89	6.72	Glyma10g35520	175.04	175.80	313.02	352.24	90.38	148.44
Glyma01g00840	0.00	0.70	24.66	78.19	5.01	6.66	Glyma17g14620	85.65	94.65	78.89	68.42	27.28	72.56
Glyma05g08410	0.00	12.60	47.32	75.32	14.88	5.89	Glyma01g10080	551.26	1 166.09	804.80	378.11	173.42	466.55

续表

基因编号	0 h	1 h	3 h	6 h	12 h	24 h	基因编号	0 h	1 h	3 h	6 h	12 h	24 h
Glyma20g36390	0.00	0.22	0.21	6.95	19.07	5.45	Glyma06g15680	57.90	41.20	29.96	23.06	42.81	48.94
Glyma09g40010	0.00	0.00	0.00	2.24	12.46	4.88	Glyma11g15560	5.58	2.91	8.66	14.84	42.93	4.71
Glyma05g35670	0.00	0.00	3.31	5.15	12.89	4.48	Glyma06g10780	15.98	85.24	37.85	13.70	12.35	13.49
Glyma09g09530	0.00	4.70	12.96	32.20	11.17	4.39	Glyma13g41930	81.92	352.67	165.74	61.97	63.88	69.15
Glyma12g32690	0.00	0.00	0.95	18.56	27.67	4.32	Glyma09g33820	28.62	61.07	8.83	22.85	4.09	24.13
Glyma14g23280	0.00	0.00	1.59	18.88	10.63	3.46	Glyma03g28650	109.61	143.94	49.48	52.83	69.26	92.27
Glyma09g15470	0.00	20.98	3.22	3.00	0.00	3.27	Glyma19g34060	72.71	19.04	54.45	89.02	72.37	61.16
Glyma06g11760	0.15	4.85	10.11	33.37	9.29	4.84	Glyma08g23540	119.69	204.23	450.58	159.55	118.88	100.58
Glyma18g43580	0.42	0.72	15.84	17.16	17.01	12.47	Glyma17g20610	43.81	30.64	32.95	36.89	131.67	36.79
Glyma13g01150	0.00	39.34	11.52	4.09	0.30	2.81	Glyma20g31730	51.54	76.90	146.46	75.16	42.89	43.24
Glyma13g37770	0.00	0.00	1.07	8.47	28.45	2.71	Glyma19g37830	19.63	55.65	111.16	44.05	22.53	16.44
Glyma16g30270	0.00	16.99	5.21	0.00	0.00	2.65	Glyma10g32190	22.89	189.55	115.32	50.32	19.56	19.16
Glyma08g07880	0.00	0.70	2.57	14.04	6.14	2.62	Glyma04g06720	36.09	162.69	110.65	66.75	36.16	30.21
Glyma14g22700	0.29	0.00	2.52	19.77	6.38	6.40	Glyma17g34420	143.38	342.36	455.53	141.18	115.29	120.00
Glyma01g15910	0.00	16.18	2.13	3.97	0.00	2.16	Glyma11g12870	56.78	49.52	16.05	72.49	36.02	47.51
Glyma08g25510	0.47	0.25	13.24	25.40	4.23	10.14	Glyma09g31370	43.50	130.24	58.57	37.05	33.49	36.36
Glyma04g16720	0.00	8.69	21.98	5.07	0.19	2.04	Glyma17g05660	24.57	132.25	29.88	34.78	21.31	20.53
Glyma01g33960	0.18	0.37	11.19	10.46	15.69	3.50	Glyma02g16690	14.23	5.45	0.00	51.56	84.09	11.89

续表

基因编号	0 h	1 h	3 h	6 h	12 h	24 h	基因编号	0 h	1 h	3 h	6 h	12 h	24 h
Glyma19g02270	0.54	0.58	1.52	8.24	16.65	10.71	Glyma18g05450	44.39	48.56	33.14	25.14	10.62	37.08
Glyma09g26100	0.00	0.78	6.81	4.02	15.85	1.82	Glyma12g35000	29.55	122.78	147.75	56.40	14.90	24.68
Glyma09g27180	0.00	43.26	0.00	0.00	0.00	1.73	Glyma09g30050	118.87	79.37	60.30	52.78	86.49	99.23
Glyma04g42990	0.46	1.94	12.49	36.15	9.10	7.25	Glyma12g05790	3.65	44.07	33.05	8.94	8.54	3.04
Glyma18g52690	0.00	0.00	0.77	17.73	25.19	1.57	Glyma03g29450	26.17	169.56	60.83	19.66	20.33	21.78
Glyma17g09290	0.78	0.24	6.08	8.83	20.36	12.14	Glyma15g18280	84.09	179.58	145.50	55.16	67.35	69.96
Glyma05g09230	0.00	15.68	15.94	4.96	0.99	1.54	Glyma09g00560	11.59	36.88	11.67	12.05	13.48	9.62
Glyma17g15680	0.74	3.52	8.09	23.13	5.72	11.04	Glyma11g35670	52.18	14.68	48.71	45.28	64.77	43.30
Glyma03g34730	0.49	0.26	3.59	6.27	29.47	6.81	Glyma11g15220	3.03	75.68	18.76	4.15	5.78	2.51
Glyma20g27990	0.00	0.18	0.16	0.30	14.72	1.31	Glyma13g10840	23.79	71.00	97.95	33.16	29.17	19.72
Glyma07g15690	0.30	0.53	1.55	1.90	12.58	3.73	Glyma18g06910	12.91	22.90	27.39	51.12	35.53	10.70
Glyma03g39340	0.42	0.00	0.82	16.49	6.41	5.00	Glyma18g33520	71.92	29.77	35.21	57.25	54.21	59.62
Glyma04g12510	1.34	1.99	12.84	34.79	19.78	15.18	Glyma12g34420	10.91	116.64	79.10	12.48	6.56	9.04
Glyma02g09130	0.21	17.06	2.82	0.94	0.26	2.25	Glyma02g01180	152.56	86.21	71.79	82.86	92.64	126.43
Glyma04g05230	0.97	0.00	0.95	4.90	21.10	10.18	Glyma20g16910	53.67	15.48	78.92	49.29	63.59	44.46
Glyma13g01250	0.84	0.60	1.65	55.39	5.71	8.64	Glyma01g31600	41.09	102.99	63.33	33.48	23.64	34.01
Glyma20g23020	0.00	3.20	28.43	44.44	3.83	1.00	Glyma03g27560	33.43	149.76	56.02	20.95	14.58	27.68
Glyma07g35760	0.47	3.47	15.98	11.31	13.96	4.41	Glyma03g26090	53.40	68.07	104.36	105.97	43.75	44.19

续表

基因编号	0 h	1 h	3 h	6 h	12 h	24 h	基因编号	0 h	1 h	3 h	6 h	12 h	24 h
Glyma10g41610	0.00	13.08	33.14	22.83	55.98	0.00	Glyma04g35190	10.44	46.99	53.61	13.57	9.84	8.64
Glyma10g31110	0.81	0.20	0.43	5.80	17.07	7.31	Glyma06g01470	80.68	47.00	50.69	126.16	304.71	66.66
Glyma08g12880	0.65	1.86	23.70	64.46	15.28	5.64	Glyma16g26150	58.57	44.83	20.24	37.49	33.16	48.36
Glyma10g31080	1.55	0.78	0.34	9.04	32.90	13.12	Glyma14g36690	31.67	25.82	74.55	252.76	82.36	26.14
Glyma14g34610	1.35	18.04	5.80	8.13	21.25	11.24	Glyma12g07860	3.77	3.42	4.29	8.48	36.71	3.11
Glyma17g24120	0.99	0.90	2.79	7.06	25.26	7.85	Glyma04g08050	273.64	370.03	560.79	277.43	344.35	225.73
Glyma11g02290	0.53	3.95	7.79	7.76	14.18	4.22	Glyma10g12060	59.51	18.58	44.40	58.62	54.12	49.07
Glyma07g08290	2.36	6.02	10.15	31.05	23.41	18.75	Glyma05g38040	49.00	35.77	43.18	47.39	16.04	40.38
Glyma02g35040	1.52	11.43	11.94	15.37	15.58	12.13	Glyma02g41030	85.71	98.37	94.42	40.44	17.05	70.60
Glyma16g33800	0.00	4.10	14.59	14.58	4.58	0.77	Glyma16g00350	84.79	71.58	49.14	38.46	45.04	69.83
Glyma18g02160	1.35	1.99	14.27	13.82	20.82	10.22	Glyma09g41560	32.46	238.47	19.02	31.66	20.34	26.73
Glyma0335s00200	1.87	2.28	2.83	11.53	25.71	13.94	Glyma05g36620	62.45	53.13	71.42	202.00	75.12	51.43
Glyma07g30170	0.00	0.52	2.38	13.11	2.78	0.72	Glyma13g40490	152.28	486.31	1 018.02	52.68	73.08	125.36
Glyma04g42360	1.70	9.05	22.05	29.94	10.83	11.84	Glyma10g01200	20.36	115.69	31.74	15.95	10.87	16.75
Glyma07g29730	0.38	14.82	7.73	6.89	0.96	2.62	Glyma15g11240	11.64	84.14	41.88	7.58	7.42	9.58
Glyma11g29460	1.73	1.31	1.80	20.59	13.55	11.93	Glyma01g37090	195.82	249.47	623.47	235.44	167.20	160.93
Glyma13g06860	3.47	1.48	11.88	49.02	7.73	20.86	Glyma02g43410	29.78	22.93	81.49	42.23	23.72	24.46
Glyma10g01290	1.12	2.78	49.93	36.59	8.33	6.69	Glyma07g03860	9.81	2.65	63.43	12.97	9.13	8.05

续表

基因编号	0 h	1 h	3 h	6 h	12 h	24 h	基因编号	0 h	1 h	3 h	6 h	12 h	24 h
Glyma08g18520	1.75	19.07	22.11	15.86	8.93	10.46	Glyma20g33800	53.22	30.48	60.64	44.43	120.94	43.65
Glyma04g37040	2.13	17.59	25.56	16.57	7.46	12.72	Glyma16g04380	55.60	2 856.16	774.48	60.90	44.85	45.56
Glyma15g40760	0.66	172.33	59.68	23.99	10.01	3.91	Glyma09g25520	172.37	119.80	53.28	99.29	105.49	141.19
Glyma19g27060	2.39	11.12	46.45	11.15	10.54	14.29	Glyma11g20030	28.43	155.19	17.19	8.93	22.73	23.29
Glyma17g29720	1.71	1.49	4.36	18.82	12.23	10.23	Glyma04g04350	88.78	101.55	282.15	106.84	108.12	72.69
Glyma16g01870	2.17	9.88	55.12	32.54	2.52	12.77	Glyma14g05980	398.62	282.52	817.27	452.16	484.25	326.36
Glyma19g40070	3.29	2.54	17.55	30.90	67.37	19.32	Glyma03g39200	8.43	6.89	8.03	13.79	54.80	6.90
Glyma10g31130	1.93	0.63	0.37	9.42	26.47	11.19	Glyma02g39510	271.43	184.20	149.50	147.09	124.80	221.90
Glyma13g01140	0.87	154.12	20.50	4.99	1.67	4.77	Glyma08g26520	53.82	291.92	63.99	49.03	41.64	43.98
Glyma07g32590	2.69	2.86	25.02	11.28	22.28	14.49	Glyma02g04400	279.78	193.07	122.34	169.37	176.72	228.52
Glyma04g04750	3.39	2.17	13.28	34.74	26.76	18.21	Glyma14g17730	103.97	29.84	100.37	83.67	87.70	84.90
Glyma12g01580	0.28	1.88	35.35	78.72	6.49	1.50	Glyma06g04640	130.05	74.78	71.18	58.80	93.76	106.14
Glyma19g44470	3.95	0.99	7.06	31.08	26.97	20.36	Glyma07g09790	229.88	139.96	109.36	115.16	181.57	187.59
Glyma01g42220	1.95	1.20	14.87	39.74	16.88	10.01	Glyma08g00920	32.98	26.99	47.46	73.53	37.75	26.90
Glyma02g46230	4.20	14.72	42.77	37.45	13.39	21.45	Glyma10g01150	43.72	22.75	10.94	21.06	46.07	35.64
Glyma19g29350	1.17	0.94	4.99	9.38	28.90	5.94	Glyma10g01220	96.94	42.57	54.58	60.42	52.47	78.95
Glyma11g29890	1.60	3.41	19.50	20.92	25.80	8.18	Glyma13g34180	23.16	84.54	23.71	16.05	17.92	18.86
Glyma08g18230	0.82	140.50	19.66	15.30	7.67	4.11	Glyma08g05810	4.24	177.20	61.99	7.40	3.92	3.45

续表

基因编号	0 h	1 h	3 h	6 h	12 h	24 h	基因编号	0 h	1 h	3 h	6 h	12 h	24 h
Glyma06g14850	1.64	1.32	1.60	11.61	18.78	8.14	Glyma02g45640	12.99	27.66	57.82	49.68	43.57	10.57
Glyma05g32040	0.15	89.86	225.28	4.43	1.12	0.73	Glyma08g05010	45.75	33.65	144.17	115.67	40.24	37.24
Glyma07g34500	0.45	2.37	16.12	3.87	3.69	2.21	Glyma09g32840	86.91	70.44	31.91	30.71	33.93	70.73
Glyma19g25240	1.04	2.22	2.05	24.84	2.66	5.20	Glyma13g27550	30.80	2.24	8.22	23.69	4.46	25.07
Glyma18g40100	0.67	3.95	24.74	2.16	2.58	3.35	Glyma11g13910	3.54	1.71	0.49	0.88	28.71	2.88
Glyma18g15320	1.43	1.52	0.47	8.74	15.81	7.12	Glyma15g18430	25.10	22.40	141.38	116.66	69.12	20.41
Glyma12g01590	2.03	17.36	45.97	33.62	11.89	9.97	Glyma13g20510	34.58	18.66	85.80	58.24	35.21	28.11
Glyma15g36790	1.02	15.14	19.64	8.34	0.39	4.99	Glyma20g27160	565.00	1 472.03	952.34	412.44	219.43	459.35
Glyma04g33360	1.40	0.00	5.60	37.93	37.53	6.76	Glyma11g22060	42.48	7.51	24.86	40.46	45.34	34.46
Glyma06g10900	2.52	2.86	1.65	7.54	20.13	12.04	Glyma02g40580	6.53	28.30	9.47	5.53	3.70	5.29
Glyma18g44250	0.85	0.54	6.95	25.85	20.91	4.04	Glyma02g41230	121.67	58.57	89.58	75.96	94.93	98.66
Glyma20g32730	0.00	16.16	3.89	0.21	1.49	0.46	Glyma13g09840	10.05	88.24	10.56	3.69	1.66	8.15
Glyma02g01230	2.36	2.70	29.80	23.55	10.62	10.81	Glyma15g16780	68.04	25.14	1.89	10.93	3.93	55.12
Glyma15g05760	4.98	4.24	5.17	31.83	31.49	22.70	Glyma06g46420	12.94	84.04	42.70	8.30	5.61	10.48
Glyma02g47140	2.08	3.95	41.40	31.20	18.66	9.45	Glyma11g15340	16.53	17.70	16.55	23.17	46.88	13.38
Glyma16g33030	2.60	2.17	31.81	54.04	25.08	11.82	Glyma08g44130	122.57	83.52	52.01	75.37	102.49	99.18
Glyma11g04920	2.83	3.01	11.48	20.35	13.91	12.87	Glyma09g14870	95.11	45.42	59.18	72.13	58.14	76.92
Glyma20g36300	4.98	3.04	9.74	8.45	107.24	21.91	Glyma08g00420	37.56	133.96	36.17	30.80	32.51	30.36

续表

基因编号	0 h	1 h	3 h	6 h	12 h	24 h	基因编号	0 h	1 h	3 h	6 h	12 h	24 h
Glyma17g07450	3.74	2.58	12.51	50.20	40.42	16.43	Glyma04g11400	88.85	96.68	57.35	50.40	39.42	71.79
Glyma14g17360	4.40	4.17	14.56	22.18	32.92	19.25	Glyma17g07220	43.11	86.28	125.43	81.85	47.09	34.80
Glyma08g00790	2.71	12.03	13.68	8.38	20.14	11.82	Glyma20g03790	41.42	4.90	19.83	40.85	58.03	33.42
Glyma01g42800	5.07	2.00	4.57	15.06	25.24	22.06	Glyma14g08160	11.21	54.18	16.02	12.48	11.58	9.04
Glyma14g12300	5.03	0.00	4.10	33.76	11.21	21.68	Glyma03g37650	23.01	22.02	21.39	53.06	19.80	18.55
Glyma04g08520	2.04	14.14	30.85	16.21	16.93	8.64	Glyma06g06300	43.98	37.50	105.90	71.63	63.81	35.42
Glyma16g04150	1.77	1.01	6.79	9.38	23.22	7.44	Glyma16g25050	63.66	35.47	38.56	22.13	38.43	51.23
Glyma03g35990	0.83	53.84	15.28	15.65	4.83	3.47	Glyma15g06690	7.79	26.29	31.48	46.27	11.83	6.27
Glyma05g36310	1.69	1.00	3.86	20.09	44.23	7.09	Glyma07g30800	27.38	58.08	99.43	32.88	13.11	22.02
Glyma06g20960	1.43	0.76	9.34	32.09	28.56	5.93	Glyma16g31270	98.21	69.21	29.75	60.27	61.73	78.95
Glyma06g20920	4.53	25.51	64.68	84.73	88.23	18.68	Glyma09g31430	34.10	144.62	34.95	15.12	14.26	27.29
Glyma17g13820	0.00	195.19	19.11	2.23	1.04	0.40	Glyma05g28610	3.75	52.20	15.03	7.41	1.08	3.00
Glyma17g24700	0.41	30.52	4.85	2.25	0.00	1.63	Glyma04g41060	10.20	34.02	28.00	10.82	5.13	8.15
Glyma14g24810	0.28	21.77	37.86	3.33	1.78	1.11	Glyma14g06640	15.33	75.86	27.22	16.11	10.31	12.23
Glyma07g35870	2.09	2.22	1.02	5.73	22.60	8.31	Glyma09g32390	13.61	59.18	22.40	11.13	17.96	10.85
Glyma03g02070	3.06	9.78	12.00	11.19	27.21	12.19	Glyma14g39590	147.53	79.24	95.43	65.96	102.85	117.53
Glyma08g22530	0.58	2.46	9.06	31.75	2.95	2.30	Glyma12g34580	10.47	86.97	15.39	12.46	8.69	8.34
Glyma13g09490	6.05	12.87	17.76	11.02	45.86	24.06	Glyma19g32260	16.28	83.53	30.82	10.73	12.86	12.96

续表

基因编号	0 h	1 h	3 h	6 h	12 h	24 h	基因编号	0 h	1 h	3 h	6 h	12 h	24 h
Glyma04g40710	1.03	73.80	7.09	6.62	0.00	4.12	Glyma01g44100	4.86	10.87	11.90	10.68	26.00	3.87
Glyma13g31170	5.33	34.05	5.22	24.31	6.74	21.21	Glyma04g37140	51.82	24.90	141.63	64.51	103.96	41.24
Glyma19g27530	0.45	0.48	3.59	2.96	72.24	1.79	Glyma14g35340	2.19	160.34	20.79	4.61	1.12	1.74
Glyma05g28210	2.00	0.83	8.32	38.93	19.06	7.96	Glyma15g17700	56.71	36.22	33.32	20.63	42.80	45.13
Glyma11g19920	1.66	0.20	0.90	18.60	7.77	6.43	Glyma16g29710	11.01	628.38	26.74	9.27	4.49	8.76
Glyma13g17580	2.50	3.30	11.78	19.32	20.44	9.63	Glyma19g38480	3.90	3.32	37.46	7.86	2.98	3.11
Glyma13g26040	6.22	3.59	12.44	26.35	18.84	23.99	Glyma04g39680	30.14	70.16	38.35	30.26	29.76	23.95
Glyma11g38230	1.82	1.51	17.52	11.02	22.13	6.89	Glyma06g17060	82.51	78.27	129.02	186.26	68.51	65.55
Glyma11g02090	2.68	9.38	40.71	23.50	7.08	10.10	Glyma17g14060	14.26	43.10	38.43	16.83	9.48	11.30
Glyma13g27820	1.52	51.20	212.73	117.19	17.76	5.71	Glyma19g33600	80.17	58.30	42.75	39.59	33.87	63.56
Glyma19g30350	6.04	3.14	13.34	28.41	14.86	22.35	Glyma13g07110	10.57	37.27	113.81	13.87	6.98	8.36
Glyma09g07310	0.73	2.15	2.13	12.17	18.18	2.67	Glyma13g19870	24.83	23.38	46.72	55.68	100.56	19.64
Glyma13g06600	0.31	17.13	6.24	0.96	1.20	1.15	Glyma07g08170	88.18	53.35	40.22	47.59	39.37	69.72
Glyma15g03170	5.97	14.82	3.90	10.91	35.39	21.77	Glyma03g28660	21.18	43.92	79.48	19.77	18.64	16.72
Glyma16g34220	4.83	2.28	6.04	43.13	18.88	17.52	Glyma07g38110	104.72	95.28	224.63	176.55	109.78	82.63
Glyma13g02220	6.25	30.75	42.81	37.86	17.89	22.52	Glyma16g02510	196.00	92.20	69.30	42.12	54.85	154.59
Glyma06g48030	2.00	3.83	8.61	21.22	10.70	7.16	Glyma10g05100	36.76	80.42	36.82	15.19	22.67	28.98
Glyma09g11460	7.25	1.75	15.38	38.33	18.47	25.64	Glyma06g45350	167.82	12.42	312.83	155.16	285.57	132.12

续表

基因编号	0 h	1 h	3 h	6 h	12 h	24 h	基因编号	0 h	1 h	3 h	6 h	12 h	24 h
Glyma19g37410	5.03	4.44	11.17	21.34	35.65	17.57	Glyma17g17970	107.67	78.45	44.98	81.89	65.22	84.73
Glyma20g16230	0.62	16.39	2.32	1.64	2.77	2.16	Glyma14g07520	32.66	67.09	74.34	35.66	42.71	25.65
Glyma14g24260	2.40	7.99	28.24	19.52	13.40	8.37	Glyma19g28790	21.82	15.71	29.89	22.26	52.94	17.13
Glyma13g37750	9.09	4.09	26.00	38.06	84.58	31.28	Glyma07g08560	88.12	11.37	35.73	37.45	71.38	69.06
Glyma16g02960	3.48	60.34	14.01	5.38	9.71	11.70	Glyma13g35060	4.43	2.86	2.76	4.79	22.56	3.47
Glyma17g33680	8.80	1.08	16.57	73.42	24.58	29.63	Glyma19g28550	41.74	28.85	115.54	54.42	31.55	32.71
Glyma08g02050	8.82	7.30	11.03	70.92	19.97	29.37	Glyma19g24250	74.79	41.11	27.46	51.48	58.02	58.60
Glyma03g37210	10.24	6.63	28.98	31.57	44.80	34.09	Glyma06g12550	2.27	2.41	10.19	22.73	1.26	1.77
Glyma16g26130	1.02	1.98	10.66	42.96	31.21	3.40	Glyma20g26840	33.58	94.91	56.92	42.60	20.36	26.26
Glyma11g37050	2.96	36.72	9.65	9.02	5.67	9.81	Glyma12g15620	4.50	27.36	16.30	6.94	2.78	3.52
Glyma06g45380	4.57	0.00	23.88	89.20	71.72	15.16	Glyma08g17240	52.02	145.47	70.38	38.27	30.74	40.63
Glyma04g06230	7.10	1.59	8.78	21.88	34.27	23.41	Glyma18g50000	46.48	195.17	49.61	36.11	30.99	36.29
Glyma19g45030	8.80	22.12	52.19	36.09	2.33	28.72	Glyma04g43320	14.43	45.70	46.87	16.22	3.03	11.27
Glyma12g35050	10.02	7.07	26.97	41.91	24.11	32.69	Glyma11g06010	22.48	85.21	145.94	35.66	17.54	17.54
Glyma08g08550	5.37	5.72	12.11	51.70	37.27	17.40	Glyma06g19590	33.39	173.46	146.14	48.28	31.18	26.03
Glyma14g37980	7.71	14.37	26.12	55.59	13.51	24.94	Glyma10g05520	8.10	7.50	17.94	26.66	47.74	6.31
Glyma03g27380	8.17	5.52	18.47	48.49	17.43	26.43	Glyma15g40250	6.82	2.21	1.74	11.12	28.31	5.31
Glyma06g06530	2.71	55.53	22.89	9.68	4.08	8.57	Glyma13g37320	38.70	167.93	250.16	100.78	51.81	30.10

续表

基因编号	0 h	1 h	3 h	6 h	12 h	24 h	基因编号	0 h	1 h	3 h	6 h	12 h	24 h
Glyma10g03530	1.60	0.29	73.68	26.33	10.50	5.05	Glyma09g30300	57.74	11.25	43.99	36.84	29.53	44.89
Glyma09g28200	4.66	6.62	35.88	47.97	24.05	14.36	Glyma20g36460	43.12	11.96	24.12	51.06	42.00	33.52
Glyma19g44380	3.46	27.97	9.86	4.90	5.21	10.64	Glyma16g05970	51.84	15.52	18.24	24.46	13.41	40.29
Glyma14g27990	1.97	0.98	7.99	9.88	60.07	6.02	Glyma14g08810	67.63	143.61	157.01	70.83	53.09	52.53
Glyma06g46680	8.61	35.56	46.92	46.48	21.93	26.18	Glyma13g07620	11.52	49.04	53.64	20.57	5.73	8.94
Glyma02g09470	9.28	6.73	13.45	14.72	31.56	28.22	Glyma19g40470	54.91	14.83	53.15	50.64	49.56	42.62
Glyma18g46760	4.26	6.44	11.31	14.35	22.43	12.95	Glyma03g37780	271.61	198.79	316.59	221.54	91.59	210.70
Glyma07g01300	5.32	9.91	15.47	27.44	6.32	16.12	Glyma14g40110	42.45	8.17	15.73	29.85	63.25	32.92
Glyma19g29300	3.57	2.05	8.06	17.63	46.24	10.79	Glyma08g39870	18.18	40.48	57.08	20.70	29.72	14.10
Glyma13g35800	1.30	1.84	20.54	50.09	15.71	3.88	Glyma05g28820	26.11	31.16	132.19	57.69	62.97	20.22
Glyma03g38250	1.74	1.85	5.31	0.00	22.12	5.18	Glyma05g28250	16.26	37.97	73.40	50.83	19.56	12.58
Glyma03g27220	9.88	17.53	44.06	47.18	57.26	29.48	Glyma13g19570	7.98	32.40	15.05	9.19	6.02	6.17
Glyma12g34680	6.06	12.90	5.93	44.27	53.81	18.08	Glyma14g39300	2.77	236.15	50.16	7.60	1.57	2.14
Glyma08g04830	2.15	19.26	8.02	2.37	2.74	6.43	Glyma02g41220	109.16	48.31	76.78	67.04	89.30	84.43
Glyma09g29360	0.27	34.24	30.71	13.49	2.39	0.80	Glyma18g47600	5.15	24.67	7.28	5.63	2.73	3.98
Glyma07g10030	0.27	29.62	2.67	1.00	0.35	0.81	Glyma05g32760	37.35	122.99	24.21	22.13	25.68	28.87
Glyma11g06430	1.71	0.00	4.47	39.16	58.87	5.11	Glyma08g07690	42.24	186.09	23.08	28.31	15.38	32.64
Glyma12g32230	0.33	0.35	15.64	4.57	0.00	0.99	Glyma03g21690	22.94	22.37	27.73	71.32	21.88	17.72

续表

基因编号	0 h	1 h	3 h	6 h	12 h	24 h	基因编号	0 h	1 h	3 h	6 h	12 h	24 h
Glyma14g07330	7.41	102.55	123.35	54.00	28.06	22.11	Glyma01g35480	21.21	23.25	57.95	32.00	21.09	16.37
Glyma02g41420	2.82	38.98	11.03	5.15	8.96	8.41	Glyma10g41300	43.29	147.24	31.25	23.47	32.60	33.42
Glyma12g16750	0.14	16.32	3.17	1.16	0.72	0.42	Glyma13g41540	38.31	43.56	34.04	28.02	9.41	29.53
Glyma15g40510	5.52	3.92	15.49	26.60	32.58	16.47	Glyma03g30420	1 177.28	543.05	874.75	2 633.04	969.43	907.20
Glyma09g06830	3.02	21.22	10.25	7.75	5.71	8.92	Glyma15g08300	2 734.58	923.93	1 967.63	1 184.29	3 884.07	2 103.42
Glyma18g26120	11.10	9.26	14.69	51.07	10.70	32.83	Glyma18g03190	15.70	21.28	98.55	32.65	47.26	12.07
Glyma07g14730	9.89	2.85	22.58	35.13	61.40	29.12	Glyma14g40260	45.01	132.34	38.31	28.14	29.44	34.54
Glyma19g01860	4.08	1.02	2.82	2.63	22.61	11.93	Glyma17g00250	94.19	74.13	65.55	46.18	38.62	72.28
Glyma20g03310	13.08	5.57	23.06	20.75	41.66	38.17	Glyma19g22270	43.45	130.95	90.61	21.52	31.40	33.30
Glyma13g39710	8.86	0.37	37.26	102.89	210.78	25.75	Glyma14g06160	79.73	51.90	57.50	22.43	88.55	61.09
Glyma15g42490	11.80	9.94	41.88	50.83	33.81	34.23	Glyma15g01160	91.18	49.24	33.23	47.20	60.63	69.84
Glyma07g05320	5.48	6.80	44.19	29.00	5.82	15.87	Glyma13g41340	16.78	96.10	25.14	13.06	10.69	12.85
Glyma07g10180	3.09	9.58	80.97	60.24	35.12	8.95	Glyma08g11620	7.81	124.52	68.24	15.60	3.42	5.97
Glyma13g26930	0.73	3.26	16.51	42.84	15.63	2.11	Glyma06g08100	138.35	180.69	354.48	127.22	176.29	105.89
Glyma09g35250	10.14	190.20	35.07	21.51	26.87	29.23	Glyma06g05280	79.10	73.50	341.63	368.71	137.73	60.53
Glyma11g13270	5.02	43.08	81.98	18.90	8.89	14.44	Glyma20g23510	3.08	7.56	24.79	18.63	6.03	2.35
Glyma10g26690	6.90	17.83	22.72	57.81	21.06	19.82	Glyma10g36690	470.04	366.54	322.42	172.91	187.11	359.61
Glyma03g35980	2.41	64.40	13.89	24.26	10.24	6.79	Glyma04g39940	157.57	99.50	100.02	95.37	72.70	120.53

续表

基因编号	0 h	1 h	3 h	6 h	12 h	24 h	基因编号	0 h	1 h	3 h	6 h	12 h	24 h
Glyma08g08540	4.22	4.49	9.68	23.17	12.60	11.80	Glyma02g10550	66.12	36.21	33.68	40.57	23.38	50.56
Glyma11g37440	12.63	16.45	40.06	38.44	12.48	35.28	Glyma17g07530	31.95	81.97	132.05	35.10	33.41	24.43
Glyma03g35960	0.66	41.68	12.12	10.46	2.93	1.83	Glyma08g04370	155.62	72.10	27.32	103.99	114.12	118.86
Glyma13g01130	1.54	94.33	11.75	2.25	2.74	4.28	Glyma19g32280	22.57	109.80	60.53	32.44	4.66	17.23
Glyma15g10070	1.02	22.44	26.05	11.05	6.00	2.85	Glyma13g01120	10.11	133.65	26.63	10.11	8.99	7.72
Glyma14g02500	13.28	18.35	58.82	73.91	24.57	36.85	Glyma09g06770	27.47	73.34	19.27	46.72	32.67	20.95
Glyma08g19210	1.95	8.25	28.51	13.58	6.32	5.40	Glyma02g37710	56.97	60.71	127.71	86.81	43.77	43.42
Glyma07g12680	10.20	11.26	22.19	36.41	17.40	28.29	Glyma03g40160	37.83	47.72	83.91	49.66	46.34	28.81
Glyma08g39390	8.27	78.74	395.19	127.52	30.73	22.83	Glyma09g15370	68.15	39.98	49.03	76.66	10.45	51.88
Glyma04g05510	8.73	4.86	13.42	30.13	67.12	24.06	Glyma20g25070	11.45	55.23	30.35	9.86	9.44	8.71
Glyma18g51540	1.19	28.66	3.18	2.35	2.10	3.28	Glyma04g42960	9.42	6.93	11.57	39.35	7.64	7.16
Glyma19g05050	4.21	1.12	7.21	41.37	6.36	11.50	Glyma07g00870	47.27	60.61	124.47	134.90	67.67	35.90
Glyma10g00720	6.50	3.52	3.44	18.61	29.33	17.76	Glyma04g06580	33.98	49.59	45.97	70.23	31.66	25.80
Glyma08g04920	8.59	103.21	34.10	17.14	24.84	23.45	Glyma09g32230	380.24	52.44	228.36	295.75	442.92	288.64
Glyma15g18860	3.35	4.51	27.54	8.38	7.68	9.10	Glyma17g18310	61.34	179.38	65.37	61.56	57.45	46.56
Glyma14g07460	4.46	22.42	17.45	12.98	11.70	12.09	Glyma14g04580	19.75	235.01	34.53	24.96	13.78	14.97
Glyma09g01680	11.47	20.20	9.29	52.47	22.16	31.07	Glyma06g04660	123.02	105.94	57.89	80.99	69.71	93.15
Glyma07g33510	0.00	253.98	6.12	0.00	0.00	0.27	Glyma13g31060	2 312.73	850.56	2 257.74	1 257.54	2 469.38	1 750.69

续表

基因编号	0 h	1 h	3 h	6 h	12 h	24 h	基因编号	0 h	1 h	3 h	6 h	12 h	24 h
Glyma02g37500	1.44	17.49	3.02	3.20	0.52	3.88	Glyma03g05240	7.88	31.19	5.54	5.38	7.64	5.96
Glyma05g37490	8.35	7.11	24.39	37.54	9.10	22.51	Glyma19g35680	56.07	25.45	26.39	43.63	165.25	42.37
Glyma15g18110	5.06	1.47	7.54	9.26	25.78	13.60	Glyma01g11390	148.52	58.09	142.35	134.25	132.37	112.06
Glyma01g36950	8.57	9.19	25.23	28.52	29.62	22.86	Glyma13g40700	59.79	35.10	40.89	23.33	21.84	45.04
Glyma18g43540	5.69	32.48	18.39	12.68	3.19	15.17	Glyma06g21560	74.41	224.13	99.91	55.23	52.69	56.03
Glyma03g37390	0.57	32.20	11.92	4.35	2.42	1.51	Glyma20g26420	13.92	41.65	12.89	21.46	7.99	10.48
Glyma09g34370	3.09	24.12	6.05	5.65	2.62	8.19	Glyma01g41190	55.43	149.91	328.89	28.39	16.53	41.65
Glyma13g29270	8.82	89.00	112.23	22.39	47.10	23.29	Glyma17g35720	376.23	165.61	397.61	339.14	264.14	282.65
Glyma03g29440	4.16	5.03	20.27	27.68	20.26	10.94	Glyma06g04010	17.66	73.79	24.15	2.44	9.34	13.26
Glyma02g47560	6.04	16.66	124.13	95.47	10.50	15.84	Glyma01g32070	15.59	88.59	32.67	20.02	6.28	11.70
Glyma09g31450	7.61	44.45	14.58	23.47	13.70	19.71	Glyma11g12180	255.46	174.01	117.91	144.99	148.12	191.65
Glyma17g06150	5.01	74.77	13.79	9.37	4.98	12.96	Glyma09g01720	8.14	86.15	16.02	5.60	4.01	6.09
Glyma09g22310	3.82	3.82	65.74	85.82	12.66	9.88	Glyma19g44710	110.58	58.57	12.68	51.33	30.23	82.63
Glyma20g02770	19.18	3.73	9.62	9.63	117.70	49.54	Glyma07g09440	7.56	40.37	11.91	6.27	4.22	5.64
Glyma17g05580	10.75	61.79	45.01	13.76	13.46	27.55	Glyma12g01120	129.38	1 136.24	1 710.19	175.22	361.07	96.52
Glyma19g38570	2.28	271.87	10.21	15.50	5.81	5.83	Glyma02g15930	124.20	82.63	45.60	84.55	116.76	92.65
Glyma01g02360	9.87	3.11	10.73	27.09	37.24	25.08	Glyma07g04530	46.24	107.39	131.28	65.03	40.40	34.50
Glyma15g03620	12.32	15.29	40.83	40.06	183.30	31.27	Glyma08g06730	2.60	27.47	0.64	1.19	1.45	1.94

续表

基因编号	0 h	1 h	3 h	6 h	12 h	24 h	基因编号	0 h	1 h	3 h	6 h	12 h	24 h
Glyma18g52610	6.79	11.42	52.15	60.56	16.44	17.24	Glyma11g24410	3.85	33.65	14.53	7.80	6.30	2.87
Glyma07g39650	7.19	40.04	31.72	13.34	13.55	18.22	Glyma19g36900	124.26	60.01	58.95	85.64	87.45	92.70
Glyma18g40610	12.33	10.59	13.19	20.48	36.44	31.22	Glyma19g43470	5.77	4.61	8.82	28.04	14.70	4.30
Glyma03g26310	0.00	21.65	3.98	0.93	0.32	0.25	Glyma03g05480	368.00	273.52	220.01	1 127.27	312.23	274.18
Glyma17g15640	1.23	2.82	7.57	17.23	3.67	3.11	Glyma13g31330	12.42	34.23	28.98	13.68	39.92	9.25
Glyma07g36970	12.57	4.46	15.60	28.37	53.36	31.69	Glyma10g26320	9.22	14.70	50.07	8.42	6.84	6.87
Glyma15g43100	17.25	6.59	22.95	50.60	25.35	43.12	Glyma03g25820	387.95	289.40	169.69	278.47	195.93	288.85
Glyma17g11340	3.18	78.16	15.93	15.98	14.66	7.90	Glyma08g12030	263.39	208.80	120.18	158.72	137.95	195.95
Glyma20g34390	2.45	39.79	23.40	36.44	4.68	6.09	Glyma05g34670	1.31	96.14	7.54	0.93	2.21	0.97
Glyma15g09610	3.39	23.52	36.55	48.08	4.31	8.44	Glyma10g43850	77.23	57.87	23.08	114.68	55.90	57.33
Glyma17g16740	0.68	20.01	0.00	0.00	0.44	1.70	Glyma03g05510	751.17	561.81	441.30	2 442.82	542.01	556.52
Glyma09g07160	7.87	27.11	22.92	37.20	20.05	19.56	Glyma08g12460	459.89	121.22	338.42	339.57	432.18	340.57
Glyma13g22540	2.30	111.45	19.53	16.85	8.79	5.72	Glyma10g37200	85.43	253.78	374.71	164.56	34.49	63.24
Glyma19g39490	4.12	4.38	44.35	39.53	44.46	10.24	Glyma15g19580	520.75	380.71	162.28	169.70	551.30	385.43
Glyma13g27510	4.63	1.67	1.55	19.73	39.42	11.49	Glyma08g15780	108.94	176.47	140.67	32.26	46.92	80.62
Glyma20g35530	0.00	0.53	7.08	12.56	5.09	0.25	Glyma04g04260	25.82	92.67	33.81	23.36	15.61	19.08
Glyma20g28300	15.12	7.91	32.83	57.35	31.52	37.46	Glyma13g29960	30.29	5.53	38.12	91.80	83.69	22.37
Glyma03g40720	1.06	1.67	13.89	32.54	15.70	2.62	Glyma03g40190	256.14	140.73	129.58	75.23	62.52	189.03

续表

基因编号	0 h	1 h	3 h	6 h	12 h	24 h	基因编号	0 h	1 h	3 h	6 h	12 h	24 h
Glyma09g24410	0.60	2.20	15.05	45.35	2.89	1.47	Glyma18g00500	4.14	15.48	52.00	7.08	7.65	3.05
Glyma10g09750	13.79	66.35	41.06	26.03	6.95	34.00	Glyma14g38950	310.61	224.18	187.10	196.38	127.32	228.89
Glyma13g20170	7.92	3.11	16.85	22.52	44.30	19.51	Glyma15g07850	907.38	1 358.61	4 092.93	1 127.30	824.36	668.60
Glyma10g37370	5.81	0.62	3.27	64.76	22.40	14.31	Glyma05g08250	76.06	70.47	28.96	87.57	46.57	56.04
Glyma16g27710	10.61	8.70	14.64	16.99	42.42	25.93	Glyma08g02070	185.81	105.15	88.32	96.51	78.10	136.80
Glyma14g13360	19.99	11.15	12.68	29.45	60.18	48.68	Glyma14g11160	126.74	226.06	413.93	109.55	102.27	93.29
Glyma11g25660	0.00	131.27	5.27	3.15	2.55	0.24	Glyma05g38540	80.16	67.41	53.95	24.35	41.11	58.99
Glyma13g33580	11.22	50.03	125.19	24.15	29.81	27.20	Glyma01g43110	154.69	106.41	86.32	122.07	68.06	113.77
Glyma12g30200	1.59	0.00	5.52	24.20	34.82	3.86	Glyma11g04500	2.82	2.22	2.04	30.72	6.56	2.07
Glyma15g03460	13.63	172.60	45.46	19.56	5.87	32.99	Glyma12g05810	3.73	23.71	3.16	3.64	1.41	2.74
Glyma07g05530	4.51	7.25	26.30	30.34	12.51	10.89	Glyma03g35530	110.09	89.54	46.46	58.03	56.16	80.79
Glyma20g39290	3.98	6.36	26.42	12.94	7.68	9.57	Glyma12g13920	47.51	153.50	81.81	28.98	62.24	34.85
Glyma19g38020	5.74	5.62	17.34	12.70	33.52	13.81	Glyma19g25680	113.36	37.51	48.43	6.25	37.64	82.99
Glyma11g10320	1.47	32.89	18.13	6.62	2.66	3.54	Glyma08g22170	34.79	6.81	173.23	46.12	29.70	25.47
Glyma05g32380	5.78	7.11	28.42	29.39	6.55	13.80	Glyma10g35890	32.32	51.83	95.56	44.29	21.27	23.64
Glyma07g18320	1.59	18.99	19.03	12.54	6.49	3.80	Glyma03g05220	8.48	77.86	10.50	8.23	2.01	6.20
Glyma06g04210	0.56	19.20	2.21	1.86	0.86	1.35	Glyma10g42540	163.32	103.01	71.62	104.52	106.85	119.38
Glyma13g21350	10.60	3.13	35.28	41.05	84.35	25.16	Glyma19g34550	93.00	24.24	22.30	84.20	85.22	67.96

续表

基因编号	0 h	1 h	3 h	6 h	12 h	24 h	基因编号	0 h	1 h	3 h	6 h	12 h	24 h
Glyma09g40300	2.54	24.72	4.67	4.37	4.46	6.01	Glyma01g36620	34.04	31.11	212.97	177.42	67.17	24.87
Glyma11g19490	22.56	20.35	18.99	37.58	69.07	53.09	Glyma13g37600	146.07	112.63	75.64	86.54	66.19	106.64
Glyma04g02020	21.18	29.34	268.90	21.10	5.09	49.72	Glyma20g01290	8.45	16.20	60.12	52.06	38.02	6.16
Glyma06g23380	5.06	1.92	34.65	30.73	5.52	11.85	Glyma13g40470	84.20	85.76	99.83	38.20	41.78	61.38
Glyma09g38610	17.11	14.44	44.48	45.18	28.06	40.10	Glyma05g31770	16.36	53.95	24.23	11.32	9.67	11.92
Glyma11g08250	3.36	8.24	28.16	7.54	10.93	7.86	Glyma17g05330	4.87	4.78	5.68	10.62	30.04	3.54
Glyma02g07180	1.74	1.20	6.73	28.30	22.71	4.05	Glyma19g02190	2.79	16.33	35.09	8.84	7.38	2.03
Glyma03g00380	21.11	208.40	115.24	36.26	33.16	49.19	Glyma11g38180	25.61	4.59	8.89	7.43	7.11	18.61
Glyma04g10940	2.58	19.75	13.72	7.66	6.36	5.99	Glyma03g35170	68.67	135.60	261.22	123.98	35.49	49.89
Glyma08g21900	6.17	8.63	30.82	20.61	7.68	14.33	Glyma08g21730	43.51	32.26	138.32	90.82	37.37	31.61
Glyma09g07960	11.72	9.48	16.58	10.08	54.76	27.22	Glyma19g31380	38.60	5.87	6.60	11.21	17.17	28.04
Glyma18g14620	1.33	36.03	6.86	2.44	4.40	3.10	Glyma19g02180	53.24	161.71	142.56	66.82	40.61	38.65
Glyma11g35780	16.49	52.68	75.37	35.09	34.77	38.28	Glyma11g11280	270.60	227.31	1 088.21	302.37	280.20	196.38
Glyma06g14090	1.95	148.09	6.35	2.37	1.24	4.52	Glyma17g15480	25.68	37.76	70.10	28.08	18.30	18.62
Glyma10g09720	4.26	61.53	23.26	8.76	1.36	9.88	Glyma05g02690	167.76	71.75	12.56	49.95	227.22	121.59
Glyma06g17950	0.51	19.05	2.34	1.87	1.74	1.19	Glyma15g08210	123.57	99.80	85.61	84.65	53.77	89.48
Glyma18g49130	2.79	1.60	7.41	20.05	26.77	6.46	Glyma02g41430	63.59	132.05	142.31	63.39	58.95	46.02
Glyma1332s00200	13.11	30.96	78.62	67.10	12.01	30.36	Glyma14g09120	3.13	1.82	1.95	0.26	29.70	2.26

续表

基因编号	0 h	1 h	3 h	6 h	12 h	24 h	基因编号	0 h	1 h	3 h	6 h	12 h	24 h
Glyma03g25640	9.90	3.76	23.88	25.23	48.18	22.85	Glyma01g45320	173.45	132.07	80.72	148.64	93.58	125.44
Glyma11g34930	10.34	4.91	11.84	25.30	33.80	23.86	Glyma01g41210	90.01	75.83	48.19	38.51	54.42	65.06
Glyma12g28870	1.78	8.59	42.63	4.72	4.37	4.10	Glyma17g17360	145.97	106.83	61.04	105.76	94.92	105.50
Glyma09g03100	3.71	23.18	14.17	9.03	4.57	8.54	Glyma09g32670	60.65	5.57	21.28	35.62	40.36	43.78
Glyma18g47130	23.90	19.47	60.42	142.35	39.23	54.88	Glyma17g05920	9.18	11.69	33.13	18.12	36.69	6.62
Glyma01g40850	4.17	3.64	5.55	40.81	6.40	9.57	Glyma18g51640	95.09	56.48	40.36	48.55	71.22	68.61
Glyma12g05990	19.52	5.72	9.82	36.71	81.92	44.71	Glyma11g02620	63.44	38.07	27.52	26.11	40.14	45.74
Glyma14g35190	10.69	0.88	1.45	19.27	50.52	24.38	Glyma19g31410	8.96	21.70	49.51	12.60	8.89	6.46
Glyma11g13570	5.19	8.68	26.86	36.48	21.02	11.80	Glyma06g41500	2.37	39.82	5.17	2.80	1.25	1.71
Glyma04g03430	1.37	7.47	32.47	2.68	0.99	3.10	Glyma20g23540	8.87	124.41	115.03	17.92	3.91	6.39
Glyma05g03100	19.74	17.46	16.16	24.29	103.40	44.86	Glyma11g00450	106.05	70.50	45.97	72.12	68.88	76.30
Glyma17g35110	20.78	51.89	68.60	86.79	52.61	47.16	Glyma11g37920	130.69	8.57	22.27	84.63	145.40	93.99
Glyma14g16610	6.29	7.17	35.97	20.36	38.05	14.27	Glyma13g40830	131.08	35.77	68.54	71.94	67.62	94.22
Glyma09g35760	4.81	20.34	76.21	65.01	34.45	10.90	Glyma02g47820	56.39	22.12	39.02	69.12	55.95	40.53
Glyma10g05560	15.85	25.55	120.06	37.73	1.66	35.66	Glyma11g13850	2.45	36.88	13.57	4.48	1.56	1.76
Glyma15g05690	1.37	1.85	15.90	17.28	4.00	3.08	Glyma10g42730	94.33	56.28	52.69	72.45	36.64	67.69
Glyma08g41040	8.05	40.72	21.97	33.17	12.83	18.02	Glyma04g40720	160.00	127.36	96.02	124.08	72.31	114.81
Glyma17g07270	0.94	163.11	11.06	3.66	0.90	2.11	Glyma03g40880	64.26	30.64	23.14	48.31	68.24	46.11

续表

基因编号	0 h	1 h	3 h	6 h	12 h	24 h	基因编号	0 h	1 h	3 h	6 h	12 h	24 h
Glyma13g09550	1.03	59.83	111.58	26.43	26.28	2.31	Glyma07g16750	1 596.95	1 004.95	751.58	841.25	648.06	1 145.28
Glyma17g07190	9.33	10.64	28.29	46.54	21.63	20.88	Glyma10g08120	292.35	155.18	85.34	234.72	85.63	209.63
Glyma15g18150	4.30	1.71	13.63	20.58	24.55	9.59	Glyma04g05190	19.22	17.08	61.13	99.33	35.22	13.78
Glyma18g48550	7.24	10.58	36.18	11.56	11.50	16.14	Glyma05g37420	169.07	162.11	102.10	69.69	58.54	121.19
Glyma14g35790	4.62	64.80	9.85	8.70	3.12	10.27	Glyma02g29270	97.01	25.82	39.11	66.53	96.16	69.53
Glyma07g18670	4.52	30.81	16.25	10.72	6.26	10.04	Glyma07g30880	28.94	48.69	119.46	37.38	29.38	20.74
Glyma08g42280	21.28	20.16	61.05	23.39	48.38	47.17	Glyma06g17680	110.30	52.25	85.76	154.53	112.32	79.00
Glyma07g39000	4.45	4.40	35.51	11.35	6.89	9.81	Glyma11g31400	21.37	1.52	13.11	10.95	20.33	15.31
Glyma17g08020	10.56	11.02	19.44	41.09	25.71	23.22	Glyma04g04250	10.86	65.31	14.67	10.83	15.87	7.78
Glyma13g09430	1.47	17.63	2.21	2.06	2.13	3.22	Glyma03g39610	8.65	186.65	14.95	5.84	3.40	6.19
Glyma06g11880	6.34	61.34	14.77	14.63	9.22	13.80	Glyma10g29200	94.48	60.77	56.29	57.03	42.00	67.59
Glyma18g53370	7.56	17.18	41.20	10.28	6.51	16.46	Glyma10g32750	313.16	157.99	119.01	213.85	185.86	223.77
Glyma03g29510	20.68	5.50	8.86	57.92	37.82	45.00	Glyma05g21820	59.98	50.54	22.00	32.64	36.89	42.85
Glyma19g26260	5.77	7.82	15.42	16.81	28.08	12.53	Glyma11g01940	19.71	49.81	80.23	18.53	10.08	14.07
Glyma16g34570	5.59	3.93	6.68	36.86	16.11	12.13	Glyma15g11170	140.70	197.79	281.53	123.18	138.02	100.32
Glyma02g15150	10.31	7.31	8.00	34.59	13.44	22.27	Glyma08g19090	24.77	94.57	30.91	17.43	13.58	17.62
Glyma09g25230	2.50	1.06	2.45	4.04	18.91	5.39	Glyma09g05010	10.10	84.22	11.44	7.93	8.28	7.18
Glyma18g12540	11.24	27.92	17.43	25.69	38.13	24.21	Glyma01g04350	5.69	109.36	112.26	54.58	5.18	4.04

续表

基因编号	0 h	1 h	3 h	6 h	12 h	24 h	基因编号	0 h	1 h	3 h	6 h	12 h	24 h
Glyma11g25670	0.00	54.34	3.39	2.00	3.33	0.22	Glyma02g07940	1.29	7.87	19.53	7.10	1.65	0.92
Glyma17g16980	8.09	37.95	17.13	10.21	15.89	17.40	Glyma13g18940	1.53	26.30	5.46	1.30	0.98	1.09
Glyma04g02240	29.51	84.67	101.14	63.90	15.13	63.36	Glyma15g08470	5.27	25.63	14.92	6.89	4.08	3.74
Glyma10g43300	2.66	9.14	49.48	27.54	7.02	5.70	Glyma19g33710	58.76	30.24	21.81	19.20	33.32	41.75
Glyma04g38410	28.84	3.61	49.00	76.04	106.89	61.59	Glyma19g41020	1.54	48.49	11.85	1.01	0.00	1.09
Glyma06g02770	6.04	11.94	30.62	15.40	4.40	12.87	Glyma10g31590	104.85	171.42	365.05	299.18	94.38	74.41
Glyma17g38080	2.21	18.82	24.73	15.03	11.26	4.71	Glyma10g23440	77.07	17.14	102.46	47.03	73.99	54.68
Glyma10g27980	13.56	14.95	25.38	110.39	62.61	28.84	Glyma08g42050	10.75	45.62	16.05	16.85	4.80	7.62
Glyma01g37370	27.32	35.93	55.01	68.50	5.66	58.10	Glyma19g07220	103.24	61.49	42.60	56.69	56.69	73.10
Glyma04g40130	19.51	124.39	19.10	15.76	24.62	41.47	Glyma10g29750	22.61	67.91	52.53	17.01	10.25	16.01
Glyma10g32990	3.31	0.23	4.97	24.85	13.22	7.03	Glyma10g40400	39.16	216.03	204.80	89.39	39.04	27.73
Glyma13g07800	8.53	7.17	11.20	17.46	32.02	18.08	Glyma12g30600	79.11	59.53	44.37	39.00	30.47	55.98
Glyma11g37110	12.94	7.62	47.05	58.35	11.76	27.39	Glyma09g28210	54.29	37.02	13.70	23.29	34.04	38.39
Glyma13g02230	7.38	38.78	14.00	10.97	18.21	15.60	Glyma13g30990	149.12	658.39	200.01	102.62	58.71	105.43
Glyma02g07760	11.91	60.38	77.40	38.90	31.61	25.17	Glyma13g07220	49.34	32.70	143.66	68.12	74.31	34.86
Glyma18g47300	10.45	125.03	103.28	23.55	9.09	22.05	Glyma11g34890	687.93	539.47	320.06	428.17	356.60	485.77
Glyma06g08670	25.87	24.84	40.84	57.36	65.40	54.42	Glyma07g38360	147.38	44.08	49.88	107.21	100.31	104.06
Glyma13g19520	20.89	10.70	6.80	53.52	40.92	43.93	Glyma07g19190	67.62	45.28	31.68	27.61	40.29	47.73

续表

基因编号	0 h	1 h	3 h	6 h	12 h	24 h	基因编号	0 h	1 h	3 h	6 h	12 h	24 h
Glyma02g08110	10.18	20.73	117.13	96.73	13.28	21.39	Glyma11g25910	203.17	151.06	96.10	117.57	97.57	143.33
Glyma07g11720	23.78	55.77	63.25	121.48	54.46	49.87	Glyma12g09810	51.20	38.10	29.67	24.63	13.65	36.12
Glyma13g35820	19.66	29.60	29.21	54.59	53.53	41.14	Glyma10g13700	40.12	10.32	8.84	24.78	10.65	28.27
Glyma07g01250	10.42	12.06	87.68	52.69	39.22	21.77	Glyma07g07170	66.55	47.88	27.04	24.01	23.44	46.86
Glyma11g25860	3.16	18.32	55.04	26.45	2.02	6.60	Glyma08g11530	6.18	87.86	34.20	15.49	2.34	4.35
Glyma09g39500	19.13	14.19	17.59	33.32	49.94	39.86	Glyma11g09190	135.81	348.77	217.37	150.47	97.38	95.50
Glyma06g09430	6.24	193.51	60.91	11.86	31.53	13.01	Glyma20g03410	34.07	5.66	2.91	10.44	17.53	23.94
Glyma13g19170	23.36	23.03	73.16	86.02	46.42	48.64	Glyma02g16710	2.50	274.77	33.59	12.80	3.75	1.76
Glyma13g37830	14.98	173.23	128.35	38.72	25.78	31.18	Glyma09g35670	72.14	64.12	88.67	27.09	60.68	50.65
Glyma18g11660	33.20	32.31	48.30	54.66	72.44	68.88	Glyma18g50860	7.61	42.38	18.18	6.55	3.42	5.34
Glyma03g07680	1.20	5.51	34.53	6.67	3.68	2.48	Glyma05g36420	204.56	193.87	132.86	109.70	93.56	143.60
Glyma16g03720	13.13	20.97	19.65	40.74	24.00	27.22	Glyma17g37880	42.82	121.90	41.38	23.40	25.10	30.05
Glyma19g31470	10.50	6.65	26.13	55.60	14.83	21.74	Glyma02g15430	63.98	23.27	69.78	57.73	179.59	44.84
Glyma06g14200	27.45	23.77	24.73	76.77	62.26	56.79	Glyma14g38010	64.41	167.77	111.00	37.18	39.00	45.11
Glyma01g05880	3.60	5.01	19.77	22.02	10.57	7.43	Glyma07g19060	23.98	23.18	40.97	6.72	3.44	16.79
Glyma19g22590	1.74	0.14	1.18	20.17	4.08	3.59	Glyma02g04000	7.07	31.22	41.79	10.07	5.67	4.95
Glyma15g13100	21.14	17.17	17.92	21.26	53.78	43.63	Glyma02g11750	108.30	25.01	46.57	69.22	71.18	75.80
Glyma18g50870	18.31	77.19	311.47	71.28	46.66	37.64	Glyma03g15130	47.67	609.94	73.77	43.36	13.87	33.37

续表

基因编号	0 h	1 h	3 h	6 h	12 h	24 h	基因编号	0 h	1 h	3 h	6 h	12 h	24 h
Glyma08g17630	16.23	46.74	36.47	32.68	16.11	33.31	Glyma10g05270	75.39	45.94	40.73	29.02	31.12	52.75
Glyma14g07810	12.77	5.95	29.70	27.74	84.33	26.20	Glyma19g02440	47.13	3.47	22.99	44.71	55.26	32.90
Glyma10g37500	33.41	768.49	90.38	40.98	44.32	68.52	Glyma18g48730	96.20	44.03	49.50	49.63	51.92	67.05
Glyma13g05090	19.18	97.98	28.54	32.99	39.57	39.29	Glyma13g01580	120.52	258.39	111.59	103.65	73.23	83.94
Glyma14g20380	32.17	51.53	19.50	111.88	97.98	65.83	Glyma05g33880	19.91	367.63	134.48	31.27	18.60	13.86
Glyma10g21570	3.10	2.02	1.52	8.37	21.10	6.35	Glyma11g19350	53.70	15.24	36.80	29.45	25.02	37.39
Glyma05g30690	22.68	8.91	9.78	32.53	52.54	46.34	Glyma18g05380	36.50	9.71	22.34	22.55	13.94	25.42
Glyma19g43570	6.70	75.87	21.77	23.90	7.19	13.69	Glyma03g29090	1.28	27.07	1.75	3.51	1.79	0.89
Glyma13g35850	14.71	21.94	23.05	47.79	46.84	30.01	Glyma04g03890	13.57	2.89	1.33	1.24	0.00	9.45
Glyma18g50760	13.03	10.78	27.05	29.15	36.40	26.55	Glyma19g39030	22.58	25.96	196.10	92.17	46.03	15.72
Glyma01g28810	10.12	7.59	19.65	47.07	31.50	20.62	Glyma07g38780	53.90	30.50	105.65	3.86	11.62	37.49
Glyma15g12530	28.99	48.90	67.30	104.60	42.07	59.08	Glyma09g04280	278.09	174.45	154.65	188.18	125.88	193.37
Glyma04g40680	2.85	31.51	15.16	5.21	4.79	5.78	Glyma18g52860	41.31	129.53	54.35	34.14	25.59	28.68
Glyma18g02120	4.01	25.18	25.05	12.03	10.40	8.12	Glyma08g47580	33.82	9.21	6.16	30.22	28.04	23.48
Glyma13g04670	6.98	63.63	46.57	29.06	3.71	14.11	Glyma17g03350	3 187.94	1 689.64	2 188.92	3 769.30	1 122.80	2 211.65
Glyma03g05580	18.49	35.42	95.33	81.19	14.54	37.39	Glyma06g48040	10.10	38.76	18.27	9.24	6.24	7.00
Glyma08g25020	30.92	39.28	148.51	84.85	52.63	62.45	Glyma20g35440	10.88	57.21	20.02	8.45	4.20	7.54
Glyma10g35480	5.70	31.42	13.02	6.95	9.46	11.50	Glyma19g39070	413.04	221.64	195.95	247.21	155.29	286.19

续表

基因编号	0 h	1 h	3 h	6 h	12 h	24 h	基因编号	0 h	1 h	3 h	6 h	12 h	24 h
Glyma08g13360	33.53	42.55	180.54	53.99	11.50	67.66	Glyma19g36620	21.93	44.86	23.16	52.73	13.42	15.19
Glyma03g39170	4.90	42.48	13.48	13.56	7.58	9.86	Glyma20g01850	3.65	1.01	2.02	8.86	20.63	2.53
Glyma17g33500	7.55	1.62	5.99	17.93	30.45	15.19	Glyma10g00500	270.01	207.59	162.51	178.00	111.56	186.75
Glyma15g01060	31.24	6.80	25.95	43.97	63.02	62.85	Glyma19g28950	290.72	147.93	99.40	126.29	95.23	201.06
Glyma15g13230	22.83	9.99	24.44	26.55	53.55	45.83	Glyma16g29650	66.78	610.84	50.37	15.79	28.09	46.08
Glyma03g37760	4.15	6.21	26.53	12.51	13.50	8.32	Glyma08g00600	6.29	33.22	9.00	5.31	6.68	4.34
Glyma04g17710	0.00	52.87	5.49	1.47	2.08	0.20	Glyma03g29810	245.98	185.67	116.64	159.49	119.64	169.45
Glyma05g26330	3.47	28.81	5.42	6.89	10.34	6.90	Glyma04g28760	38.84	30.21	33.64	27.32	11.40	26.75
Glyma18g16780	0.55	6.72	18.81	4.02	2.10	1.09	Glyma15g15680	19.42	45.80	33.06	49.76	10.28	13.37
Glyma11g34650	6.37	5.51	15.60	17.50	26.39	12.68	Glyma08g02940	112.95	109.65	134.53	300.76	97.85	77.76
Glyma18g03220	1.85	1.97	3.64	13.77	17.99	3.68	Glyma06g45220	201.50	146.64	90.59	147.89	102.15	138.66
Glyma04g04490	3.58	28.43	54.54	25.64	3.32	7.13	Glyma13g44720	36.17	63.06	137.16	52.55	34.03	24.87
Glyma05g22930	17.54	0.00	0.00	31.81	0.00	34.89	Glyma19g36690	66.40	46.26	20.56	104.55	37.31	45.65
Glyma01g01820	25.83	82.49	31.61	41.20	40.79	51.39	Glyma08g48230	30.47	0.00	33.90	35.74	52.93	20.94
Glyma02g13460	0.11	14.15	1.69	0.00	0.55	0.22	Glyma10g38910	22.05	23.47	176.20	57.53	21.26	15.12
Glyma04g04470	1.11	2.17	18.73	70.36	7.81	2.22	Glyma11g37930	40.89	124.59	49.03	71.05	14.72	28.00
Glyma05g08400	0.54	0.57	2.63	41.25	31.44	1.07	Glyma01g39860	3.73	32.29	9.60	1.71	2.68	2.55
Glyma03g33820	0.74	24.28	12.25	10.10	2.81	1.46	Glyma11g19240	6.16	72.93	51.76	11.98	6.21	4.21

续表

基因编号	0 h	1 h	3 h	6 h	12 h	24 h	基因编号	0 h	1 h	3 h	6 h	12 h	24 h
Glyma13g24510	0.73	1.55	9.64	26.37	2.32	1.45	Glyma17g15690	369.61	439.56	389.13	1 095.26	350.87	252.61
Glyma17g17150	31.05	115.68	60.80	127.27	79.46	61.77	Glyma14g24220	12.75	25.35	51.29	20.53	8.42	8.71
Glyma16g05920	29.60	4.85	46.07	56.93	105.31	58.88	Glyma12g12600	165.59	162.78	419.69	147.55	121.62	113.09
Glyma18g46280	34.08	10.58	62.56	92.68	87.41	67.79	Glyma07g09220	91.48	43.45	27.90	57.76	46.36	62.47
Glyma19g05800	9.44	2.51	11.56	29.49	40.48	18.78	Glyma09g41850	190.79	39.56	32.07	239.08	179.14	129.99
Glyma13g37000	0.44	17.42	2.60	1.62	0.56	0.88	Glyma01g07550	134.21	88.28	68.75	63.22	87.92	91.44
Glyma14g02350	9.25	49.39	49.37	8.74	17.30	18.40	Glyma05g03070	2.29	27.34	37.42	4.75	3.07	1.56
Glyma12g20830	0.78	18.16	4.18	3.19	3.95	1.54	Glyma08g02580	2.31	61.05	19.96	5.89	3.01	1.57
Glyma17g12340	10.16	14.88	56.60	15.12	16.19	20.22	Glyma16g08420	19.09	40.63	18.03	62.82	17.49	12.99
Glyma18g45930	0.64	6.85	18.91	2.36	0.82	1.28	Glyma17g03110	30.79	32.05	143.24	70.15	32.77	20.95
Glyma19g23760	22.69	54.35	261.05	170.71	79.09	45.14	Glyma08g44120	177.61	101.17	65.07	94.09	125.58	120.83
Glyma04g37350	17.11	18.21	33.50	46.55	21.42	34.03	Glyma17g00820	177.10	148.95	108.21	117.34	74.54	120.43
Glyma07g13200	18.84	4.58	17.39	28.06	83.15	37.47	Glyma12g24840	2 018.92	966.12	988.39	724.84	781.82	1 372.57
Glyma08g14980	8.82	11.29	19.97	33.13	13.29	17.52	Glyma01g39260	26.30	230.61	148.45	40.38	21.44	17.88
Glyma13g34540	2.23	8.04	50.01	17.07	11.04	4.42	Glyma16g25720	86.58	20.63	19.59	25.75	32.66	58.76
Glyma16g34340	23.65	24.56	54.67	27.77	3.09	46.93	Glyma17g17210	6.10	99.19	29.60	12.94	1.77	4.14
Glyma17g13730	1.14	1.58	6.47	70.83	28.90	2.27	Glyma02g43580	14.81	67.77	67.40	39.81	8.13	10.04
Glyma13g19910	24.90	44.48	85.97	39.22	3.29	49.28	Glyma06g13090	3.63	54.05	12.22	3.32	2.22	2.45

续表

基因编号	0 h	1 h	3 h	6 h	12 h	24 h	基因编号	0 h	1 h	3 h	6 h	12 h	24 h
Glyma10g05830	6.53	18.68	42.16	44.08	9.10	12.79	Glyma08g28430	30.97	44.84	96.56	60.77	12.00	20.95
Glyma16g34720	7.96	55.37	53.01	29.39	7.44	15.58	Glyma20g26940	16.50	190.67	65.28	25.98	16.82	11.16
Glyma02g02560	9.12	7.40	12.25	49.07	32.29	17.83	Glyma19g42510	98.52	77.01	55.88	51.08	38.45	66.54
Glyma0041s00290	3.92	32.34	52.25	7.81	2.35	7.64	Glyma05g24740	9.38	58.45	14.43	8.89	7.68	6.33
Glyma04g04730	21.05	14.62	26.46	56.85	77.72	40.98	Glyma07g39230	717.38	379.25	287.60	268.84	441.90	483.97
Glyma15g41470	27.54	28.83	40.99	36.45	65.41	53.32	Glyma14g01990	61.82	175.38	56.54	29.96	39.67	41.70
Glyma13g36950	6.69	6.33	25.84	12.24	27.93	12.94	Glyma06g06660	48.97	36.11	48.63	106.12	32.06	32.97
Glyma18g49140	16.40	78.87	24.64	27.23	19.13	31.67	Glyma20g00590	101.75	37.92	15.56	140.75	60.86	68.49
Glyma05g36250	0.00	16.71	3.61	0.18	0.00	0.19	Glyma19g42220	8.68	64.65	18.28	9.23	3.26	5.84
Glyma20g27220	9.53	24.10	47.26	26.71	18.98	18.38	Glyma04g32710	59.17	198.55	50.70	32.75	36.17	39.77
Glyma04g42120	19.64	48.35	94.95	67.35	37.48	37.85	Glyma03g28850	45.30	30.19	31.15	10.13	37.68	30.44
Glyma12g17510	14.14	6.87	18.56	22.70	39.83	27.21	Glyma03g32380	123.23	87.22	72.20	87.28	53.44	82.80
Glyma05g01630	7.74	13.19	35.89	25.98	15.78	14.89	Glyma08g06420	74.15	82.97	278.25	178.12	72.00	49.82
Glyma03g42420	37.15	21.09	44.46	95.91	101.93	71.44	Glyma01g20980	165.48	118.98	79.59	469.46	130.30	111.18
Glyma18g00820	27.12	28.87	102.33	36.92	61.49	51.98	Glyma08g11610	11.56	237.39	38.30	12.83	5.87	7.77
Glyma13g28210	3.78	2.94	45.09	13.16	0.93	7.23	Glyma03g01900	20.10	64.32	53.26	20.78	20.17	13.50
Glyma16g33790	12.35	44.84	177.68	229.55	53.66	23.63	Glyma20g23120	20.03	1.09	12.99	18.10	9.25	13.45
Glyma02g08120	5.35	8.54	58.96	46.23	10.60	10.20	Glyma10g30880	60.43	43.88	180.15	109.94	53.13	40.56

续表

基因编号	0 h	1 h	3 h	6 h	12 h	24 h	基因编号	0 h	1 h	3 h	6 h	12 h	24 h
Glyma13g39070	4.54	22.14	30.36	25.26	5.30	8.65	Glyma20g31900	35.11	6.57	25.05	17.93	36.20	23.52
Glyma20g23090	25.96	17.27	56.83	127.68	170.85	49.49	Glyma02g38770	23.14	149.71	18.74	11.40	7.94	15.49
Glyma15g01220	7.37	5.46	73.42	136.66	50.22	14.02	Glyma11g36900	31.11	23.82	76.00	41.44	21.12	20.82
Glyma03g01840	9.00	87.85	6.51	22.91	10.46	17.12	Glyma18g08640	125.79	73.83	51.65	70.31	87.49	84.18
Glyma14g39130	56.06	77.65	37.83	4.93	0.67	106.37	Glyma12g33720	55.56	20.98	36.10	38.42	52.62	37.18
Glyma20g28320	191.89	375.75	873.18	728.13	773.80	363.24	Glyma15g04620	302.28	64.76	126.01	95.88	73.90	202.13
Glyma13g30460	12.01	7.39	3.84	13.51	37.76	22.74	Glyma02g44890	22.87	64.25	27.90	30.88	24.36	15.29
Glyma02g40130	3.85	36.43	3.95	11.26	6.37	7.27	Glyma11g10240	31.76	728.61	135.59	30.14	24.92	21.23
Glyma13g05940	44.80	38.68	39.44	46.41	95.51	84.61	Glyma10g35650	45.42	14.02	34.85	28.62	43.10	30.32
Glyma04g03910	5.49	32.28	17.53	5.81	6.62	10.34	Glyma09g05450	31.09	13.14	1.31	8.10	2.86	20.74
Glyma14g23300	8.74	5.74	17.83	68.89	20.84	16.45	Glyma11g13760	87.82	123.59	46.42	46.10	34.33	58.41
Glyma04g08020	3.99	118.90	18.23	8.92	6.21	7.49	Glyma13g11570	23.77	1.38	10.90	5.15	10.56	15.80
Glyma08g28440	130.21	323.42	779.13	367.86	127.05	244.65	Glyma02g02790	95.50	96.22	248.53	126.69	90.54	63.33
Glyma09g27520	5.29	15.02	9.78	16.67	26.95	9.94	Glyma08g13970	87.11	56.89	41.62	54.30	28.95	57.76
Glyma10g31210	51.64	41.15	31.20	16.47	415.83	96.86	Glyma13g34210	8.43	58.80	26.59	2.57	2.38	5.59
Glyma06g29530	76.18	57.67	82.57	87.34	163.46	142.86	Glyma14g25480	0.55	22.26	4.83	0.67	0.12	0.36
Glyma09g39040	9.79	47.54	70.87	17.17	17.56	18.33	Glyma07g30950	21.26	199.47	49.69	23.35	13.00	14.10
Glyma07g11710	80.99	135.60	161.93	236.53	171.10	151.47	Glyma19g09920	31.31	22.22	0.00	0.00	0.00	20.77

续表

基因编号	0 h	1 h	3 h	6 h	12 h	24 h	基因编号	0 h	1 h	3 h	6 h	12 h	24 h
Glyma15g17230	11.12	58.43	22.87	7.99	18.65	20.72	Glyma05g35030	132.25	82.36	54.00	79.14	61.74	87.61
Glyma03g37230	26.01	22.90	8.43	10.02	4.98	48.44	Glyma05g36980	7.93	63.15	9.52	4.79	1.98	5.25
Glyma09g40580	22.09	17.03	9.32	87.60	22.81	41.10	Glyma06g20360	18.91	54.85	20.31	17.76	5.74	12.52
Glyma07g10570	4.89	24.43	10.82	7.39	12.73	9.09	Glyma02g11020	68.98	53.75	18.10	49.79	34.49	45.57
Glyma09g29800	44.88	33.89	89.95	42.19	2.68	83.34	Glyma15g09740	197.62	156.38	138.71	132.69	88.93	130.48
Glyma09g29900	7.85	5.53	4.04	9.63	34.44	14.56	Glyma01g40130	7.03	84.53	21.96	8.25	7.25	4.64
Glyma16g25860	13.51	4.97	76.42	59.08	59.30	25.05	Glyma03g35180	264.27	572.82	254.15	202.48	148.68	174.44
Glyma05g31400	1.80	14.64	21.88	3.82	3.23	3.34	Glyma02g11740	16.54	54.24	41.41	21.18	9.63	10.91
Glyma08g26020	38.34	19.01	56.17	42.06	4.10	71.04	Glyma07g15930	31.37	77.65	35.94	17.57	25.27	20.70
Glyma09g05090	47.41	42.96	60.24	124.07	98.34	87.70	Glyma10g05130	14.19	30.45	79.92	22.73	3.36	9.36
Glyma18g17810	13.28	8.08	16.72	15.85	44.12	24.54	Glyma10g32580	233.87	181.56	110.34	116.45	94.56	154.28
Glyma03g01190	8.04	5.20	39.94	22.61	33.31	14.86	Glyma13g00600	102.17	20.44	59.24	128.32	49.85	67.39
Glyma07g38510	3.66	26.71	8.70	4.02	6.80	6.76	Glyma05g38120	31.88	58.06	84.54	49.79	35.26	21.00
Glyma18g52410	30.64	24.05	139.08	95.30	37.39	56.57	Glyma13g24710	617.66	580.15	542.51	388.56	206.04	406.57
Glyma15g23420	18.59	17.00	45.16	35.61	47.31	34.25	Glyma02g42080	97.06	76.86	42.59	55.79	53.16	63.86
Glyma03g26590	0.00	0.79	24.48	71.70	1.89	0.18	Glyma04g23990	60.76	36.22	19.04	25.02	17.80	39.89
Glyma06g12640	116.98	82.43	105.61	139.88	224.69	215.49	Glyma05g28880	568.24	398.93	226.35	309.79	265.22	372.77
Glyma09g04530	592.65	492.59	624.55	1 872.59	1 794.61	1 091.09	Glyma11g09880	41.65	16.07	30.46	35.02	122.08	27.32

续表

基因编号	0 h	1 h	3 h	6 h	12 h	24 h	基因编号	0 h	1 h	3 h	6 h	12 h	24 h
Glyma15g12570	24.33	22.35	65.59	37.21	31.42	44.75	Glyma16g24120	345.40	250.62	189.50	183.60	156.09	226.48
Glyma18g48130	28.19	4.50	0.00	11.59	21.54	51.85	Glyma05g37690	23.29	56.48	33.13	26.74	8.72	15.26
Glyma02g47570	31.31	3.08	13.21	72.29	56.45	57.50	Glyma17g15380	58.40	13.59	37.33	34.73	56.38	38.27
Glyma09g41440	8.91	10.96	58.77	71.79	12.87	16.35	Glyma03g37870	31.60	6.06	28.44	45.27	40.77	20.70
Glyma07g01660	15.36	18.91	81.65	79.23	51.06	28.14	Glyma19g32650	144.73	48.54	25.55	102.01	87.02	94.72
Glyma16g06750	18.49	34.78	69.55	87.16	52.26	33.88	Glyma19g32910	82.85	56.91	47.14	36.13	46.76	54.19
Glyma03g31580	29.50	12.70	63.84	89.28	57.34	54.05	Glyma17g05270	76.38	48.58	40.45	34.37	42.54	49.88
Glyma09g33140	29.50	55.94	279.18	62.67	34.55	53.96	Glyma13g28830	499.19	280.15	230.04	245.20	227.30	325.90
Glyma01g43510	17.55	27.73	10.53	27.98	49.75	32.10	Glyma17g36360	65.76	84.84	135.23	45.87	44.90	42.92
Glyma04g10870	1.28	164.70	12.31	1.76	3.53	2.33	Glyma10g33010	79.79	65.82	55.28	49.24	34.79	52.07
Glyma12g34210	7.13	110.32	10.94	7.18	6.97	13.00	Glyma03g39480	126.08	71.57	54.62	68.59	52.92	82.25
Glyma02g01960	19.95	163.17	80.33	60.08	64.63	36.35	Glyma10g40490	98.71	188.44	91.41	56.50	43.88	64.39
Glyma06g45370	28.55	11.13	45.66	77.82	80.41	51.99	Glyma02g11540	369.24	220.85	199.56	184.30	158.75	240.61
Glyma04g40450	5.97	94.99	9.01	9.35	12.38	10.87	Glyma08g11160	129.17	72.24	69.02	86.55	56.89	84.06
Glyma11g07930	61.49	76.50	110.10	137.48	18.53	111.87	Glyma03g03460	88.11	80.97	199.00	185.76	154.02	57.26
Glyma07g30570	113.44	27.08	63.54	44.90	208.19	205.54	Glyma16g01220	9.59	91.61	33.87	14.69	4.25	6.22
Glyma15g42000	20.73	13.01	31.74	19.94	55.50	37.53	Glyma19g42700	163.06	85.50	75.66	77.96	74.42	105.61
Glyma08g28190	69.19	39.37	59.34	133.84	56.62	125.17	Glyma06g41520	25.98	11.41	11.10	8.30	79.62	16.82

续表

基因编号	0 h	1 h	3 h	6 h	12 h	24 h	基因编号	0 h	1 h	3 h	6 h	12 h	24 h
Glyma15g10840	3.18	4.00	31.57	25.28	12.53	5.75	Glyma01g43880	349.38	360.84	266.67	579.06	123.18	226.12
Glyma03g17000	7.37	8.08	32.69	16.66	12.95	13.33	Glyma09g01200	38.51	9.22	19.48	30.55	33.12	24.90
Glyma06g19290	18.62	22.52	27.77	71.12	44.97	33.65	Glyma01g31920	13.51	74.07	6.48	5.69	1.55	8.74
Glyma07g38740	20.25	17.16	47.53	82.01	70.22	36.54	Glyma12g33550	10.22	50.29	25.01	9.58	9.44	6.60
Glyma15g42980	239.77	225.35	176.64	232.46	446.67	432.59	Glyma08g05940	85.71	40.05	28.47	38.31	45.55	55.38
Glyma08g45580	11.07	26.89	83.02	85.20	35.27	19.97	Glyma15g16990	64.80	29.83	39.44	41.88	20.64	41.81
Glyma01g01860	1.82	31.62	13.76	4.98	3.76	3.27	Glyma17g05340	102.54	93.80	84.71	49.10	60.17	66.14
Glyma10g42340	1.84	0.98	6.41	15.03	42.00	3.31	Glyma04g01270	223.00	154.35	117.14	119.98	88.99	143.75
Glyma01g40880	7.38	22.06	50.77	12.91	4.71	13.27	Glyma07g08010	6.23	4.76	18.47	19.19	28.84	4.01
Glyma07g04050	16.42	9.08	19.82	14.28	50.53	29.51	Glyma05g35940	84.33	308.34	223.06	46.31	55.60	54.32
Glyma08g06470	403.93	103.05	200.53	328.02	330.20	723.75	Glyma17g37800	56.10	39.38	101.77	44.26	15.79	36.12
Glyma18g02920	2.71	3.18	23.38	14.16	9.34	4.86	Glyma12g05800	2.56	27.37	7.89	3.38	1.85	1.64
Glyma09g26560	18.85	6.51	17.16	22.25	77.13	33.72	Glyma03g37740	15.78	27.65	89.48	19.26	14.66	10.14
Glyma13g01110	8.97	50.16	52.44	31.98	11.72	16.01	Glyma08g18860	78.89	58.25	43.72	32.47	31.38	50.65
Glyma07g35310	140.21	463.58	602.59	302.03	1 325.80	250.08	Glyma07g29150	51.24	3.02	20.81	54.68	52.96	32.88
Glyma01g02400	141.56	82.30	45.47	91.49	467.43	252.30	Glyma15g08520	19.84	56.20	25.06	12.59	9.78	12.73
Glyma01g07120	24.93	14.43	25.61	59.42	37.52	44.38	Glyma18g17590	121.00	59.40	48.63	58.78	47.98	77.63
Glyma03g37530	9.01	54.94	15.90	12.16	9.08	16.05	Glyma19g36800	15.75	24.78	82.08	16.50	13.60	10.10

续表

基因编号	0 h	1 h	3 h	6 h	12 h	24 h	基因编号	0 h	1 h	3 h	6 h	12 h	24 h
Glyma07g05090	194.70	56.55	146.09	219.14	98.78	346.37	Glyma11g12790	51.86	128.82	79.08	61.30	32.03	33.23
Glyma13g38170	16.91	15.58	64.33	70.25	52.63	30.09	Glyma02g39750	6.97	6.29	5.79	10.28	29.38	4.47
Glyma02g15400	19.85	7.25	13.62	51.45	62.41	35.31	Glyma14g01430	19.68	27.51	214.47	78.81	35.63	12.60
Glyma07g33180	182.90	68.49	71.58	85.70	388.98	325.18	Glyma11g11430	2.13	38.54	15.19	2.51	1.74	1.36
Glyma08g17990	5.12	1.56	5.02	4.03	24.25	9.10	Glyma15g24610	23.23	155.46	19.50	27.31	16.88	14.86
Glyma05g36990	5.30	85.49	55.26	7.97	1.93	9.42	Glyma14g03410	36.29	40.77	188.68	95.45	30.65	23.20
Glyma18g01330	75.96	60.84	120.40	179.28	182.52	134.88	Glyma19g05980	34.90	76.86	22.53	14.46	19.17	22.29
Glyma05g34220	36.52	22.57	6.69	20.49	24.32	64.69	Glyma11g01990	28.67	35.42	46.10	3.56	9.92	18.31
Glyma06g14720	13.40	137.08	24.37	13.54	24.62	23.71	Glyma15g42260	338.27	3 005.18	1 488.40	251.52	37.03	216.01
Glyma14g10660	370.48	188.45	138.39	210.29	432.61	655.37	Glyma08g05290	150.74	93.48	75.67	78.18	57.62	96.15
Glyma18g01740	2.31	21.60	2.01	2.94	2.29	4.09	Glyma15g04540	115.58	101.60	143.49	78.91	48.85	73.72
Glyma17g23670	80.19	75.88	115.12	154.10	33.69	141.81	Glyma01g32040	8.09	40.50	14.25	10.36	3.72	5.15
Glyma08g17410	3.30	37.02	49.76	11.11	8.02	5.82	Glyma13g17050	21.24	52.81	24.98	18.97	16.67	13.53
Glyma01g37810	222.22	154.76	89.40	481.18	265.12	390.93	Glyma09g07450	15.92	0.00	24.95	28.12	6.45	10.14
Glyma01g37020	10.28	14.39	40.95	19.34	16.69	18.07	Glyma08g11520	6.72	69.28	25.59	12.07	3.00	4.28
Glyma06g07290	39.87	64.12	36.39	77.89	62.95	69.99	Glyma03g37190	98.75	67.78	56.77	77.31	42.01	62.81
Glyma18g06250	6.37	4.39	21.58	32.23	41.60	11.18	Glyma08g08050	144.20	123.89	100.61	68.57	96.88	91.48
Glyma12g36300	9.16	32.08	45.70	28.87	9.08	16.06	Glyma13g19500	24.59	137.78	202.86	55.11	8.90	15.59

续表

基因编号	0 h	1 h	3 h	6 h	12 h	24 h	基因编号	0 h	1 h	3 h	6 h	12 h	24 h
Glyma18g48910	19.41	56.72	90.06	20.16	21.41	33.97	Glyma17g16930	76.69	150.28	80.96	49.27	36.77	48.54
Glyma15g39750	5.26	2.12	148.95	94.26	14.79	9.20	Glyma18g02210	56.21	76.96	304.48	315.78	91.03	35.57
Glyma07g28880	15.35	9.90	48.73	15.32	21.33	26.84	Glyma19g00200	1 209.08	817.66	774.04	661.95	508.41	764.64
Glyma07g08310	3.65	88.73	21.15	20.32	5.04	6.35	Glyma19g39940	176.65	129.42	98.36	92.63	66.62	111.68
Glyma06g03430	4.68	3.32	87.77	90.23	34.26	8.14	Glyma16g05960	58.36	20.47	30.25	28.90	27.98	36.88
Glyma06g11990	0.65	19.42	4.79	1.19	1.25	1.13	Glyma12g34310	43.01	30.37	10.44	31.57	23.34	27.11
Glyma04g42840	12.48	18.53	45.25	22.85	5.05	21.73	Glyma06g04030	43.40	153.63	132.04	54.11	25.27	27.36
Glyma03g38990	81.73	78.50	112.04	179.86	158.35	142.17	Glyma11g05160	234.85	145.72	135.06	135.09	100.52	147.85
Glyma06g14910	26.13	234.83	60.23	29.36	36.24	45.40	Glyma15g07720	155.31	962.05	2 013.50	533.72	230.67	97.72
Glyma18g20800	127.54	94.03	103.52	118.82	264.59	221.53	Glyma02g05880	56.32	34.53	29.62	37.52	19.78	35.43
Glyma13g25810	6.47	33.92	10.44	8.95	6.96	11.24	Glyma08g19150	1.55	1.24	12.87	18.81	7.37	0.97
Glyma17g05520	58.02	20.59	28.79	96.10	93.81	100.71	Glyma14g00630	82.79	46.13	35.24	36.97	45.38	51.87
Glyma08g19480	16.27	21.31	30.02	48.24	8.17	28.16	Glyma17g13390	348.71	184.53	65.07	111.94	327.13	218.42
Glyma07g12600	18.85	47.68	43.32	38.49	21.57	32.60	Glyma11g08000	287.13	60.42	144.20	143.91	296.78	179.81
Glyma18g41910	38.80	38.24	57.72	174.55	59.06	67.05	Glyma11g34800	13.55	25.47	12.20	7.40	7.80	8.48
Glyma19g28240	30.29	11.62	51.48	22.51	6.47	52.30	Glyma03g36420	264.91	168.62	127.82	137.94	125.21	165.71
Glyma07g32120	36.26	51.19	79.15	36.70	11.60	62.61	Glyma16g29340	22.26	23.10	130.75	12.68	11.57	13.91
Glyma14g08560	4.35	119.21	30.79	5.03	5.87	7.50	Glyma13g43250	35.45	29.20	90.19	93.77	6.60	22.13

续表

基因编号	0 h	1 h	3 h	6 h	12 h	24 h	基因编号	0 h	1 h	3 h	6 h	12 h	24 h
Glyma06g09420	268.31	219.44	127.94	127.09	195.46	462.47	Glyma15g08360	27.07	3.68	5.72	11.42	25.36	16.90
Glyma11g33790	8.87	87.22	20.90	15.33	5.81	15.25	Glyma04g34600	77.09	52.34	51.23	70.45	29.62	48.10
Glyma07g33950	62.22	63.42	60.14	129.94	135.90	106.99	Glyma12g05190	8.57	6.27	20.97	35.76	57.28	5.33
Glyma17g15060	1.79	20.08	5.57	3.87	6.84	3.08	Glyma14g08000	20.04	39.71	64.60	22.42	28.73	12.46
Glyma11g21210	32.79	17.94	22.74	78.76	47.56	56.17	Glyma16g18480	693.09	397.07	431.21	512.30	317.80	430.88
Glyma11g15790	25.57	15.84	44.74	81.53	51.28	43.78	Glyma05g30290	92.29	43.76	9.02	80.26	75.43	57.35
Glyma06g45260	31.28	5.55	31.86	97.23	79.99	53.54	Glyma18g08630	156.16	78.63	46.80	82.89	89.72	96.83
Glyma05g25920	4.78	39.22	10.69	11.24	1.74	8.14	Glyma19g26380	65.83	31.85	20.93	53.18	50.06	40.82
Glyma10g01560	1.61	35.76	8.56	8.64	5.86	2.75	Glyma16g02390	2.63	2.79	11.22	30.25	2.50	1.63
Glyma08g18340	14.24	270.66	42.49	45.28	25.90	24.28	Glyma10g35470	10.33	37.73	5.47	7.66	11.74	6.39
Glyma01g25980	946.33	984.24	745.52	900.20	1 888.66	1 612.13	Glyma18g01120	115.78	93.94	50.68	94.32	77.28	71.56
Glyma18g04450	19.19	140.75	58.41	43.74	24.00	32.62	Glyma10g22720	120.46	64.83	75.86	94.25	53.05	74.39
Glyma01g39460	22.67	17.60	54.34	94.88	42.73	38.52	Glyma18g51660	249.57	210.06	138.74	147.82	99.57	154.11
Glyma09g23600	48.53	10.17	60.47	66.22	110.00	82.20	Glyma02g00220	135.98	42.71	35.12	53.19	110.07	83.91
Glyma17g10170	9.68	28.53	19.91	16.12	34.43	16.36	Glyma02g10640	60.35	35.63	39.06	22.31	19.22	37.20
Glyma13g43440	28.31	29.75	49.69	23.58	62.04	47.85	Glyma05g22510	89.84	65.47	34.17	56.92	56.35	55.34
Glyma10g07220	7.24	1.08	37.91	20.95	6.44	12.22	Glyma15g18580	9.35	44.72	4.36	3.26	0.38	5.76
Glyma13g07590	2.78	2.28	3.15	14.70	22.38	4.69	Glyma16g26520	53.30	11.57	34.71	27.24	40.23	32.81

续表

基因编号	0 h	1 h	3 h	6 h	12 h	24 h	基因编号	0 h	1 h	3 h	6 h	12 h	24 h
Glyma20g28290	17.34	13.66	10.59	25.48	60.95	29.16	Glyma03g37340	312.03	243.30	179.03	214.02	143.06	192.09
Glyma13g37990	1.18	58.81	6.14	1.08	1.00	1.97	Glyma06g01970	286.63	254.64	194.53	113.49	142.60	176.15
Glyma04g17650	1.22	231.55	8.73	5.93	3.63	2.04	Glyma13g35100	4.21	174.18	19.42	4.08	2.37	2.59
Glyma17g13430	15.50	3.91	10.65	49.40	36.39	25.97	Glyma04g00400	65.51	40.13	32.46	32.79	25.55	40.16
Glyma13g01910	14.12	73.15	15.85	29.95	39.50	23.64	Glyma20g24500	517.25	290.92	242.15	223.93	290.26	316.87
Glyma16g33220	17.36	54.76	2.51	15.89	58.45	29.03	Glyma06g10700	2.94	29.87	7.75	1.24	4.04	1.80
Glyma18g51750	2.66	46.67	4.82	3.10	3.03	4.44	Glyma07g02420	29.51	32.45	91.52	42.63	27.68	18.05
Glyma13g01080	12.01	19.65	17.58	39.21	19.72	20.03	Glyma09g34100	73.18	47.83	26.23	32.34	23.16	44.68
Glyma05g15870	6.47	111.13	100.85	40.49	9.14	10.78	Glyma03g35000	184.79	131.92	69.83	127.53	165.94	112.81
Glyma16g27140	60.65	92.72	371.43	411.42	30.31	101.01	Glyma19g34300	105.42	79.72	80.25	45.00	44.63	64.26
Glyma20g34820	55.96	41.81	43.73	226.96	128.14	93.12	Glyma19g38670	0.82	28.06	9.57	1.12	0.67	0.50
Glyma09g02680	176.48	151.14	328.42	377.30	274.91	293.64	Glyma15g01420	49.25	37.01	110.10	60.70	67.55	29.99
Glyma08g29920	27.14	56.72	121.80	75.60	16.66	45.12	Glyma06g14710	84.25	53.55	47.40	77.66	36.03	51.28
Glyma05g34760	13.63	59.89	29.87	21.97	14.02	22.64	Glyma13g42090	193.87	140.42	147.99	108.00	80.94	117.93
Glyma11g07750	101.61	55.15	53.19	102.64	340.83	168.62	Glyma19g32690	200.94	160.87	106.10	134.75	86.73	122.24
Glyma18g32850	3.57	1.55	39.77	12.23	8.77	5.92	Glyma14g37480	11.15	104.45	12.73	5.66	1.45	6.78
Glyma07g21110	3.13	23.77	3.23	4.93	5.43	5.18	Glyma06g08880	21.63	82.89	96.94	20.59	21.74	13.16
Glyma17g07700	1.59	20.91	5.98	1.46	2.03	2.64	Glyma19g41580	26.17	42.71	87.96	30.07	26.30	15.91

续表

基因编号	0 h	1 h	3 h	6 h	12 h	24 h	基因编号	0 h	1 h	3 h	6 h	12 h	24 h
Glyma10g41480	44.13	85.04	70.03	44.61	22.05	73.15	Glyma17g03330	33.56	87.34	86.12	27.87	10.29	20.40
Glyma13g32070	16.43	136.98	77.74	60.10	32.52	27.23	Glyma12g35410	20.01	313.54	29.00	6.41	9.18	12.14
Glyma02g08840	0.64	18.38	28.59	4.29	3.53	1.06	Glyma17g05180	18.67	29.57	237.20	41.67	21.46	11.32
Glyma03g14140	162.02	229.96	423.04	194.02	198.89	268.60	Glyma18g51880	45.06	50.78	35.08	63.58	104.48	27.33
Glyma13g22650	29.93	239.42	153.19	114.33	30.37	49.56	Glyma07g15070	95.41	482.89	313.70	57.49	44.54	57.78
Glyma17g07420	7.10	75.18	98.29	49.93	17.93	11.73	Glyma08g12100	2.57	27.68	2.95	1.63	0.57	1.55
Glyma02g15280	138.97	26.45	24.14	77.62	364.43	229.46	Glyma19g30110	140.56	98.54	78.61	92.43	63.18	85.07
Glyma08g42860	146.86	214.72	542.12	465.85	183.19	242.40	Glyma14g39950	20.08	78.29	29.23	23.35	8.99	12.15
Glyma13g34400	69.13	171.77	165.55	101.84	128.83	113.98	Glyma19g45410	46.96	14.70	10.12	18.71	40.43	28.37
Glyma10g39450	892.03	561.68	1 662.95	1 489.50	1 875.75	1 470.30	Glyma10g29130	34.64	70.41	56.01	52.15	18.80	20.90
Glyma13g39330	52.55	46.83	49.96	60.95	101.59	86.61	Glyma08g24930	84.44	63.23	42.82	49.69	35.52	50.95
Glyma04g07190	43.47	41.25	82.45	96.06	74.26	71.62	Glyma12g03470	155.49	95.63	95.58	72.56	54.40	93.79
Glyma13g44700	37.01	33.88	50.37	102.46	34.66	60.92	Glyma20g38080	80.01	52.01	39.17	51.51	32.92	48.24
Glyma13g17820	65.65	282.39	337.81	163.07	81.18	108.02	Glyma07g32010	4.53	46.17	10.89	4.52	5.25	2.73
Glyma17g03390	2.92	119.85	13.52	4.83	2.72	4.80	Glyma06g45020	36.94	127.41	64.34	37.38	22.17	22.26
Glyma10g08280	22.51	102.90	70.52	76.54	83.32	37.00	Glyma04g01840	124.79	98.07	68.83	43.65	62.03	74.99
Glyma04g09290	5.79	15.38	9.41	4.90	38.08	9.51	Glyma02g07700	61.91	21.76	37.15	47.24	22.68	37.15
Glyma18g51390	332.76	354.23	1 274.94	486.10	961.97	546.86	Glyma03g42160	37.40	30.56	62.72	127.65	38.90	22.44

续表

基因编号	0 h	1 h	3 h	6 h	12 h	24 h	基因编号	0 h	1 h	3 h	6 h	12 h	24 h
Glyma03g02410	14.58	3.26	20.12	57.24	79.32	23.92	Glyma11g11020	61.04	59.11	43.17	25.11	37.51	36.62
Glyma14g07800	25.87	12.21	16.97	43.45	93.45	42.45	Glyma10g33110	28.11	45.37	96.99	52.74	32.16	16.82
Glyma05g09440	88.21	237.83	108.28	60.26	81.05	144.70	Glyma18g02090	180.96	182.89	246.60	44.04	44.49	108.21
Glyma01g31750	366.10	348.57	393.66	1 029.01	304.60	600.17	Glyma01g34380	4.87	47.19	16.22	7.13	1.86	2.91
Glyma10g39460	122.19	57.49	142.15	176.92	157.05	200.26	Glyma02g37060	1.12	129.73	8.37	1.23	0.57	0.67
Glyma20g02150	35.02	26.06	27.00	64.38	69.88	57.33	Glyma02g47840	105.02	72.67	77.12	52.68	19.93	62.68
Glyma06g04840	12.71	139.97	110.73	35.83	18.55	20.80	Glyma04g02280	0.72	22.23	2.66	1.05	1.28	0.43
Glyma12g01820	33.55	49.89	22.81	72.84	37.45	54.89	Glyma12g00460	2.43	36.18	4.53	1.63	0.72	1.45
Glyma01g38410	33.14	31.76	38.61	35.27	70.63	54.15	Glyma12g05760	14.42	243.54	15.06	7.91	17.13	8.61
Glyma14g38130	10.46	1.79	35.78	12.28	40.83	17.07	Glyma12g11010	83.45	0.00	65.37	30.29	83.62	49.81
Glyma06g43970	35.41	55.75	68.61	54.69	145.46	57.78	Glyma12g34970	12.41	46.25	20.66	20.43	14.21	7.41
Glyma08g42240	9.12	9.25	40.32	17.49	12.51	14.86	Glyma19g43170	15.15	12.90	0.00	11.07	0.00	9.04
Glyma17g17540	58.54	21.17	111.76	163.63	96.19	95.33	Glyma02g11480	14.30	26.68	46.81	18.20	14.76	8.54
Glyma18g51260	45.88	58.02	54.05	96.94	65.73	74.64	Glyma11g35050	46.34	260.86	108.36	37.99	24.19	27.61
Glyma09g06250	298.98	188.95	115.98	410.81	265.39	485.86	Glyma19g02450	21.85	14.49	51.37	64.41	18.26	13.00
Glyma13g37720	29.28	4.45	36.27	89.11	115.65	47.55	Glyma06g10730	52.82	11.41	23.43	45.18	15.59	31.39
Glyma15g15820	3.99	40.11	7.80	5.31	6.47	6.49	Glyma16g08940	115.79	67.55	27.66	97.48	69.61	68.65
Glyma01g36720	63.02	20.59	18.65	53.38	79.54	102.33	Glyma01g44120	37.42	85.12	54.96	28.62	11.76	22.18

续表

基因编号	0 h	1 h	3 h	6 h	12 h	24 h	基因编号	0 h	1 h	3 h	6 h	12 h	24 h
Glyma02g00340	79.08	89.17	161.61	76.17	123.96	128.41	Glyma17g10910	53.69	12.97	23.49	59.59	64.04	31.82
Glyma18g01830	188.81	21.51	36.81	113.46	297.69	306.44	Glyma02g01600	190.79	441.97	351.99	275.09	190.98	113.02
Glyma13g37970	17.02	111.55	75.20	45.50	4.85	27.62	Glyma01g22260	65.17	113.64	248.71	74.42	59.92	38.59
Glyma11g07510	21.97	25.35	10.01	79.99	14.09	35.65	Glyma03g40760	227.81	150.54	136.26	116.64	82.20	134.84
Glyma05g29450	1.75	19.76	6.93	3.87	2.23	2.83	Glyma19g38740	0.57	19.76	6.85	0.90	0.11	0.34
Glyma09g08150	23.55	18.17	34.79	43.47	72.17	38.20	Glyma17g03610	28.46	17.16	58.06	62.47	49.45	16.82
Glyma02g05320	6.18	9.50	38.55	15.71	11.67	10.02	Glyma13g35480	496.51	247.58	639.84	221.59	435.46	293.52
Glyma19g45260	77.86	23.30	47.72	304.78	111.01	126.18	Glyma13g31230	46.25	37.07	105.54	33.39	49.54	27.31
Glyma02g12220	60.33	40.74	127.39	120.59	44.77	97.68	Glyma10g28610	13.84	184.26	94.27	15.86	4.80	8.17
Glyma17g03250	19.52	30.87	100.36	69.95	3.72	31.57	Glyma02g14260	7.03	80.08	14.27	8.46	3.81	4.14
Glyma20g22530	11.87	8.95	43.08	21.72	36.54	19.18	Glyma16g10700	231.99	171.55	130.29	107.90	102.83	136.64
Glyma19g00570	1.35	0.54	28.68	49.92	7.08	2.18	Glyma09g05440	815.65	210.38	153.25	796.15	547.40	479.63
Glyma18g11010	56.23	226.72	762.16	434.40	131.10	90.83	Glyma08g04990	201.05	147.17	108.40	104.33	83.18	117.81
Glyma04g34820	2.09	23.55	3.06	2.86	4.32	3.37	Glyma15g10210	65.79	52.77	35.59	30.79	25.64	38.55
Glyma09g13170	4.94	36.52	10.68	6.25	4.08	7.95	Glyma16g03620	72.85	65.60	29.80	36.99	30.20	42.68
Glyma16g04630	21.63	10.71	48.02	106.81	30.12	34.78	Glyma09g02800	125.70	65.50	26.89	63.31	83.28	73.62
Glyma06g03950	4.26	2.34	1.08	17.48	29.25	6.83	Glyma15g07040	247.19	189.13	160.62	283.03	106.41	144.75
Glyma09g37470	3.45	67.75	6.91	5.08	3.26	5.53	Glyma15g08120	108.63	120.76	522.42	126.70	97.69	63.59

续表

基因编号	0 h	1 h	3 h	6 h	12 h	24 h	基因编号	0 h	1 h	3 h	6 h	12 h	24 h
Glyma13g36740	18.92	9.63	30.44	42.46	48.21	30.27	Glyma19g44810	341.32	528.95	739.12	225.91	228.52	199.76
Glyma13g24470	80.33	279.73	260.30	117.87	58.84	128.50	Glyma11g11290	257.66	209.03	133.12	144.53	94.16	150.61
Glyma20g23520	4.98	26.25	64.17	26.33	5.52	7.96	Glyma11g13030	102.64	95.68	62.46	47.76	54.65	59.99
Glyma13g41130	12.35	45.24	12.96	11.44	18.37	19.75	Glyma18g48320	349.95	312.85	396.12	224.83	122.59	204.42
Glyma08g04070	29.76	23.57	27.01	29.56	67.76	47.47	Glyma05g00640	17.03	58.43	12.77	8.95	10.39	9.91
Glyma02g35660	8.92	59.67	9.98	11.19	6.82	14.19	Glyma11g15050	242.02	172.60	145.07	101.93	112.88	140.70
Glyma13g37740	3.17	0.00	4.35	25.54	14.54	5.05	Glyma18g44450	37.05	16.92	46.48	46.47	113.31	21.50
Glyma16g26440	1.08	12.14	71.05	7.91	3.98	1.72	Glyma10g33060	6.08	1.89	31.50	12.52	5.49	3.53
Glyma07g16860	32.84	18.78	18.60	32.29	100.97	52.10	Glyma17g05540	4.64	98.70	11.60	2.25	1.40	2.69
Glyma14g10620	34.59	7.47	28.52	33.36	46.84	54.85	Glyma10g00470	36.16	685.41	126.21	36.83	16.42	20.95
Glyma06g44730	11.86	38.51	30.99	14.18	15.59	18.80	Glyma09g05030	587.85	455.72	296.28	360.96	246.20	340.56
Glyma02g15370	52.14	19.12	15.31	156.62	159.11	82.40	Glyma18g43650	78.63	56.86	73.41	21.56	8.46	45.54
Glyma01g03500	4.62	10.99	30.07	12.19	10.39	7.30	Glyma15g07700	196.69	218.63	553.98	312.14	131.38	113.84
Glyma14g00680	9.24	98.35	38.31	8.45	12.46	14.60	Glyma04g10880	31.22	223.96	30.37	10.27	11.44	18.07
Glyma13g01290	52.81	172.73	376.31	159.57	43.88	83.36	Glyma01g03150	37.01	8.37	41.93	40.01	33.11	21.40
Glyma13g09370	14.92	20.02	20.00	49.56	32.64	23.55	Glyma06g05590	209.84	128.87	95.35	96.99	150.75	120.95
Glyma15g13500	738.12	439.15	122.27	539.52	499.66	1 164.69	Glyma15g01610	28.81	7.88	138.58	31.12	31.50	16.60
Glyma03g23890	57.36	44.60	49.81	84.35	137.34	90.43	Glyma01g00770	166.21	83.75	34.24	79.58	55.10	95.65

续表

基因编号	0 h	1 h	3 h	6 h	12 h	24 h	基因编号	0 h	1 h	3 h	6 h	12 h	24 h
Glyma12g06300	24.62	23.58	50.73	89.15	22.01	38.79	Glyma08g11630	9.08	147.33	55.73	24.88	5.87	5.22
Glyma18g00830	84.37	59.87	206.52	102.49	186.43	132.87	Glyma05g36970	5.33	69.47	55.08	1.84	3.18	3.07
Glyma06g20070	65.11	39.89	56.66	171.18	77.53	102.51	Glyma08g38740	28.89	876.06	83.77	25.08	10.85	16.58
Glyma05g01770	57.17	52.45	60.51	68.67	117.70	89.99	Glyma02g05540	628.35	401.27	359.85	372.47	273.46	360.04
Glyma13g34520	28.95	137.14	693.73	245.10	117.14	45.56	Glyma10g36680	36.27	10.28	13.03	14.09	12.30	20.76
Glyma17g18110	29.18	11.30	30.17	62.76	38.74	45.87	Glyma16g21550	14.74	6.67	7.58	0.34	2.35	8.43
Glyma16g29750	0.49	5.56	6.15	16.28	1.36	0.77	Glyma15g26370	32.88	20.63	12.13	18.46	2.63	18.80
Glyma09g04150	51.25	30.55	11.04	28.12	62.61	80.54	Glyma04g06700	3 689.63	2 157.77	1 694.89	1 484.75	1 534.04	2 106.88
Glyma05g05800	27.48	7.48	9.71	32.90	71.08	43.15	Glyma08g23340	45.45	14.55	160.75	70.41	52.66	25.93
Glyma20g31460	66.74	61.18	54.51	77.64	125.06	104.67	Glyma09g34980	51.52	18.22	25.30	43.62	91.74	29.38
Glyma15g08480	2.76	21.40	9.17	5.43	2.78	4.32	Glyma05g37170	59.19	25.68	19.08	40.14	54.83	33.69
Glyma15g07870	1.55	25.19	11.05	5.26	1.41	2.43	Glyma13g37870	35.40	50.62	87.39	27.19	24.28	20.14
Glyma03g25200	434.62	89.59	287.87	542.67	601.82	680.25	Glyma06g17040	208.64	243.07	263.57	150.88	78.53	118.64
Glyma08g12450	62.09	10.66	78.44	66.43	88.00	97.12	Glyma04g41760	2.43	18.85	6.80	5.08	0.44	1.38
Glyma09g01140	57.23	22.19	37.96	55.54	93.92	89.42	Glyma07g11800	6.82	42.00	27.67	12.04	3.10	3.88
Glyma12g13290	29.68	274.95	318.76	92.35	59.10	46.36	Glyma08g46120	9.90	2.56	48.03	17.47	12.07	5.63
Glyma16g01890	5.10	32.06	12.39	8.41	8.90	7.96	Glyma12g04400	104.14	87.27	61.69	48.44	46.37	59.15
Glyma13g17830	125.71	431.21	519.01	278.32	213.76	195.97	Glyma10g42820	37.57	49.71	51.86	17.77	10.09	21.32

续表

基因编号	0 h	1 h	3 h	6 h	12 h	24 h	基因编号	0 h	1 h	3 h	6 h	12 h	24 h
Glyma12g10790	23.14	9.44	70.22	34.58	35.36	36.05	Glyma19g19680	167.83	381.17	226.34	148.48	96.22	95.22
Glyma18g46040	29.22	6.26	8.54	43.65	24.70	45.51	Glyma17g15040	218.20	85.06	65.74	93.90	145.79	123.69
Glyma02g47960	30.55	24.80	119.34	82.33	38.54	47.57	Glyma08g15010	135.48	552.59	211.40	110.10	66.73	76.71
Glyma09g04340	8.40	7.13	54.27	333.69	26.90	13.07	Glyma03g38630	159.28	104.97	85.65	111.26	44.59	90.18
Glyma08g17640	28.42	34.72	35.56	32.36	60.31	44.04	Glyma07g10220	782.01	891.42	425.38	234.16	283.53	442.43
Glyma08g02560	10.58	113.87	64.84	16.14	6.49	16.37	Glyma16g04570	70.78	55.46	34.13	24.99	30.21	40.03
Glyma14g40290	10.81	15.85	42.81	15.72	25.10	16.73	Glyma13g44730	5.38	216.51	30.21	1.65	2.06	3.04
Glyma11g17930	100.87	92.43	134.08	155.46	210.33	155.87	Glyma03g11680	364.52	170.73	761.41	406.30	450.49	205.46
Glyma13g17420	252.09	220.66	333.04	426.57	468.46	389.56	Glyma04g41880	55.33	5.75	18.42	11.60	13.77	31.13
Glyma09g21060	34.29	33.44	57.76	78.57	95.95	52.95	Glyma16g34660	12.76	78.73	42.93	9.28	11.26	7.16
Glyma05g17470	4.58	110.13	56.33	18.23	7.35	7.08	Glyma19g37970	90.52	61.06	38.65	55.86	42.90	50.78
Glyma07g18570	10.87	5.67	16.18	19.09	36.05	16.77	Glyma08g11260	10.39	121.00	7.00	5.94	9.92	5.81
Glyma16g05080	94.55	15.14	110.80	100.75	100.78	145.77	Glyma15g01820	3.23	66.07	12.07	2.41	2.06	1.81
Glyma12g34660	11.40	5.09	30.98	110.42	64.20	17.56	Glyma17g01170	134.70	549.17	173.00	79.85	65.65	75.32
Glyma08g42500	28.67	13.64	26.65	26.97	2.36	44.16	Glyma12g03460	74.07	63.15	223.69	60.02	27.23	41.42
Glyma03g36170	44.80	2.98	22.62	46.11	60.60	68.93	Glyma12g35290	10.64	0.23	13.34	11.69	37.44	5.93
Glyma13g00450	36.55	17.05	36.53	104.68	56.67	56.23	Glyma20g22420	46.54	15.58	14.79	15.47	13.39	25.90
Glyma11g13130	133.02	173.79	651.24	446.45	1 620.32	204.49	Glyma08g10540	205.96	127.51	82.13	103.58	75.03	114.58

续表

基因编号	0 h	1 h	3 h	6 h	12 h	24 h	基因编号	0 h	1 h	3 h	6 h	12 h	24 h
Glyma04g09800	21.37	15.70	24.64	35.77	61.13	32.85	Glyma13g19470	188.41	154.51	165.25	96.38	85.58	104.75
Glyma20g17440	48.42	41.07	51.45	66.83	103.83	74.39	Glyma05g03150	141.11	111.41	84.57	52.20	52.12	78.33
Glyma14g08230	50.30	17.71	18.49	34.80	68.14	77.20	Glyma20g37750	47.14	37.86	30.41	12.88	24.25	26.14
Glyma02g16000	31.83	4.08	35.67	71.60	44.95	48.83	Glyma13g18830	183.84	120.75	89.62	120.27	82.21	101.55
Glyma06g45940	3.58	8.63	42.87	9.50	7.44	5.48	Glyma09g41340	64.69	43.71	95.37	89.17	195.85	35.70
Glyma06g28890	32.00	13.06	17.17	105.71	84.61	49.05	Glyma07g33050	105.53	100.90	217.40	94.18	313.04	58.18
Glyma07g30090	47.80	37.61	31.54	86.56	105.19	73.25	Glyma20g12220	3.37	47.56	5.34	3.40	2.96	1.85
Glyma09g21280	20.96	16.51	3.28	57.92	36.84	32.11	Glyma16g33810	58.03	78.62	190.78	65.02	33.61	31.84
Glyma11g07880	7.29	29.92	27.52	13.02	15.77	11.16	Glyma08g24380	53.02	30.26	27.08	22.85	14.68	29.04
Glyma02g35210	12.84	75.00	20.95	20.79	15.52	19.65	Glyma17g14680	11.15	4.96	3.00	8.75	42.17	6.10
Glyma12g33750	11.52	4.72	26.04	36.49	25.95	17.63	Glyma20g23420	55.37	25.00	41.87	37.78	17.64	30.24
Glyma02g33570	21.94	51.72	63.69	35.85	31.92	33.52	Glyma15g03710	40.78	27.17	20.77	10.16	4.44	22.26
Glyma01g01940	71.50	33.62	21.59	59.43	65.26	109.06	Glyma03g31430	36.93	45.86	15.50	32.59	2.24	20.12
Glyma13g24500	124.50	541.54	546.62	186.52	101.45	189.77	Glyma17g03520	16.15	24.72	29.66	54.75	10.61	8.79
Glyma19g25870	253.25	194.75	378.38	345.14	564.58	385.93	Glyma02g03900	63.44	40.10	33.44	25.09	35.89	34.49
Glyma18g04660	139.40	122.06	149.22	224.73	373.33	212.30	Glyma17g04820	1.98	9.03	24.91	7.18	2.41	1.08
Glyma07g32020	73.37	206.23	213.10	155.09	80.33	111.69	Glyma02g39340	24.20	65.16	19.57	13.31	12.18	13.12
Glyma16g01070	15.41	51.00	25.53	11.38	18.01	23.41	Glyma13g29330	846.63	554.26	480.81	521.48	375.36	458.98

续表

基因编号	0 h	1 h	3 h	6 h	12 h	24 h	基因编号	0 h	1 h	3 h	6 h	12 h	24 h
Glyma16g27130	31.41	50.19	167.17	234.32	21.38	47.72	Glyma16g06190	83.87	25.17	34.04	4.31	25.50	45.44
Glyma19g40320	5.97	53.88	12.62	3.17	2.00	9.07	Glyma16g29840	46.72	23.80	24.34	16.51	18.68	25.31
Glyma05g07890	7.92	19.96	51.82	40.05	11.15	12.02	Glyma19g41760	7.18	5.12	2.94	14.55	64.02	3.89
Glyma0041s00350	21.03	11.52	60.13	27.25	28.39	31.89	Glyma15g12170	744.74	745.15	390.98	232.63	189.46	403.01
Glyma20g30920	29.77	10.56	43.03	36.29	82.92	45.12	Glyma01g38500	50.49	175.60	333.39	111.17	32.61	27.32
Glyma06g12680	152.93	147.75	271.80	283.22	305.68	231.38	Glyma07g39580	119.96	13.97	37.44	3.77	74.98	64.88
Glyma04g02440	23.66	17.90	54.48	63.28	86.00	35.80	Glyma04g20620	4.20	37.31	8.58	4.29	1.84	2.27
Glyma08g11670	15.75	15.52	25.30	16.97	43.60	23.82	Glyma06g21860	108.88	101.42	62.19	70.36	45.96	58.66
Glyma19g33310	35.53	5.97	4.58	20.25	1.99	53.63	Glyma15g00610	123.43	107.54	88.94	61.51	53.97	66.45
Glyma11g32600	44.67	26.67	59.66	111.15	62.09	67.34	Glyma13g30770	81.71	218.74	135.70	59.02	30.62	43.83
Glyma18g45260	33.89	36.08	20.11	115.26	22.61	50.96	Glyma12g02240	292.05	169.89	61.61	300.20	166.08	155.87
Glyma01g43420	18.04	57.40	321.60	21.96	8.62	27.12	Glyma06g21020	31.82	38.05	18.97	5.91	16.16	16.97
Glyma03g36000	91.03	35.44	136.27	199.73	209.08	136.77	Glyma14g00780	25.99	14.82	5.45	12.74	4.73	13.85
Glyma12g04880	38.19	38.42	62.49	47.16	164.67	57.37	Glyma06g03200	62.04	34.40	27.13	22.91	21.87	33.00
Glyma11g15900	36.16	34.45	79.92	113.88	110.26	54.26	Glyma05g30780	63.36	31.78	32.16	37.95	24.94	33.66
Glyma19g28520	18.93	70.91	89.05	35.10	31.32	28.36	Glyma03g14210	90.66	115.40	85.39	79.59	40.20	48.14
Glyma06g45280	14.08	2.68	16.21	35.87	55.43	21.09	Glyma03g37120	63.41	37.85	41.20	23.86	33.96	33.60
Glyma15g03400	17.03	65.12	120.33	42.41	3.50	25.51	Glyma04g42800	64.58	78.01	73.92	41.75	18.34	34.15

续表

基因编号	0 h	1 h	3 h	6 h	12 h	24 h	基因编号	0 h	1 h	3 h	6 h	12 h	24 h
Glyma01g29930	9.25	22.57	38.13	17.64	16.21	13.81	Glyma15g32800	135.84	120.04	99.07	76.41	62.49	71.83
Glyma15g15620	1.70	6.80	183.44	34.68	3.80	2.54	Glyma06g06790	274.80	117.01	123.83	135.18	77.52	145.19
Glyma20g25990	0.68	55.85	9.94	0.93	0.43	1.01	Glyma12g02550	12.35	61.00	20.63	15.45	12.86	6.52
Glyma06g19810	19.88	185.44	52.66	33.16	21.59	29.66	Glyma20g38570	124.51	181.55	106.89	134.36	28.04	65.67
Glyma06g13790	1.18	22.38	7.10	2.71	2.08	1.77	Glyma06g12900	38.19	27.30	10.60	49.56	134.71	20.13
Glyma12g22280	0.31	12.51	2.27	0.85	0.79	0.46	Glyma11g35170	16.06	32.58	62.52	20.75	23.35	8.46
Glyma13g37760	5.86	3.12	5.74	16.05	44.61	8.74	Glyma13g05810	49.72	36.81	28.26	17.00	18.21	26.15
Glyma18g23570	64.58	54.99	50.58	111.82	122.38	96.35	Glyma17g01510	457.67	312.71	191.76	186.70	257.54	240.70
Glyma20g35620	2.60	37.41	7.90	7.86	0.99	3.88	Glyma16g19270	201.01	163.94	97.29	94.43	79.35	105.68
Glyma12g16570	1.88	1.00	1.23	21.49	6.38	2.80	Glyma03g26060	514.18	684.39	370.84	424.87	210.85	270.24
Glyma10g32280	1.50	2.08	1.47	8.65	17.21	2.24	Glyma14g00870	207.87	595.21	170.10	200.00	103.40	108.88
Glyma01g05860	11.67	42.74	17.58	14.98	14.20	17.42	Glyma02g06610	5.52	23.52	28.47	18.63	2.22	2.89
Glyma14g07270	45.94	32.55	89.40	86.38	11.04	68.50	Glyma02g26480	61.69	232.62	370.88	79.52	51.89	32.28
Glyma16g32950	10.01	20.52	70.59	22.86	25.45	14.91	Glyma07g02720	194.56	117.63	106.07	101.24	87.70	101.81
Glyma16g04190	543.65	1 276.11	6 254.44	2 563.34	551.60	809.59	Glyma07g07970	163.01	325.65	315.78	186.50	264.22	85.26
Glyma11g05430	6.87	61.23	34.16	7.77	11.68	10.23	Glyma19g30860	184.38	103.14	87.25	93.25	55.10	96.21
Glyma18g41650	37.94	20.84	23.07	53.48	80.69	56.30	Glyma18g15570	22.95	46.12	69.78	54.73	23.08	11.96
Glyma13g40180	24.80	154.09	82.31	49.28	35.21	36.76	Glyma19g40400	65.46	9.55	60.84	70.85	27.51	34.04

续表

基因编号	0 h	1 h	3 h	6 h	12 h	24 h	基因编号	0 h	1 h	3 h	6 h	12 h	24 h
Glyma10g33810	8.75	18.63	21.67	25.59	45.91	12.97	Glyma08g47980	87.30	58.08	38.86	35.39	51.76	45.39
Glyma16g03960	46.32	46.35	127.43	72.05	89.67	68.65	Glyma08g37670	88.51	48.81	21.38	55.50	14.25	45.95
Glyma06g20230	71.90	51.68	58.66	80.29	18.21	106.51	Glyma15g18620	21.01	27.96	86.55	33.87	12.81	10.91
Glyma13g31460	6.80	49.56	18.65	8.72	2.70	10.07	Glyma11g19480	55.33	43.31	33.96	22.02	18.40	28.71
Glyma19g30530	13.73	77.94	30.77	12.01	8.94	20.33	Glyma12g03450	95.32	94.10	135.41	55.93	36.08	49.43
Glyma14g19970	69.72	22.55	47.76	110.71	113.32	103.17	Glyma10g43290	15.25	36.85	79.62	22.67	10.53	7.90
Glyma18g47360	53.91	302.70	186.39	118.09	65.24	79.76	Glyma19g40390	254.97	282.65	301.30	229.22	79.46	132.06
Glyma17g07720	53.18	48.57	169.22	617.19	202.32	78.63	Glyma16g01960	49.29	65.48	33.90	7.09	12.45	25.53
Glyma07g29400	22.96	21.80	138.26	137.46	119.41	33.96	Glyma13g40940	192.30	151.40	174.23	115.57	83.20	99.48
Glyma15g00600	52.48	41.17	60.90	105.89	52.20	77.57	Glyma02g09850	21.94	4.20	16.75	15.26	1.12	11.35
Glyma08g39770	40.31	32.64	25.55	52.78	84.30	59.56	Glyma01g11180	85.14	71.41	23.47	55.99	38.85	44.02
Glyma16g06940	13.19	24.96	48.68	17.72	15.83	19.49	Glyma08g08860	15.66	50.00	20.44	7.96	5.17	8.08
Glyma07g23480	115.67	43.07	139.16	120.08	93.81	170.78	Glyma17g35190	48.25	116.74	125.22	53.43	30.95	24.84
Glyma08g17490	102.49	71.47	120.55	113.78	241.38	151.23	Glyma12g09830	21.61	105.74	56.17	17.73	8.86	11.12
Glyma01g34620	24.91	8.84	24.39	30.01	67.69	36.75	Glyma11g15070	152.85	93.43	103.84	59.94	52.58	78.61
Glyma14g06100	21.48	18.19	56.41	17.87	38.56	31.57	Glyma03g32150	123.14	92.30	47.87	58.24	43.47	63.31
Glyma07g09860	12.08	19.88	50.46	20.11	13.88	17.76	Glyma20g02110	146.37	109.30	69.91	91.90	75.62	75.22
Glyma07g33620	20.17	14.31	38.82	41.70	49.34	29.63	Glyma15g15990	91.91	55.30	39.13	30.17	24.18	47.20

续表

基因编号	0 h	1 h	3 h	6 h	12 h	24 h	基因编号	0 h	1 h	3 h	6 h	12 h	24 h
Glyma06g14120	11.85	123.17	21.14	13.82	12.95	17.40	Glyma13g23200	74.60	48.55	30.94	30.71	24.07	38.24
Glyma08g46940	18.23	31.23	41.38	53.20	30.21	26.71	Glyma05g04670	198.72	113.51	80.09	97.56	74.07	101.85
Glyma16g33590	4.51	30.49	7.03	3.57	4.52	6.61	Glyma19g42760	72.92	36.40	39.94	30.92	31.49	37.29
Glyma01g41330	12.58	4.80	9.53	50.85	83.20	18.42	Glyma03g04450	113.61	80.12	36.62	52.48	65.59	58.08
Glyma12g32980	3.18	3.19	6.05	8.40	20.52	4.66	Glyma13g03650	44.91	187.39	53.39	16.47	32.15	22.96
Glyma07g16400	2.35	2.94	47.31	27.92	7.39	3.43	Glyma13g07900	69.32	107.79	206.11	30.56	27.29	35.38
Glyma17g07120	8.64	4.66	50.88	11.44	26.55	12.64	Glyma05g34530	4.14	1.61	1.28	2.68	38.81	2.11
Glyma10g31240	1.74	77.69	24.13	5.60	2.94	2.54	Glyma01g00730	11.98	44.71	69.89	17.68	6.61	6.10
Glyma15g14040	4.12	140.81	16.00	8.95	4.10	6.02	Glyma09g01340	63.03	55.67	174.76	74.60	16.54	32.03
Glyma14g03560	44.43	27.65	91.75	80.21	93.42	64.72	Glyma17g03340	564.02	399.11	350.41	1 048.86	246.76	286.55
Glyma12g29630	22.43	129.87	68.13	45.63	37.88	32.66	Glyma08g16850	54.72	21.50	19.55	36.11	40.70	27.80
Glyma10g40870	37.18	29.73	32.24	78.64	67.71	54.11	Glyma11g15090	279.30	205.09	163.23	103.57	128.74	141.73
Glyma03g36380	3.66	1.80	41.64	36.86	22.25	5.32	Glyma07g18350	3.09	57.00	14.32	3.30	2.87	1.57
Glyma08g43440	23.36	6.40	1.96	15.88	29.75	33.87	Glyma06g17310	90.81	79.95	60.11	55.18	37.39	45.96
Glyma02g15920	40.44	41.84	63.30	53.22	78.59	58.51	Glyma06g20870	51.65	30.38	15.65	16.19	21.82	26.11
Glyma20g16100	37.25	190.42	147.40	37.64	51.68	53.89	Glyma19g41220	53.33	32.56	24.12	28.99	12.76	26.93
Glyma03g27760	48.85	26.65	28.85	107.17	93.77	70.61	Glyma02g03320	27.71	38.97	15.83	5.65	9.40	13.98
Glyma18g53950	97.02	9.81	93.50	125.48	88.63	140.18	Glyma20g29820	66.39	60.51	38.40	23.22	22.58	33.41

续表

基因编号	0 h	1 h	3 h	6 h	12 h	24 h	基因编号	0 h	1 h	3 h	6 h	12 h	24 h
Glyma15g04710	34.48	28.71	68.08	59.77	79.04	49.81	Glyma12g33130	53.31	10.81	35.79	53.43	26.52	26.77
Glyma15g18640	8.81	47.99	20.43	14.11	5.75	12.72	Glyma13g36930	66.46	42.35	19.13	20.71	33.69	33.17
Glyma09g32200	17.83	78.38	29.85	35.79	13.92	25.75	Glyma04g02610	43.29	32.84	13.64	13.32	19.97	21.53
Glyma11g36410	37.69	33.34	35.66	122.49	63.57	54.33	Glyma18g03950	76.60	37.69	20.76	36.82	29.16	38.10
Glyma06g14880	8.26	8.19	46.32	21.91	0.36	11.91	Glyma05g34660	12.20	86.01	28.36	54.36	23.26	6.07
Glyma14g16830	22.67	8.97	27.55	33.57	58.21	32.63	Glyma06g02010	6.60	29.88	6.01	3.03	2.12	3.28
Glyma17g29220	80.29	18.10	77.92	89.04	123.97	115.56	Glyma06g11700	0.88	22.60	4.76	0.81	0.00	0.44
Glyma05g27970	30.64	16.52	14.68	31.05	87.48	44.08	Glyma06g45950	7.00	5.65	13.60	39.06	15.25	3.48
Glyma05g31230	21.87	20.69	11.90	8.88	3.09	31.42	Glyma08g18880	7.22	35.88	3.93	3.31	3.07	3.59
Glyma08g04740	120.82	291.73	157.54	152.61	165.12	173.52	Glyma09g36210	194.07	550.90	981.78	262.83	120.36	96.52
Glyma09g12400	2.25	1.87	2.69	19.41	5.09	3.23	Glyma11g17520	58.99	22.05	30.60	22.49	42.05	29.34
Glyma10g27640	38.23	0.00	37.30	27.04	58.98	54.74	Glyma13g29870	1.74	27.28	3.83	1.59	4.98	0.86
Glyma07g04480	13.20	96.27	17.70	12.15	27.17	18.89	Glyma14g33750	28.28	0.00	0.00	38.52	17.74	14.06
Glyma09g29840	1.78	28.37	25.12	9.15	4.25	2.54	Glyma16g04200	1.93	31.86	17.02	0.88	6.14	0.96
Glyma12g11210	4.90	49.90	10.50	5.89	3.12	7.01	Glyma16g33720	14.81	45.73	91.87	13.10	8.18	7.37
Glyma20g01670	32.31	81.21	41.96	46.00	27.73	46.20	Glyma11g14140	10.01	31.27	66.35	25.05	9.78	4.98
Glyma02g10320	23.52	84.35	216.55	75.66	21.61	33.59	Glyma06g00990	82.35	283.62	117.64	49.96	18.74	40.92
Glyma05g22120	120.70	30.56	58.20	75.51	121.25	172.22	Glyma11g01660	54.43	40.08	21.69	23.09	19.59	27.01

续表

基因编号	0 h	1 h	3 h	6 h	12 h	24 h	基因编号	0 h	1 h	3 h	6 h	12 h	24 h
Glyma09g09400	102.80	110.65	87.37	49.15	95.94	146.54	Glyma11g15060	166.73	113.07	107.99	55.64	48.79	82.71
Glyma02g01210	12.03	47.15	15.65	15.61	12.42	17.11	Glyma04g35170	6.55	18.78	62.49	17.94	9.98	3.25
Glyma20g28790	41.99	84.20	68.41	31.98	23.99	59.60	Glyma01g43540	59.61	131.15	217.92	64.78	33.70	29.50
Glyma03g42310	39.19	24.55	104.05	59.84	49.65	55.60	Glyma03g36580	136.72	72.39	75.79	91.33	58.02	67.64
Glyma20g24860	11.93	42.68	38.30	18.44	13.71	16.92	Glyma13g02000	19.40	48.86	97.20	25.18	17.78	9.59
Glyma17g33190	8.76	2.58	15.87	26.77	37.99	12.42	Glyma01g18780	215.50	143.37	86.11	113.79	103.88	106.39
Glyma14g23780	34.04	16.64	17.25	79.52	32.53	48.23	Glyma07g37280	98.56	382.69	246.11	75.95	30.92	48.57
Glyma10g36200	13.84	13.64	92.18	52.67	23.91	19.57	Glyma14g37050	23.85	4.63	1.75	6.02	7.10	11.75
Glyma09g41060	53.17	33.77	70.70	181.65	167.43	75.12	Glyma07g16420	401.70	127.19	596.63	364.21	213.08	197.12
Glyma10g32080	1.66	0.13	10.41	35.23	11.43	2.35	Glyma19g33330	421.07	73.99	86.19	534.95	329.29	206.61
Glyma11g06000	204.64	93.03	188.25	193.88	245.70	289.03	Glyma05g38340	12.38	16.63	40.73	100.10	6.47	6.06
Glyma02g02820	6.49	77.72	24.96	10.08	6.73	9.15	Glyma10g05660	112.53	74.96	59.63	67.22	40.78	54.96
Glyma07g06320	8.79	40.08	33.14	17.77	30.43	12.40	Glyma19g33360	107.35	64.62	79.91	33.85	20.49	52.39
Glyma16g01050	31.17	125.62	83.34	32.55	33.78	43.85	Glyma13g40820	1.96	3.60	23.95	4.40	0.31	0.95
Glyma13g04540	38.07	116.03	56.78	41.09	41.43	53.55	Glyma18g03310	87.24	386.29	221.53	64.00	52.22	42.50
Glyma13g06460	218.44	144.08	90.59	167.36	260.79	307.18	Glyma19g41550	1.54	21.08	56.13	4.83	1.08	0.75
Glyma18g51300	115.14	34.64	117.64	157.79	123.94	161.84	Glyma08g14600	95.45	41.42	118.18	54.80	25.30	46.44
Glyma05g09130	22.53	27.37	96.42	64.54	44.26	31.64	Glyma16g26970	328.90	220.73	56.01	176.24	135.97	160.02

续表

基因编号	0 h	1 h	3 h	6 h	12 h	24 h	基因编号	0 h	1 h	3 h	6 h	12 h	24 h
Glyma12g34770	1.08	0.69	8.66	57.83	6.87	1.51	Glyma02g01860	47.56	39.00	33.80	21.92	12.57	23.13
Glyma17g04050	158.23	37.51	65.80	112.86	216.55	221.64	Glyma12g07050	184.65	141.03	154.30	78.89	82.38	89.71
Glyma10g42450	6.20	69.42	103.20	25.43	6.14	8.68	Glyma18g04340	7.45	32.14	14.09	7.00	5.11	3.61
Glyma16g29330	10.88	6.66	91.31	44.23	5.57	15.21	Glyma04g01210	64.64	29.11	21.10	39.42	40.09	31.32
Glyma10g40320	65.73	603.10	544.30	219.17	139.96	91.87	Glyma15g09850	8.55	5.83	36.69	7.62	10.33	4.14
Glyma06g15500	13.34	35.62	44.36	21.79	11.58	18.64	Glyma03g29790	15.19	82.64	21.29	25.39	14.03	7.35
Glyma01g27810	37.83	35.82	17.27	37.28	92.43	52.87	Glyma07g15280	25.20	14.79	11.06	13.51	3.32	12.10
Glyma01g19420	80.43	261.59	429.62	153.97	58.44	112.35	Glyma08g18200	48.65	83.03	33.81	21.97	15.41	23.26
Glyma02g07150	792.43	380.72	195.61	43.23	1 147.71	1 106.04	Glyma05g35050	36.99	12.16	23.79	11.12	3.70	17.67
Glyma02g13910	1.07	19.07	5.53	1.46	1.36	1.48	Glyma15g00570	34.22	156.15	67.67	20.31	15.33	16.34
Glyma12g34390	25.15	6.09	8.06	33.07	98.77	35.03	Glyma15g16560	74.01	51.98	5.98	13.62	34.03	35.29
Glyma17g35580	16.14	27.48	13.69	45.27	21.90	22.47	Glyma13g10000	5.17	38.05	11.49	3.35	3.84	2.46
Glyma10g41130	1.63	81.84	9.89	4.47	5.81	2.27	Glyma01g36030	29.56	18.35	15.77	11.45	2.49	14.08
Glyma15g17810	0.99	22.03	4.48	2.19	2.03	1.39	Glyma15g02750	21.54	21.83	134.05	78.81	18.83	10.23
Glyma11g08180	11.02	75.16	23.31	9.87	15.25	15.32	Glyma13g38040	45.37	96.45	33.41	17.63	12.04	21.55
Glyma01g39750	54.61	34.12	57.76	82.05	166.47	75.85	Glyma13g36910	30.04	181.79	45.48	19.88	8.84	14.25
Glyma06g02300	79.77	61.73	216.60	96.03	60.20	110.78	Glyma04g00460	6.27	36.21	22.49	10.65	2.66	2.97
Glyma18g10020	44.24	23.48	21.60	32.20	12.57	61.43	Glyma04g38560	13.80	35.49	58.38	7.67	2.51	6.53

续表

基因编号	0 h	1 h	3 h	6 h	12 h	24 h	基因编号	0 h	1 h	3 h	6 h	12 h	24 h
Glyma08g03690	3.77	26.47	11.74	12.82	8.71	5.24	Glyma14g00830	69.65	54.27	30.61	22.66	28.07	32.97
Glyma05g28960	299.01	423.32	569.20	415.88	609.65	414.43	Glyma01g45200	12.82	91.34	14.23	5.15	7.37	6.06
Glyma13g34920	24.25	58.00	34.94	34.66	28.46	33.60	Glyma01g31300	21.20	14.32	17.18	2.92	1.16	9.98
Glyma05g30380	241.94	199.34	253.95	343.60	467.79	335.00	Glyma13g24940	43.26	119.35	614.78	202.34	110.26	20.33
Glyma15g01690	4.34	19.23	26.53	15.94	5.49	6.00	Glyma10g42330	77.77	39.86	101.33	50.81	25.01	36.42
Glyma20g35680	59.86	68.68	91.91	202.43	98.57	82.74	Glyma01g44930	6.04	22.33	35.40	9.76	1.66	2.83
Glyma07g19120	69.14	23.48	88.51	64.51	75.07	95.54	Glyma19g31320	46.38	7.68	21.60	19.15	23.37	21.62
Glyma01g04380	7.47	34.77	6.78	9.50	5.64	10.32	Glyma16g26060	16.62	63.16	35.02	44.29	10.72	7.74
Glyma13g41980	39.70	146.79	168.97	45.17	4.77	54.84	Glyma13g30330	61.80	4.50	40.45	28.87	68.79	28.47
Glyma01g33440	17.74	29.48	70.60	52.56	53.02	24.50	Glyma01g44600	32.05	38.28	30.85	17.92	6.58	14.70
Glyma12g35520	41.77	33.94	30.94	101.01	87.76	57.69	Glyma19g05570	12.49	149.46	272.82	24.95	4.84	5.72
Glyma02g13800	25.46	17.62	20.80	64.76	59.11	35.11	Glyma02g10710	36.41	21.66	5.84	7.38	17.19	16.62
Glyma15g16360	6.62	207.19	15.33	13.64	16.50	9.13	Glyma02g40990	6.82	72.60	22.32	6.06	2.98	3.10
Glyma16g01580	100.05	34.80	99.91	62.43	14.85	137.97	Glyma04g42130	18.97	11.54	56.26	26.30	21.76	8.63
Glyma08g20650	17.09	12.79	46.26	41.66	74.18	23.56	Glyma07g02990	78.96	49.22	34.91	45.91	29.96	35.86
Glyma10g41160	6.38	40.63	31.76	12.77	9.35	8.79	Glyma10g36600	3.01	1.45	18.27	21.05	58.48	1.36
Glyma03g37060	82.30	25.43	33.99	82.51	135.56	113.43	Glyma16g03410	71.47	52.88	41.25	38.56	26.71	32.32
Glyma08g15050	25.32	62.06	56.82	19.56	28.57	34.90	Glyma11g15200	5.67	16.72	37.57	17.68	2.95	2.56

续表

基因编号	0 h	1 h	3 h	6 h	12 h	24 h	基因编号	0 h	1 h	3 h	6 h	12 h	24 h
Glyma07g11700	44.76	99.54	71.87	129.52	78.29	61.67	Glyma13g36120	3.07	57.27	39.55	6.05	3.80	1.39
Glyma10g03750	34.04	7.11	30.83	46.00	42.15	46.83	Glyma20g21230	76.66	50.28	43.82	17.82	21.11	34.62
Glyma02g06200	4.08	27.73	6.97	4.37	5.53	5.61	Glyma07g32050	3.05	0.72	6.63	42.44	5.61	1.37
Glyma17g14280	43.68	43.39	42.61	84.72	67.47	60.09	Glyma08g26880	65.97	38.44	54.73	27.33	24.33	29.70
Glyma17g37960	2.29	10.84	24.30	5.68	4.90	3.15	Glyma03g29950	64.20	52.92	20.16	44.38	15.71	28.83
Glyma14g39820	16.30	16.05	109.39	31.68	55.68	22.38	Glyma04g37570	40.56	27.79	22.37	14.50	10.69	18.08
Glyma16g04720	54.51	134.56	183.10	75.81	66.15	74.73	Glyma01g33070	54.99	26.80	29.02	31.65	11.30	24.51
Glyma07g27370	17.80	47.97	39.16	22.20	30.36	24.38	Glyma18g50120	73.46	65.21	71.13	37.71	28.32	32.62
Glyma11g33180	142.33	70.29	134.98	30.14	6.96	194.91	Glyma17g35430	27.87	103.73	54.36	19.40	8.51	12.37
Glyma06g13280	30.29	21.59	12.90	29.95	132.64	41.48	Glyma05g32200	28.76	12.66	10.33	4.54	6.56	12.75
Glyma12g32170	89.90	71.41	32.80	156.34	122.35	123.10	Glyma19g36250	57.70	32.30	25.83	33.20	21.43	25.59
Glyma12g12870	44.55	18.65	11.36	7.05	46.18	60.95	Glyma02g39350	2.26	29.92	35.38	7.81	3.52	1.00
Glyma08g45520	587.41	364.57	1 762.82	2 439.77	1 074.32	802.95	Glyma17g07260	2.26	78.80	14.82	3.22	2.89	1.00
Glyma08g21540	33.39	90.87	32.62	16.71	57.70	45.60	Glyma07g05260	63.96	13.45	12.37	114.81	15.87	28.27
Glyma05g17900	61.13	73.41	82.87	135.50	88.79	83.41	Glyma07g17380	3.10	4.42	34.12	12.31	4.85	1.37
Glyma14g00640	15.18	6.81	48.69	38.94	22.40	20.66	Glyma16g22060	62.74	57.43	30.25	13.56	26.36	27.71
Glyma11g08730	23.42	12.46	308.32	227.50	92.59	31.88	Glyma09g07240	4.81	3.45	7.55	6.19	43.79	2.11
Glyma09g12900	9.12	0.88	14.61	33.36	35.87	12.36	Glyma14g36400	19.17	1.43	13.17	7.80	10.43	8.36

续表

基因编号	0 h	1 h	3 h	6 h	12 h	24 h	基因编号	0 h	1 h	3 h	6 h	12 h	24 h
Glyma07g36600	3.80	35.23	4.06	3.17	2.30	5.15	Glyma08g33510	17.96	16.10	69.73	16.20	4.51	7.83
Glyma08g11840	89.88	50.37	39.71	53.62	119.94	121.77	Glyma15g18200	57.92	26.97	10.63	19.83	18.35	25.20
Glyma13g17220	65.60	31.16	25.20	112.86	180.40	88.79	Glyma16g09760	41.78	119.99	42.19	22.90	29.12	18.18
Glyma13g35470	103.32	52.77	43.44	27.80	126.16	139.79	Glyma13g34290	35.40	35.72	66.23	97.42	100.89	15.39
Glyma06g13100	1.75	7.72	23.61	8.17	3.03	2.37	Glyma08g05130	2.50	0.81	0.85	0.20	33.61	1.08
Glyma06g45410	10.03	3.81	20.81	44.01	72.05	13.55	Glyma20g26140	36.60	943.05	65.89	29.10	13.66	15.81
Glyma13g04580	3 100.50	6 279.15	2 808.63	3 702.34	3 861.84	4 181.98	Glyma19g28740	36.29	15.53	12.89	8.14	12.69	15.57
Glyma04g01500	184.86	61.25	232.65	224.24	255.80	249.06	Glyma15g02850	17.44	20.56	64.98	26.57	4.62	7.45
Glyma07g37100	49.49	66.27	122.98	76.35	88.64	66.64	Glyma13g24250	27.39	16.66	15.32	16.09	2.49	11.67
Glyma08g22540	16.73	33.20	46.63	77.70	28.93	22.52	Glyma17g36060	3.10	0.00	0.87	0.40	38.88	1.32
Glyma01g01180	178.98	158.90	129.88	129.86	397.78	240.92	Glyma10g03640	32.87	22.63	24.53	12.81	7.30	13.95
Glyma13g36160	41.04	3.85	52.01	50.79	164.32	55.23	Glyma20g16920	13.03	4.43	20.09	16.75	43.11	5.52
Glyma13g00820	26.35	19.42	45.36	70.23	37.63	35.43	Glyma14g06400	5.05	17.25	36.97	13.99	3.70	2.13
Glyma13g27410	29.55	79.17	34.03	36.56	31.86	39.74	Glyma13g24760	46.22	129.62	284.11	53.70	38.72	19.52
Glyma20g34590	10.18	44.23	23.44	17.63	16.13	13.69	Glyma08g02100	64.63	51.19	30.67	17.03	26.98	27.28
Glyma13g39320	40.68	39.36	51.55	37.56	86.21	54.58	Glyma13g23310	42.29	7.34	18.76	22.34	25.40	17.79
Glyma14g09990	42.74	66.87	112.87	78.80	61.02	57.33	Glyma03g30440	47.16	41.52	46.52	16.23	9.03	19.75
Glyma18g51960	2.63	30.30	5.41	4.43	3.97	3.52	Glyma17g10970	33.63	38.61	27.77	22.94	5.67	13.94

续表

基因编号	0 h	1 h	3 h	6 h	12 h	24 h	基因编号	0 h	1 h	3 h	6 h	12 h	24 h
Glyma13g38300	72.39	77.35	38.14	110.17	140.62	97.08	Glyma07g36570	41.22	15.92	10.36	10.01	16.27	17.05
Glyma07g11810	40.99	34.34	58.44	91.05	103.07	54.72	Glyma08g44180	24.82	8.24	7.58	3.84	4.93	10.26
Glyma13g07490	11.24	135.45	11.16	10.83	11.88	15.01	Glyma05g05750	28.91	243.10	242.92	37.67	12.54	11.93
Glyma12g08040	588.29	321.97	369.98	516.18	269.23	784.79	Glyma03g00660	45.50	71.30	34.24	43.13	14.18	18.76
Glyma15g14020	6.05	10.55	30.59	20.74	19.69	8.07	Glyma13g42530	3.59	4.74	24.58	8.94	0.79	1.48
Glyma03g32850	268.10	312.81	662.50	651.19	338.73	357.05	Glyma15g40790	65.74	146.14	62.92	37.27	92.39	27.05
Glyma09g02600	777.85	391.04	364.57	1 481.86	854.21	1 035.34	Glyma07g02630	47.91	369.96	201.88	39.95	28.41	19.66
Glyma06g26370	41.93	31.15	48.74	93.32	73.03	55.81	Glyma03g25520	54.88	29.21	20.02	32.00	11.65	22.48
Glyma15g04080	12.29	37.22	32.04	12.71	9.15	16.36	Glyma17g04040	18.99	4.69	139.09	88.74	36.28	7.76
Glyma19g45170	64.01	38.20	66.09	92.00	130.44	85.16	Glyma08g23380	57.81	285.72	168.28	50.73	51.72	23.60
Glyma19g32600	37.83	9.25	13.69	34.23	49.72	50.25	Glyma13g26630	36.18	21.67	15.99	31.73	8.98	14.75
Glyma04g41170	44.96	125.62	33.87	19.14	28.26	59.70	Glyma14g37010	41.02	20.51	14.61	11.94	9.50	16.69
Glyma07g05110	311.78	78.16	152.69	332.31	309.46	413.53	Glyma01g41930	34.04	12.34	1.54	5.97	13.23	13.81
Glyma16g06370	22.23	94.66	21.77	27.00	37.41	29.48	Glyma17g34490	50.82	4.39	9.41	13.81	17.47	20.49
Glyma06g41200	1.83	4.21	28.00	15.04	9.05	2.42	Glyma11g04210	17.88	149.10	183.83	21.37	12.98	7.16
Glyma13g31930	0.61	28.76	25.45	0.74	1.81	0.81	Glyma04g33010	36.60	11.37	23.98	15.38	8.17	14.59
Glyma18g06800	0.75	10.13	25.49	5.04	1.59	1.00	Glyma02g42250	9.07	91.00	44.64	4.27	2.31	3.61
Glyma14g13770	1.34	91.53	2.63	1.64	1.14	1.78	Glyma05g32300	46.32	4.93	38.55	44.44	29.41	18.43

续表

基因编号	0 h	1 h	3 h	6 h	12 h	24 h	基因编号	0 h	1 h	3 h	6 h	12 h	24 h
Glyma16g15350	124.94	152.00	349.53	401.36	188.04	165.71	Glyma09g29340	39.57	52.73	190.27	147.26	20.54	15.74
Glyma05g31630	6.86	7.65	26.68	37.63	38.22	9.10	Glyma11g15580	1.08	0.46	3.18	3.77	16.02	0.43
Glyma12g03390	2.92	24.39	17.67	5.05	4.88	3.87	Glyma15g04120	18.80	20.01	66.26	13.73	9.53	7.48
Glyma05g32100	22.39	55.81	30.89	24.04	29.14	29.67	Glyma19g41780	19.08	2.03	13.08	10.46	4.85	7.59
Glyma19g30600	25.83	18.97	43.68	70.68	36.26	34.21	Glyma06g41830	46.79	27.38	34.38	29.91	11.88	18.61
Glyma07g32330	311.96	205.46	205.97	873.82	469.60	412.63	Glyma18g50410	35.05	15.85	8.86	11.90	7.44	13.87
Glyma10g33230	103.58	34.78	49.59	100.47	99.91	136.83	Glyma08g43260	54.11	8.84	10.85	21.33	8.35	21.39
Glyma19g38060	25.98	45.76	95.59	26.64	27.38	34.30	Glyma11g34000	17.75	149.70	80.98	7.97	13.65	6.99
Glyma17g04690	66.50	134.47	495.75	321.14	161.42	87.80	Glyma12g31200	9.18	77.36	64.23	11.90	9.50	3.61
Glyma15g06790	12.54	1.80	11.62	38.78	10.80	16.52	Glyma06g04000	36.91	23.37	48.49	78.66	57.13	14.41
Glyma08g02130	4.28	25.95	8.03	6.66	3.39	5.63	Glyma17g34040	49.07	18.08	12.57	13.13	11.54	19.15
Glyma03g03670	13.86	4.47	7.13	37.87	39.61	18.24	Glyma20g22700	10.15	142.44	55.57	8.26	2.63	3.93
Glyma05g36700	31.45	71.33	162.64	48.23	24.01	41.38	Glyma12g23150	32.43	23.39	109.35	88.57	70.98	12.49
Glyma03g35780	28.66	5.11	14.83	32.25	33.54	37.66	Glyma02g11640	28.03	15.91	2.96	14.60	11.72	10.72
Glyma09g36570	2.47	27.74	27.90	6.87	3.15	3.25	Glyma09g15090	3.40	20.60	4.78	2.39	1.44	1.30
Glyma07g07270	29.07	85.16	41.45	33.45	33.09	38.18	Glyma10g34230	25.53	17.92	25.27	12.84	5.00	9.77
Glyma06g03420	8.85	30.15	250.26	102.38	56.37	11.62	Glyma09g40740	3.54	65.52	24.11	3.24	1.28	1.33
Glyma18g02650	1.94	21.27	6.00	3.69	4.85	2.55	Glyma03g29770	37.38	25.44	6.60	16.82	5.46	14.02

续表

基因编号	0 h	1 h	3 h	6 h	12 h	24 h	基因编号	0 h	1 h	3 h	6 h	12 h	24 h
Glyma06g03960	34.35	173.49	61.92	42.17	49.24	45.00	Glyma05g29370	48.61	32.63	18.97	30.95	13.02	18.22
Glyma19g44450	30.81	212.33	77.47	24.93	27.09	40.36	Glyma15g39060	28.48	10.99	8.08	5.29	6.31	10.68
Glyma10g03340	23.17	3.66	53.99	26.73	45.74	30.34	Glyma17g16020	24.92	87.79	176.00	32.54	10.32	9.31
Glyma06g45400	17.59	10.47	25.79	50.23	48.92	23.03	Glyma01g43500	39.17	6.63	7.41	0.41	1.70	14.61
Glyma17g14400	24.79	228.37	171.17	60.20	49.96	32.46	Glyma03g38040	4.57	18.23	37.72	12.27	6.18	1.70
Glyma20g30700	3.99	29.97	5.91	3.76	2.32	5.22	Glyma09g12570	3.06	26.90	3.00	3.15	4.39	1.14
Glyma17g03950	5.11	24.36	30.78	8.75	3.71	6.69	Glyma17g07240	1.52	49.37	10.80	2.61	1.23	0.57
Glyma17g09910	12.70	51.12	17.49	9.44	14.16	16.58	Glyma18g53170	31.46	130.62	169.18	143.61	60.95	11.72
Glyma12g16380	2.79	0.76	0.56	0.72	21.07	3.64	Glyma05g29400	8.63	9.52	20.65	52.63	2.44	3.18
Glyma17g10040	11.84	43.33	33.59	15.08	12.14	15.44	Glyma18g37970	51.32	184.01	43.76	26.99	21.95	18.66
Glyma18g53440	53.92	6.71	33.65	121.20	85.97	70.25	Glyma11g36030	33.28	298.36	180.45	75.53	42.37	12.09
Glyma04g40580	50.20	54.55	55.81	150.92	63.97	65.36	Glyma06g02670	28.19	15.82	8.53	6.10	7.18	10.20
Glyma20g29470	2.26	5.18	34.19	12.72	4.65	2.94	Glyma12g33440	9.12	70.57	8.11	2.27	0.00	3.30
Glyma02g37280	25.22	261.57	136.76	58.88	25.54	32.80	Glyma19g34490	21.98	30.84	6.85	22.40	3.18	7.95
Glyma10g30690	278.35	157.77	121.52	241.45	261.63	361.97	Glyma07g35630	44.43	50.20	88.04	59.66	10.15	16.05
Glyma13g02960	129.52	96.26	137.52	462.52	116.09	168.37	Glyma12g33530	24.46	17.61	2.35	5.93	8.86	8.83
Glyma17g34590	65.77	62.43	184.19	57.58	46.71	85.48	Glyma02g06150	37.66	91.70	29.27	23.70	8.70	13.58
Glyma01g39000	3.96	31.43	20.40	5.75	5.60	5.14	Glyma20g30980	2.96	1.58	5.72	7.99	41.87	1.07

续表

基因编号	0 h	1 h	3 h	6 h	12 h	24 h	基因编号	0 h	1 h	3 h	6 h	12 h	24 h
Glyma18g12320	36.14	3.97	10.58	14.15	28.25	46.89	Glyma13g36110	23.86	106.05	98.90	74.29	15.38	8.56
Glyma15g15140	227.47	183.23	90.48	114.76	181.07	294.95	Glyma01g08260	34.51	17.49	47.31	21.73	6.86	12.36
Glyma17g14860	43.77	47.74	36.48	85.62	71.42	56.73	Glyma13g39590	51.36	28.73	36.70	13.38	13.37	18.27
Glyma20g27020	13.78	97.35	52.33	47.38	30.32	17.86	Glyma06g44050	20.57	59.48	22.15	13.81	3.93	7.16
Glyma17g12500	67.36	12.50	28.44	81.99	125.12	87.29	Glyma07g02660	46.32	10.96	97.27	48.96	23.25	16.13
Glyma13g33960	21.78	82.58	34.68	26.82	17.58	28.22	Glyma02g00450	6.39	46.25	12.20	7.60	2.85	2.22
Glyma10g31260	17.53	47.49	13.93	17.98	28.82	22.68	Glyma16g23750	8.67	96.44	121.38	34.11	14.36	3.02
Glyma07g03950	2.79	32.64	3.14	2.04	2.49	3.60	Glyma20g24590	37.24	15.86	27.35	20.42	9.47	12.97
Glyma11g37360	74.56	61.85	67.80	208.65	88.02	96.33	Glyma13g17180	20.51	382.00	76.68	14.03	3.70	7.01
Glyma02g15290	82.67	14.60	5.63	35.46	237.62	106.75	Glyma13g32400	37.68	26.26	5.84	8.19	10.71	12.67
Glyma17g12150	46.00	105.07	62.94	60.22	44.25	59.39	Glyma01g27000	1.11	16.96	1.09	0.45	0.94	0.37
Glyma05g08240	21.00	128.45	163.22	39.67	21.06	27.12	Glyma03g33070	3.16	29.53	7.56	1.29	0.45	1.05
Glyma03g31420	6.04	28.71	12.77	6.23	5.24	7.79	Glyma01g14740	23.45	4.16	19.13	0.00	19.81	7.77
Glyma15g41640	61.51	41.56	78.12	85.81	134.95	79.36	Glyma01g44130	1.02	90.79	11.02	3.12	0.87	0.34
Glyma13g30490	31.59	19.61	81.22	44.03	176.31	40.75	Glyma02g06140	11.59	49.71	18.91	18.96	4.49	3.84
Glyma01g37820	113.17	42.93	33.30	144.23	62.99	145.84	Glyma06g19770	1.48	0.00	0.81	3.62	15.96	0.49
Glyma11g31500	129.16	69.46	120.34	28.23	17.28	166.41	Glyma17g28980	15.75	0.00	15.42	0.00	26.57	5.22
Glyma18g51380	63.92	91.26	136.58	76.65	79.87	82.32	Glyma11g06660	35.51	31.78	7.20	8.16	4.15	11.68

续表

基因编号	0 h	1 h	3 h	6 h	12 h	24 h	基因编号	0 h	1 h	3 h	6 h	12 h	24 h
Glyma04g41540	44.50	33.19	30.37	66.81	119.89	57.30	Glyma04g08390	15.03	2.63	62.03	36.39	8.97	4.92
Glyma09g40810	157.44	69.01	63.47	92.71	163.37	202.66	Glyma14g39350	8.36	39.93	32.12	8.97	1.00	2.73
Glyma03g36190	4.39	39.63	20.11	7.44	6.82	5.64	Glyma13g04530	24.54	9.35	2.37	1.66	3.86	7.83
Glyma04g28560	32.09	15.69	52.43	59.95	130.39	41.27	Glyma20g33320	28.92	12.23	13.96	5.80	3.03	9.06
Glyma12g04630	8.19	4.57	5.67	12.06	36.00	10.52	Glyma17g10110	12.50	80.73	54.84	9.46	2.74	3.86
Glyma16g26100	8.17	34.43	14.45	11.27	7.81	10.50	Glyma18g53080	31.68	23.26	2.67	15.99	13.91	9.78
Glyma04g39670	15.35	27.31	65.85	16.41	4.17	19.70	Glyma18g01140	14.33	28.12	45.93	9.54	3.32	4.36
Glyma05g04490	8.50	10.87	49.93	59.68	17.90	10.91	Glyma15g18360	26.68	15.43	34.64	87.76	35.96	8.08
Glyma18g05050	80.48	110.12	98.12	9.60	1.77	103.21	Glyma12g12260	12.87	75.66	20.00	9.22	8.91	3.90
Glyma06g44450	52.56	281.18	360.57	148.93	97.87	67.36	Glyma07g05800	6.24	1.73	18.84	30.27	6.22	1.89
Glyma06g12700	243.07	103.12	325.41	240.57	288.87	311.51	Glyma15g38970	35.41	1.65	1.89	3.54	2.22	10.58
Glyma18g41820	14.67	45.67	21.11	20.35	15.01	18.80	Glyma08g11900	7.48	29.48	5.86	4.79	1.91	2.23
Glyma08g08090	51.04	17.41	41.14	61.43	23.00	65.36	Glyma04g40640	5.38	8.94	27.75	8.68	59.08	1.59
Glyma09g08300	106.86	18.54	26.50	114.82	169.75	136.73	Glyma08g18660	33.84	20.81	5.15	29.36	2.55	9.47
Glyma09g03690	20.19	19.03	54.03	58.07	30.79	25.82	Glyma06g20810	33.74	7.39	5.34	10.89	18.32	9.38
Glyma15g02010	8.46	87.84	181.51	37.63	8.99	10.82	Glyma12g06100	18.37	64.45	72.78	16.43	4.79	4.98
Glyma18g12720	19.41	17.57	59.74	29.25	18.85	24.83	Glyma15g06580	28.95	25.22	83.75	49.34	28.45	7.85
Glyma16g01610	78.03	26.03	55.94	95.83	101.41	99.73	Glyma03g31710	26.21	38.31	8.81	23.62	1.99	7.00

续表

基因编号	0 h	1 h	3 h	6 h	12 h	24 h	基因编号	0 h	1 h	3 h	6 h	12 h	24 h
Glyma10g09760	77.21	115.40	164.72	110.42	89.87	98.67	Glyma03g36100	2.34	144.99	119.02	10.56	2.78	0.62
Glyma08g29060	7.68	30.95	25.23	10.82	7.08	9.82	Glyma14g05390	9.06	7.58	20.30	33.38	6.88	2.38
Glyma07g39320	14.50	56.06	46.48	11.32	21.11	18.52	Glyma10g33260	10.43	73.63	18.28	17.58	0.70	2.73
Glyma07g16760	23.71	9.72	94.77	27.31	51.44	30.28	Glyma13g39650	26.98	3.78	13.21	5.87	5.37	7.05
Glyma07g16020	19.58	11.77	14.78	81.19	33.34	24.99	Glyma11g04970	2.90	28.20	3.55	4.65	0.46	0.72
Glyma13g20680	19.53	17.43	34.21	61.97	40.63	24.91	Glyma16g02930	26.71	0.00	6.54	24.34	8.44	6.64
Glyma08g14590	8.10	24.06	51.67	14.49	14.75	10.33	Glyma17g08290	13.45	14.32	9.88	6.14	0.00	3.35
Glyma15g02560	6.00	3.28	2.86	8.03	33.55	7.66	Glyma13g00280	27.01	108.06	80.41	38.28	8.33	6.50
Glyma10g41870	21.87	2.12	8.37	8.92	25.08	27.88	Glyma04g42520	19.75	14.32	6.72	6.03	1.96	4.74
Glyma18g40210	22.19	17.46	17.64	22.84	65.08	28.27	Glyma07g04630	17.65	107.53	32.73	10.48	5.74	3.92
Glyma17g05750	2.59	32.56	5.28	1.90	3.44	3.30	Glyma06g12190	25.71	10.72	9.64	6.68	4.28	5.53
Glyma07g38350	151.10	330.67	214.03	157.88	155.25	192.25	Glyma13g28040	5.86	9.81	42.24	13.99	3.20	1.25
Glyma18g00590	71.10	64.44	96.70	162.53	118.55	90.45	Glyma09g25470	17.98	113.59	14.91	7.33	1.05	3.79
Glyma12g34570	70.84	40.21	28.15	34.17	52.53	90.11	Glyma01g42560	0.63	20.07	9.72	0.81	0.16	0.13
Glyma15g41700	59.00	542.68	612.99	205.40	107.79	75.03	Glyma17g09850	0.51	18.59	4.18	1.58	0.52	0.10
Glyma19g41820	34.49	22.09	38.09	82.37	62.79	43.86	Glyma12g03420	23.99	10.05	0.39	14.04	3.01	4.69
Glyma14g03610	8.93	8.55	9.41	13.87	31.63	11.35	Glyma01g41290	1.20	100.11	35.15	1.89	1.15	0.22
Glyma16g25110	2.02	25.40	2.38	3.13	3.09	2.57	Glyma02g46670	23.83	23.99	10.13	3.89	3.77	4.23

续表

基因编号	0 h	1 h	3 h	6 h	12 h	24 h	基因编号	0 h	1 h	3 h	6 h	12 h	24 h
Glyma09g32430	27.44	26.67	42.71	64.65	44.81	34.78	Glyma13g41990	22.24	6.96	0.00	16.75	1.66	3.90
Glyma14g39840	32.52	91.74	53.91	32.13	33.43	41.21	Glyma02g17940	20.17	1.15	0.88	5.92	0.75	3.40
Glyma07g16250	85.66	62.16	104.58	108.99	31.33	108.52	Glyma10g01850	1.74	26.31	1.14	0.80	1.85	0.29
Glyma09g05380	95.18	44.71	31.28	133.83	80.86	120.49	Glyma11g09060	1.89	97.48	16.54	3.76	0.40	0.31
Glyma06g14430	50.53	4.48	32.24	106.86	27.80	63.97	Glyma17g07250	17.50	162.68	77.30	7.64	4.41	2.84
Glyma18g01000	7.07	8.90	61.02	54.69	19.93	8.95	Glyma19g01940	23.15	6.89	2.37	4.18	4.67	3.64
Glyma15g11490	42.60	13.48	48.73	31.04	25.52	53.87	Glyma15g37770	19.91	2.53	0.99	0.62	1.76	3.03
Glyma03g08280	11.70	7.18	24.07	60.43	31.33	14.79	Glyma12g03730	3.22	21.40	5.04	0.74	0.00	0.48
Glyma13g22470	11.20	43.72	30.16	27.34	23.49	14.16	Glyma02g14450	1.12	16.48	5.22	4.63	1.06	0.17
Glyma12g10810	19.94	26.95	58.95	50.19	20.52	25.18	Glyma06g17530	17.72	10.78	4.58	0.73	0.74	2.52
Glyma14g37840	10.46	34.94	14.60	12.70	25.34	13.18	Glyma01g39180	20.64	0.00	0.00	0.00	0.00	2.57
Glyma17g02600	184.18	266.69	666.84	436.90	214.24	232.15	Glyma03g34280	16.13	13.63	2.32	1.74	1.21	1.42
Glyma20g28890	98.12	145.48	646.28	194.46	53.57	123.58	Glyma04g43040	1.31	70.12	6.10	3.00	0.00	0.00
Glyma16g10780	36.11	9.12	52.95	35.05	74.48	45.44	Glyma08g09670	15.24	33.65	4.60	1.56	0.00	1.13
Glyma16g06310	70.50	25.66	21.83	48.71	104.16	88.70	Glyma03g36330	1.38	48.55	2.03	4.43	2.64	0.00
Glyma18g47070	19.39	51.60	50.62	22.09	28.10	24.39	Glyma09g27190	0.00	29.45	3.04	2.13	0.00	0.00

参考文献

[1] 张大安. 黑龙江省土地盐碱化形成原因及治理措施[J]. 科技创业家, 2014(1):188.

[2] 刘阳春, 何文寿, 何进智, 等. 盐碱地改良利用研究进展[J]. 农业科学研究, 2007(2):68 – 71.

[3] 黄宇. 星星草(*Puccinellia tenuiflora*)根系 Na_2CO_3 胁迫应答基因的鉴定[D]. 2013, 哈尔滨师范大学.

[4] 罗春. 星星草耐盐机制的研究进展[J]. 哈尔滨师范大学自然科学学报, 2014(1):68 – 70.

[5] 张恒. 星星草(*Puccinellia tenuiflora*)叶绿体 Na_2CO_3 胁迫应答的生理学与定量蛋白质组学研究[D]. 2012, 东北林业大学.

[6] 刘滨硕, 康春莉, 王鑫, 等. 羊草对盐碱胁迫的生理生化响应特征[J]. 农业工程学报, 2014(23):166 – 173.

[7] 岳中辉, 潘东, 孙国荣, 等. 小花碱茅(*Puccinellia tenuiflora*)生长后盐碱土壤 4 种水解酶活性的变化[J]. 中国农学通报, 2013(6):113 – 116.

[8] 张海南, 周青平, 颜红波, 等. 盐胁迫对 5 种碱茅材料种子萌发的影响[J]. 草业科学, 2013(11):1767 – 1770.

[9] Jha B, Agarwal P K, Reddy P S, et al. Identification of salt – induced genes from Salicornia brachiata, an extreme halophyte through expressed sequence tags analysis[J]. Genes and Genetic Systems, 2009, 84(2):111 – 120.

[10] WANG YUCHENG, YANG CHUANPIN, LIU GUIFENG, et al. Development of a cDNA microarray to identify gene expression of *Puccinellia tenuiflora* under saline – alkali stress[J]. Plant Physiol Biochem, 2007, 45(8): 567 – 576.

[11] Diédhiou C J, Popova O V, Golldack D. Transcript profiling of the salt – tolerant *Festuca rubra* ssp. litoralis reveals a regulatory network controlling salt acclimatization[J]. Journal of Plant Physiology, 2009, 166(7):697 – 711.

[12] ZHANG LEI, MA XIULING, ZHANG QUAN, et al. Expressed sequence tags from a NaCl – treated Suaedasalsa cDNA library[J]. Gene, 2001, 267(2): 193 – 200.

[13] GAO CAIQIU, WANG YUCHENG, LIU GUIFENG, et al. Expression

profiling of salinity - alkali stress responses by large - scale expressed sequence tag analysis in *Tamarix hispid*[J]. Plant Molecular Biology, 2008, 66(3):245 -258.

[14] Kim M Y, Lee S, Van K, et al. Whole - genome sequencing and intensive analysis of the undomesticated soybean (*Glycine soja* Sieb. and Zucc.) genome[J]. Proc Natl Acad Sci U S A, 2010, 107(51):22032 -22037.

[15] Lam H M, XU XUN, LIU XIN, et al. Resequencing of 31 wild and cultivated soybean genomes identifies patterns of genetic diversity and selection[J]. Nat Genet, 2010, 42(12):1053 -1059.

[16] LI YINGHUI, ZHOU GUANGYU, MA JIANXIN, et al. *De novo* assembly of soybean wild relatives for pan - genome analysis of diversity and agronomic traits[J]. Nat Biotechnol, 2014, 32(10):1045 -1052.

[17] QI XINPENG, Li M W, XIE MIN, et al. Identification of a novel salt tolerance gene in wild soybean by whole - genome sequencing[J]. Nat Commun, 2014, 5:4340.

[18] Chan C, Lam H M. A putative lambda class glutathione S - Transferase enhances plant survival under salinity stress[J]. Plant Cell Physiol, 2014, 55(3):570 -579.

[19] DONG ZHANGHUI, SHI LEI, WANG YANWEI, et al. Identification and dynamic regulation of microRNAs involved in salt stress responses in functional soybean nodules by high - throughput sequencing[J]. Int J Mol Sci, 2013, 14(2):2717 -2738.

[20] HAO YUJUN, WEI WEI, SONG QINGXIN, et al. Soybean NAC transcription factors promote abiotic stress tolerance and lateral root formation in transgenic plants[J]. Plant J, 2011, 68(2):302 -313.

[21] FAN XIUDUO, WANG JIAQI, YANG NA, et al. Gene expression profiling of soybean leaves and roots under salt, saline - alkali and drought stress by high-throughput Illumina sequencing[J]. Gene, 2013, 512(2):392 -402.

[22] LUO QINGYUN, YU BINGJUN, LIU YOULIANG. Differential sensitivity to chloride and sodium ions in seedlings of *Glycine max* and *G. soja* under NaCl

stress[J]. J Plant Physiol, 2005, 162(9):1003 – 1102.

[23] GE YING, LI YONG, ZHU YANMING, et al. Global transcriptome profiling of wild soybean (*Glycine soja*) roots under $NaHCO_3$ treatment[J]. BMC Plant Biol, 2010, 10(1):153.

[24] GE YING, LI YONG, LV D K, et al. Alkaline – stress response in *Glycine soja* leaf identifies specific transcription factors and ABA – mediated signaling factors[J]. Funct Integr Genomics, 2011, 11(2):369 – 379.

[25] ZHU DAN, BAI XI, LUO XIAO, et al. Identification of wild soybean (*Glycine soja*) TIFY family genes and their expression profiling analysis under bicarbonate stress[J]. Plant Cell Rep, 2013, 32(2):263 – 272.

[26] ZHU DAN, CAI HUA, LUO XIAO, et al. Over – expression of a novel JAZ family gene from *Glycine soja*, increases salt and alkali stress tolerance[J]. Biochem Biophys Res Commun, 2012, 426(2):273 – 279.

[27] SUN MINGZHE, SUN XIAOLI, ZHAO YANG, et al. Ectopic expression of *GsPPCK*3 and *SCMRP* in *Medicago sativa* enhances plant alkaline stress tolerance and methionine content[J]. PLoS One, 2014, 9(2):e89578.

[28] Wang Z Y, Song F B, CaiH, et al. Over – expressing *GsGST*14 from *Glycine soja* enhances alkaline tolerance of transgenic *Medicago sativa*[J]. Biologia Plantarum, 2012, 56(3):516 – 520.

[29] ZHANG JINGYU, MAO ZHIWEI, CHONG KANG. A global profiling of uncapped mRNAs under cold stress reveals specific decay patterns and endonucleolytic cleavages in *Brachypodium distachyon*[J]. Genome Biol, 2013, 14(8):R92.

[30] Hiz M C, Canher B, Niron H, et al. Transcriptome analysis of salt tolerant common bean (*Phaseolus vulgaris* L.) under saline conditions[J]. PLoS One, 2014, 9(3):e92598.

[31] Yong H Y, ZOU ZHONGWEI, Kok E P, et al. Comparative transcriptome analysis of leaves and roots in response to sudden increase in salinity in *Brassica napus* by RNA – seq[J]. Biomed Research International, 2014.

[32] Villarino G H, Bombarely A, Giovannoni J J, et al. Transcriptomic analysis of

Petunia hybrida in response to salt stress using high throughput RNA sequencing[J]. Plos One, 2014, 9(4):e94651.

[33] WANG YAN, TAO XIANG, TANG XIAOMEI, et al. Comparative transcriptome analysis of tomato (*Solanum lycopersicum*) in response to exogenous abscisic acid[J]. BME Genomics, 2013, 14(1):841.

[34] DANG ZHENHUA, ZHENG LINLIN, WANG JIA, et al. Transcriptomic profiling of the salt - stress response in the wild recretohalophyte *Reaumuria trigyna*[J]. BMC Genomics, 2013, 14(1):29.

[35] Begara - Morales J C, Sánchez - Calvo B, Luque F, et al. Differential transcriptomic analysis by RNA - Seq of GSNO - responsive genes between arabidopsis roots and leaves[J]. Plant Cell Physiol, 2014, 55(6):1080 - 1095.

[36] Kyndt T, Denil S, Haegeman A, et al. Transcriptome analysis of rice mature root tissue and root tips in early development by massive parallel sequencing [J]. J Exp Bot, 2012, 63(5):2141 - 2157.

[37] LU TINGTING, LU GUOJUN, FAN DANLIN, et al. Function annotation of the rice transcriptome at single - nucleotide resolution by RNA - seq[J]. Genome Res, 2010, 20(9):1238 - 1249.

[38] Ranjan A, Pandey N, Lakhwani D, et al. Comparative transcriptomic analysis of roots of contrasting *Gossypium herbaceum* genotypes revealing adaptation to drought[J]. BMC Genomics, 2012, 13:680.

[39] LI DAOFENG, ZHANG YUNQIN, HU XIAONA, et al. Transcriptional profiling of *Medicago truncatula* under salt stress identified a novel CBF transcription factor MtCBF4 that plays an important role in abiotic stress responses [J]. BMC Plant Biol, 2011, 11:109.

[40] Postnikova O A, Shao J, Nemchinov L G. Analysis of the alfalfa root transcriptome in response to salinity stress[J]. Plant Cell Physiol, 2013, 54(7):1041 - 1055.

[41] Sunkar R, Kapoor A, ZHU JIANKANG. Posttranscriptional induction of two Cu/Zn superoxide dismutase genes in *Arabidopsis* is mediated by downregulation of miR398 and important for oxidative stress tolerance[J]. The Plant

Cell, 2006, 18(8):2051 - 2065.

[42] Sunkar R, ZHU JIANKANG. Novel and stress - regulated microRNAs and other small RNAs from *Arabidopsis* [J]. The Plant Cell, 2004, 16(8): 2001 - 2019.

[43] SONG QINGXIN, LIU YUNFENG, HU XINGYU, et al. Identification of miRNAs and their target genes in developing soybean seeds by deep sequencing [J]. BMC Plant Biol, 2011, 11:5.

[44] WANG XIANGFENG, Laurie J D, LIU TAO, et al. Computational dissection of *Arabidopsis* smRNAome leads to discovery of novel microRNAs and short interfering RNAs associated with transcription start sites [J]. Genomics, 2011, 97(4):235 - 243.

[45] Lukasik A, Pietrykowska H, Paczek L, et al. High - throughput sequencing identification of novel and conserved miRNAs in the *Brassica oleracea* leaves [J]. BMC Genomics, 2013, 14:801.

[46] Barrera - Figueroa B E, GAO LEI, WU ZHIGANG, et al. High throughput sequencing reveals novel and abiotic stress - regulated microRNAs in the inflorescences of rice[J]. BMC Plant Biol, 2012, 12:132.

[47] ZHANG QUAN, ZHAO CHUANZHI, LI MING, et al. Genome - wide identification of *Thellungiella salsuginea* microRNAs with putative roles in the salt stress response[J]. BMC Plant Biol, 2013, 13:180.

[48] Barakat A, Sriram A, Park J, et al. Genome wide identification of chilling responsive microRNAs in *Prunus persica*[J]. BMC Genomics, 2012, 13:481.

[49] Eldem V, Akcay U C, Ozhuner E, et al. Genome - wide identification of miRNAs responsive to drought in peach (*Prunus persica*) by high - throughput deep sequencing[J]. PLoS One, 2012, 7(12):e50298.

[50] Bottino M C, Rosario S, Grativol C, et al. High - throughput sequencing of small RNA transcriptome reveals salt stress regulated microRNAs in sugarcane [J]. PLoS One, 2013, 8(3):e59423.

[51] ZHANG JINGYU, XU YUNYUAN, HUAN QING, et al. Deep sequencing of *Brachypodium* small RNAs at the global genome level identifies microRNAs

involved in cold stress response[J]. BMC Genomics, 2009, 10:449.

[52] LIU HONGJUN, QIN CHENG, CHEN ZHE, et al. Identification of miRNAs and their target genes in developing maize ears by combined small RNA and degradome sequencing[J]. BMC Genomics, 2014, 15:25.

[53] YANG XIYAN, WANG LICHEN, YUAN DAOJUN, et al. Small RNA and degradome sequencing reveal complex miRNA regulation during cotton somatic embryogenesis[J]. J Exp Bot, 2013, 64(6):1521 - 1536.

[54] SUN FENGLONG, GUO GUANGHUI, DU JINKUN, et al. Whole - genome discovery of miRNAs and their targets in wheat (*Triticum aestivum* L.)[J]. BMC Plant Biol, 2014, 14:142.

[55] SHUAI PENG, LIANG DAN, ZHANG ZHOUJIA, et al. Identification of drought - responsive and novel *Populus trichocarpa* microRNAs by high - throughput sequencing and their targets using degradome analysis[J]. BMC Genomics, 2013, 14:233.

[56] ZENG QIAOYING, YANG CUNYI, MA QIBIN, et al. Identification of wild soybean miRNAs and their target genes responsive to aluminum stress[J]. BMC Plant Biol, 2012, 12:182.

[57] SONG XIANJUN, HUANG WEI, SHI MIN, et al. A QTL for rice grain width and weight encodes a previously unknown RING - type E3 ubiquitin ligase [J]. Nat Genet, 2007, 39(5):623 - 630.

[58] Fujino K, Sekiguchi H, Matsuda Y, et al. Molecular identification of a major quantitative trait locus, *qLTG*3 - 1, controlling low - temperature germinability in rice[J]. Proc Natl Acad Sci, 2008, 105(34):12623 - 12628.

[59] JIAO YONGQING, WANG YONGHONG, XUE DAWEI, et al. Regulation of OsSPL14 by OsmiR156 defines ideal plant architecture in rice[J]. Nat Genet, 2010, 42(6):541 - 544.

[60] 金志超, 吴骋, 高青斌, 等. 基于时间序列表达数据基因调控网络模型的研究进展[J]. 第二军医大学学报, 2008(9):1106 - 1109.

[61] 张晗, 宋满根, 陈国强, 等. 一种改进的多元回归估计基因调控网络的方法[J]. 上海交通大学学报, 2005(2):270 - 274.

[62] Kim S Y, Imoto S, Miyano S. Inferring gene networks from time series microarray data using dynamic Bayesian networks[J]. Brief Bioinform, 2003, 4(3):228 – 235.

[63] Perrin B – E, Ralaivola L, Mazurie A, et al. Gene networks inference using dynamic Bayesian networks[J]. Bioinformatics, 2003, 19(suppl 2):ii138 – ii148.

[64] Zou M, Conzen S D. A new dynamic Bayesian network (DBN) approach for identifying gene regulatory networks from time course microarray data[J]. Bioinformatics, 2005, 21(1):71 – 79.

[65] Dojer N, Gambin A, Mizera A, et al. Applying dynamic Bayesian networks to perturbed gene expression data[J]. BMC bioinformatics, 2006, 7(1):249.

[66] Mordelet F, Vert J – P. SIRENE: supervised inference of regulatory networks [J]. Bioinformatics, 2008, 24(16):i76 – i82.

[67] Misra A, Sriram G. Network component analysis provides quantitative insights on an *Arabidopsis* transcription factor – gene regulatory network[J]. BMC Syst Biol, 2013, 7:126.

[68] Yun K Y, Park M R, Mohanty B, et al. Transcriptional regulatory network triggered by oxidative signals configures the early response mechanisms of japonica rice to chilling stress[J]. BMC Plant Biol, 2010, 10:16.

[69] MENG YIYUN, SHAO CHAOGANG, CHEN MING. Toward microRNA – mediated gene regulatory networks in plants[J]. Brief Bioinform, 2011, 12(6):645 – 659.

[70] ZENG CHANGYING, CHEN ZHENG, XIA JING, et al. Chilling acclimation provides immunity to stress by altering regulatory networks and inducing genes with protective functions in CASSAVA[J]. BMC Plant Biol, 2014, 14:207.

[71] XUE LIANGJIAO, ZHANG JINGJING, XUE HONGWEI. Genome – wide analysis of the complex transcriptional networks of rice developing seeds[J]. PLoS One, 2012, 7(2):e31081.

[72] LI HUA, WANG LEI, YANG ZHIMING. Co – expression analysis reveals a group of genes potentially involved in regulation of plant response to iron –

deficiency[J]. Gene, 2015, 554(1):16 - 24.

[73] LI RUIQIANG, YU CHANG, LI YINGRUI, et al. SOAP2: an improved ultrafast tool for short read alignment[J]. Bioinformatics, 2009, 25(15):1966 - 1967.

[74] Guide M U s. The mathworks[J]. Inc., Natick, MA, 1998, 5:333.

[75] Shannon P, Markiel A, Ozier O, et al. Cytoscape: a software environment for integrated models of biomolecular interaction networks[J]. Genome Res, 2003, 13(11):2498 - 2504.

[76] Addo - Quaye C, Miller W, Axtell M J. CleaveLand: a pipeline for using degradome data to find cleaved small RNA targets[J]. Bioinformatics, 2009, 25(1):130 - 131.

[77] Folkes L, Moxon S, Woolfenden H C, et al. PAREsnip: a tool for rapid genome - wide discovery of small RNA/target interactions evidenced through degradome sequencing[J]. Nucleic Acids Res, 2012, 40(13):e103.

[78] Allen E, XIE ZHIXIN, Gustafson A M, et al. microRNA - directed phasing during trans - acting siRNA biogenesis in plants[J]. Cell, 2005, 121(2): 207 - 221.

[79] Schwab R, Palatnik J F, Riester M, et al. Specific effects of microRNAs on the plant transcriptome[J]. Dev Cell, 2005, 8(4):517 - 527.

[80] Muniategui A, Pey J, Planes F J, et al. Joint analysis of miRNA and mRNA expression data[J]. Brief Bioinform, 2013, 14(3):263 - 278.

[81] LI YONGSHENG, XU JUAN, CHEN HONG, et al. Comprehensive analysis of the functional microRNA - mRNA regulatory network identifies miRNA signatures associated with glioma malignant progression[J]. Nucleic acids research, 2013, 41(22):e203.

[82] Shamimuzzaman M, Vodkin L. Identification of soybean seed developmental stage - specific and tissue - specific miRNA targets by degradome sequencing [J]. BMC genomics, 2012, 13(1):310.

[83] SONG QINGXIN, LIU YUNFENG, HU XINGYU, et al. Identification of miRNAs and their target genes in developing soybean seeds by deep sequ-

encing[J]. BMC plant biology, 2011, 11(1):5.

[84] ZENG QIAOYING, YANG CUNYI, MA QIBIN, et al. Identification of wild soybean miRNAs and their target genes responsive to aluminum stress[J]. BMC plant biology, 2012, 12(1):182.

[85] MA XUAN, Sukiran N L, MA HONG, et al. Moderate drought causes dramatic floral transcriptomic reprogramming to ensure successful reproductive development in *Arabidopsis*[J]. BMC Plant Biol, 2014, 14:164.

[86] CHEN LIGANG, SONG YU, LI SHUJIA, et al. The role of WRKY transcription factors in plant abiotic stresses[J]. Biochim Biophys Acta, 2012, 1819(2):120 – 128.

[87] LUO XIAO, BAI XI, ZHU DAN, et al. GsZFP1, a new Cys2/His2 – type zinc – finger protein, is a positive regulator of plant tolerance to cold and drought stress[J]. Planta, 2012, 235(6):1141 – 1155.

[88] Rushton P J, Somssich I E, Ringler P, et al. WRKY transcription factors [J]. Trends Plant Sci, 2010, 15(5):247 – 258.

[89] LI CHAONAN, Ng C K Y, FAN LIUMIN. MYB transcription factors, active players in abiotic stress signaling[J]. Environmental and Experimental Botany, 2015,114:80 – 91.

[90] Nakashima K, Takasaki H, Mizoi J, et al. NAC transcription factors in plant abiotic stress responses[J]. Biochim Biophys Acta, 2012, 1819(2): 97 – 103.

[91] Singh K B, Foley R C, Oñate – Sánchez L. Transcription factors in plant defense and stress responses[J]. Curr Opin Plant Biol, 2002, 5(5): 430 – 436.

[92] Agarwal P K, Jha B. Transcription factors in plants and ABA dependent and independent abiotic stress signalling[J]. Biologia Plantarum, 2010, 54(2): 201 – 212.

[93] WANG YU, ZHOU BO, SUN MEI, et al. UV – A light induces anthocyanin biosynthesis in a manner distinct from synergistic blue + UV – B light and UV – A/blue light responses in different parts of the hypocotyls in turnip see-

dlings[J]. Plant Cell Physiol, 2012, 53(8):1470 – 1480.

[94] Zhang L, Zhao G, Xia C, et al. A wheat R2R3 – MYB gene, TaMYB30 – B, improves drought stress tolerance in transgenic Arabidopsis[J]. J Exp Bot, 2012, 63(16):5873 – 5885.

[95] ZHAI HONG, BAI XI, ZHU YANMING, et al. A single – repeat R3 – MYB transcription factor *MYBC*1 negatively regulates freezing tolerance in *Arabidopsis*[J]. Biochem Biophys Res Commun, 2010, 394(4):1018 – 1023.

[96] SHAN HONG, CHEN SUMEI, JIANG JIAFU, et al. Heterologous expression of the chrysanthemum R2R3 – MYB transcription factor *CmMYB*2 enhances drought and salinity tolerance, increases hypersensitivity to ABA and delays flowering in *Arabidopsis thaliana*[J]. Mol Biotechnol, 2012, 51(2): 160 – 173.

后记

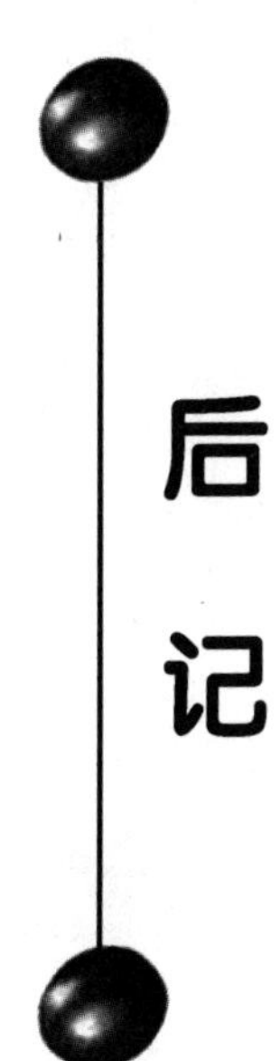

几年前我做了一个重要的、无比正确的决定,离开熟悉的哈尔滨医科大学,来到东北农业大学继续我的研究生活。在东北农业大学的这 3 年,是我人生中最重要的一段时光,在这期间,发生了很多的事,我遇见了很多的人。幸运的是,这些事留给我的只有感动和美好的回忆,我会铭记一生、受惠终身。

首先,我要感谢恩师朱延明教授。得以进入恩师门下,我深感荣幸。选择到东北农业大学读博士,选择做您的学生,是我做的最正确的决定！朱老师,谢谢您！谢谢您给我提供了优越的学习、实验条件,培养了我独立思考和解决问题的能力;谢谢您指引我前进的方向,教会了我脚踏实地、兢兢业业地工作;谢谢您在我迷茫、痛苦的时候,给予我慈父一样的关怀和帮助;更要感谢您的言传身教、谆谆教诲,培养了我永不言败、锐意进取的拼搏精神！在这 3 年里,我取得的点滴成绩无不凝聚着您的心血。我不善言辞,从未表达过对您的敬仰与感谢,在此,向您表达我最诚挚的谢意！

感谢肖佳雷老师与李强老师对我学习、生活上的指导与帮助！

感谢亲爱的博士“战友”刘艾林、于洋,那些同甘共苦、相互扶持的日子令我终身难忘！

感谢亲爱的师弟师妹们——成舒飞、陈超、曹蕾、张宁、陈晨、朱毅、贾博为、崔娜、杨浩、段香波、孙明哲、宋雪薇、朱娉慧、陈冉冉和妮萨,这 3 年因你们变得更加美好。

感谢各位领导和老师的关怀与帮助！

感谢亲人在我求学期间给予的无私的关怀和支持。感谢我的爱人对我的理解、支持和鼓励。

感谢国家自然科学基金——野生大豆耐盐碱关键基因克隆与功能分析(31171578)、黑龙江省高校科技创新团队建设计划项目——植物耐盐碱、低温基因高通量发掘及其转基因育种研究(2011TD005)资助。

最后,特别感谢百忙之中抽出时间对本书进行审阅并提出宝贵修改意见的各位专家学者。

衷心地感谢所有关心我、爱护我的老师、同学、亲人和朋友们！值此书完稿之际,祝愿你们万事安好！

端木慧子

2019 年 3 月